Examples in Graph Theory and Spectra of Graphs

图论示例与图谱理论

侯胜哲 编著

中国科学技术大学出版社

内 容 简 介

本书系统地论述了图谱理论的基本定义、基本定理和重要应用,深入介绍了图论中数种主要矩阵及其特征多项式,以及这些矩阵的谱(特征值及其重数)的规律与应用,其中涉及系统工程、电路和人工智能领域.

本书可作为研究生的学习用书,也可为相关领域的研究和开发人员提供理论参考.

图书在版编目(CIP)数据

图论示例与图谱理论 / 侯胜哲编著. -- 合肥:中国科学技术大学出版社,2025.3. -- ISBN 978-7-312-06186-8

Ⅰ. O157.5

中国国家版本馆 CIP 数据核字第 20240LV585 号

图论示例与图谱理论

TULUN SHILI YU TUPU LILUN

出版	中国科学技术大学出版社
	安徽省合肥市金寨路96号,230026
	http://press.ustc.edu.cn
	https://zgkxjsdxcbs.tmall.com
印刷	合肥市宏基印刷有限公司
发行	中国科学技术大学出版社
开本	787 mm×1092 mm 1/16
印张	13
字数	299 千
版次	2025年3月第1版
印次	2025年3月第1次印刷
定价	52.00 元

前　言

作为图论的一个分支理论，图谱犹如勾勒旋律轨迹的乐谱，刻画并标记了图的性质，而图矩阵，则宛如翻飞的钢笔，记录着事物之间的关系. 本书以通俗易懂的方式，将图矩阵与图谱理论的知识巧妙地串联起来，并融入丰富的示例，助览者时省而得其奥，兴趣之种播厥心田，待其根深叶茂，蔚然成荫.

本书详细证明了邻接矩阵、圈矩阵、键矩阵、弧矩阵、关联矩阵、拉普拉斯矩阵以及无符号拉普拉斯矩阵的相关性质，对比性地介绍了它们的特征值及其重数 (谱) 和特征多项式的性质与应用. 以拉氏矩阵为中心，梳理了图论中谱理论的主要脉络，为读者呈现出一幅清晰的思维导图.

全书共 13 章，第 1 章介绍了本书采用的基本定义与符号；第 2 章深入探讨了邻接矩阵的幂与可达矩阵之间的关系；第 3 章则从电路背景出发，详细介绍了圈矩阵、键矩阵、弧矩阵和关联矩阵之间的关系；第 4 章介绍了关联矩阵与拉氏矩阵之间的关系；第 5 章展示了 3 种多项式系数的计数意义；第 6 章深入研究了拉氏矩阵的谱规律；第 7 章揭示了 3 种矩阵在图操作中的变化规律；第 8 章罗列了这 3 种矩阵的最小、次小、最大以及第二大特征值的结论与意义，即对极图理论进行了初步介绍；第 9 章以圈和路为例，系统讨论了求解拉氏矩阵谱的一般思路；第 10 章探讨了图谱以及拉普拉斯矩阵名词的解释及根源；第 11 章解释了拉普拉斯矩阵在人工智能算法中的应用；第 12 章介绍了同谱的相关理论，从而引出了赛德尔矩阵、广义邻接矩阵和一般邻接矩阵；第 13 章展示了拉氏矩阵在谱图理论中的其他精妙结论. 本书系统而全面地介绍了图论中各种矩阵及其谱在不同领域中的性质、规律以及实际应用.

图谱理论相对于传统数学理论而言，属于较新的理论分支，国内外的著作从年份来看，都相对"年轻". 国内有几部较为系统的著作，卜长江的《图矩阵》[1]、吴少川翻译的《图与矩阵》[2]、柳柏濂的《组合矩阵论》[3] 以及徐俊明的《组合网络理论》[4] 等有较高的参考价值，还有几部以优秀博士研究生论文为基础编写的书籍. 总体数量相对较少，系统性不足，但这些年来我国图论学科的发展突飞猛进，在国际上我国数学研究者的论文越来越多.

在国外，一些相关著作也为图谱理论的研究提供了有力支持. Andries E. Brouwer 的 *Spectra of Graphs*[5] 较好地阐述了该理论; Cvetkovi'c 的著作较多，有 *An Introduction to the Theory of Graph Spectra*[6]、*Spectral Generalizations of Line Graphs: On Graphs With Least Eigenvalue-2*[7]、*Recent Results in the Theory of Graph Spectra*[8] 和 *Spectra of Graphs: Theory and Applications*[9]，这些都属于该理论的经典之作; Fan. R. K. Chung 的 *Spectral Graph Theory*[10] 更为深奥; Chris Godsil 的 *Algebraic graph theory*[11] 中第 8~13 章涉及该理论，最新的还未正式出版的 *Spectral and Algebraic Graph Theory*[12] 提供了详尽的综述.

本书编排十分巧妙，各个章节、定义和定理环环相扣，层层递进，体系较完善，同时用大量的示例将复杂的定理直观化，配图精美. 所涉及的概念和定理都有较高应用价值，涉及系统工程、电路、化学图论和聚类算法等领域.

数学的定义、定理好比是一块块砖，乍一看没什么用，生硬硌手，但是当你从远处看就会发现，正是这一块块砖加上物理、化学和计算机等材料做成的钢筋水泥构建了一座座摩天大厦. 当我们放下这棱角分明和字迹规整的书，拿起手机拍下夜色中无人机摆出的震撼方阵，这书、手机和无人机的背后都藏着数学的影子. 我们犹如海边拾贝的孩子，收获着未知的喜悦.

由于个人能力有限，有错误指正请联系邮箱 594338329@qq.com, 也请同仁多提意见.

编者

2024 年 4 月

目 录

前言 ·· i

第 1 章 图论的基本定义与符号 ··· **1**

第 2 章 邻接矩阵 ··· **5**
    2.1 邻接矩阵的定义与基本应用 ·· 5
    2.2 拟可达矩阵、可达矩阵和 Warshall 算法 ··························· 10

第 3 章 关联矩阵、圈矩阵、键矩阵与弧矩阵 ···························· **20**
    3.1 关联矩阵与基尔霍夫电路背景 ·· 20
    3.2 有向图的关联矩阵、圈矩阵和键矩阵 ······························· 26
    3.3 有向图的圈空间、键空间和弧空间 ··································· 34
    3.4 圈矩阵和割集矩阵的性质 ·· 36
    3.5 关联矩阵的秩 ··· 42

第 4 章 拉氏矩阵 ··· **45**
    4.1 拉普拉斯矩阵与关联矩阵及生成树 ··································· 45
    4.2 无符号拉普拉斯矩阵与半边路 ·· 49
    4.3 广义拉普拉斯矩阵 ··· 51

第 5 章 3 种多项式的系数的计数意义 ······································ **54**
    5.1 图的特征多项式系数 ·· 54
    5.2 图的拉普拉斯多项式系数 ·· 57
    5.3 图的无符号拉普拉斯多项式系数 ····································· 62

第 6 章 3 种矩阵的谱 · 64

- 6.1 基本认知 · 64
- 6.2 交错定理 · 68
- 6.3 二部图 · 72
- 6.4 正则图 · 73
- 6.5 强正则图 · 74
- 6.6 谱矩 · 77
- 6.7 度序列 · 80

第 7 章 图操作的拉氏矩阵、多项式与谱 · 81

- 7.1 线图的拉氏结论 · 81
- 7.2 补图的拉氏结论 · 84
- 7.3 删点、删边和图的交与并 · 86
- 7.4 矩阵运算与图操作 · 88
- 7.5 矩阵的分块 · 92

第 8 章 重要特征值 · 99

- 8.1 图的最小特征值 · 99
- 8.2 代数连通度 · 102
- 8.3 图的最大特征值 (谱半径) · 104
- 8.4 图的第二大特征值 · 114

第 9 章 求解 3 种谱的一般思路 · 115

- 9.1 圈和路的拉氏矩阵的谱的间接算法 · 115
- 9.2 路的拉氏矩阵的直接算法 · 120
- 9.3 圈的拉氏矩阵的直接算法 · 126
- 9.4 圈和路的邻接矩阵的特征多项式的其他算法 · 132

第 10 章 图谱常见名词含义 · 134

- 10.1 图谱命名的由来 · 134
- 10.2 拉普拉斯矩阵命名的依据 · 135

第 11 章 拉普拉斯矩阵与聚类 138
11.1 k 均值算法 138
11.2 带权图的拉普拉斯矩阵 141
11.3 归一化的拉普拉斯矩阵 144
11.4 累加最小割 150
11.5 比例割 151
11.6 归一化割 158

第 12 章 谱确定的图 164
12.1 同谱图 164
12.2 赛德尔矩阵 168
12.3 广义邻接矩阵 171
12.4 y 同谱 172
12.5 一般邻接矩阵 172
12.6 谱确定的图 174

第 13 章 其他谱理论的应用 176
13.1 直径 176
13.2 团数与独立数 176
13.3 色数 177
13.4 零度和星集 178
13.5 特征向量 180
13.6 哈密顿图 182
13.7 图的分解 185
13.8 有向图的邻接矩阵与凯莱图 186

参考文献 188

索引 193

后记 198

第 1 章　图论的基本定义与符号

一个**图** G 是指一个有序的三元组 $(V(G), E(G), \varphi_G)$, 其中 $V(G)$ 是非空的**顶点集**, $E(G)$ 是不与 $V(G)$ 相交的**边集**, 而 φ_G 是**关联函数**, 它使 G 的每条边对应于 G 不必相异的两个顶点. 图 G 的**顶点数**和**边数**分别用符号 $|V(G)|$ 和 $|E(G)|$ 表示, 图的顶点数又称为图的**阶数**. 两个图 $G_1 = (V_1, E_1)$ 和 $G_2 = (V_2, E_2)$, 如果存在一个双射 $\psi: V_1 \to V_2$, 使得对所有的 $x, y \in V_1$, $xy \in E_1$ 等价于 $\psi(x), \psi(y) \in V_2, \psi(x)\psi(y) \in E_2$, 则称 G_1 和 G_2 是**同构的**. 直观理解即对图 G_1 的顶点重新标号得到 G_2, 则 G_1 与 G_2 同构.

注　如果一个图是**有向图**, 则只需将 "G 是指一个有序的三元组 $(V(G), E(G), \varphi_G)$" 改为 "D 是指一个有序的三元组 $(V(D), \text{Arc}(D), \varphi_D)$"; 边和顶点的定义改为 "定义 a 是一条弧, 而 u 和 v 是使得 $\varphi_D(a) = (u, v)$ 的顶点, 则称 u 是 a 的**弧尾**, v 是 a 的**弧头**".

若 e 是一条边, 而 u 和 v 是使得 $\varphi_G(e) = uv$ 的顶点, 则称 e **连接**或**关联** u 和 v, 顶点 u 和 v 称为 e 的**端点**. 换个角度, 与同一条边关联的两个顶点称为**相邻的**或**邻接的**, 记作 $u \sim v$. 与同一个顶点关联的两条边也称为**相邻的**或**邻接的**. 端点重合为一点的边称为**环**, 端点不相同的边称为**连杆**, 端点相同的边称为**重边**或**平行边**.

如果一个图既没有环也没有重边, 则该图为一个**简单图**. 本书中**任意图**是指简单图和非简单图, 如没有特别说明的图指的是简单图.

称图 H 是 G 的**子图**, 记为 $H \subseteq G$, 如果 $V(H) \subseteq V(G)$, $E(H) \subseteq E(G)$, 并且 H 中关联函数 φ_H 在 G 中也成立. 当 $H \subseteq G$, 但 $H \neq G$ 时, 则记为 $H \subset G$, 并且 H 称为 G 的**真子图**. 若 H 是 G 的子图, 则 G 称为 H 的**母图**. G 的**生成子图**(或**生成母图**) 是指满足 $V(H) = V(G)$ 的子图 (或母图) H. V' 是 V 的一个非空子集, 以 V' 为顶点集, 边集为端点均在 V' 中的全体边, 点边关联关系不变, 这样构成的子图为 G 的**由 V' 中点导出的子图**或直接称为 G 的**点导出子图**, 记为 $G[V']$; 从 G 中删除 V' 中的顶点以及与这些顶点相关联的边所得到的导出子图, 记为 $G[V - V']$, 简记为 $G - V'$; 若 $V' = \{v\}$, 则简记为 $G - v$.

从图 G 中删去所有的环, 并删除多余重边只留下一条边, 即可得到 G 的一个简单生成子图, 称为 G 的**基础简单图**. 只有一个顶点的图称为**平凡图**, 其他所有的图都称为**非平凡图**.

E' 是 E 的非空子集, 以 E' 为边集, 以 E' 中边的全体端点为顶点集, 点边关联关系不变, 这样构成的子图为 G 的**由 E' 中边导出的子图**, 记为 $G[E']$, 或直接称为 G 的**边导出子图**. 若从 G 中删除 E' 中的边所得到的导出子图, 简记为 $G - E'$; 类似地, 可定义 $G - e$.

若 G_1 和 G_2 没有共同命名的顶点, 则称它们是**不相交的**; 若 G_1 和 G_2 没有共同命名的公共边, 则称它们是**边不重的**. G_1 和 G_2 的**并图** $G_1 \cup G_2$ 是指其顶点集为 $V(G_1) \cup V(G_2)$, 其边集为 $E(G_1) \cup E(G_2)$; 类似地, 可以定义 G_1 和 G_2 的**交图** $G_1 \cap G_2$, 其顶点集为 $V(G_1) \cap V(G_2)$, 其边集为 $E(G_1) \cap E(G_2)$, 但此时 G_1 和 G_2 至少要有一个公共命名的顶点. 如果 G_1 和 G_2 是不相交的, 则定义**不交并图**为 $G_1 + G_2$. 定义**黏接**为两个图的两个顶点并成一个顶点, 或说如果两个图有一个公共命名的顶点 (v), 其余各点命名均不相重, 则 $G_1 \sim v \cup G_2 \sim v$ 为两个图黏接后的图.

G 的顶点 v 的**度** $d(G,v)$ 是指 G 中与 v 关联的边的数目, 简记为 d, 特别地, 每个环的度算为 2. 本书对环的度将在定理 2.1.2 下的注中有进一步说明. 用 $\delta(G)$ 和 $\Delta(G)$ 分别表示 G 的顶点的**最小度**和**最大度**, 把奇数度的顶点简称**奇点**, 偶数度的顶点简称**偶点**.

注 有向图 D 中, 终止于顶点的弧的数目称为该顶点的**入度**, 记为 $d^-(D,v)$; 起始于顶点的弧的数目称为该顶点的**出度**, $d^+(D,v)$.

如果对图 G 的所有点 $v \in V$, 有 $d(v) = k$, 那么称该图是 k **正则的**或称该图为**正则图**.

每一对不同的顶点都有一条边相连的简单图称为**完全图**, 记为 K_n; **空图** O_n 是指没有任何边, n 个点的图; 所谓**二部图**或**偶图**是指一个图, 它的顶点集可以分解为两个非空子集 X 和 Y, 使得每条边都有一个端点在 X 中, 另一个端点在 Y 中; **完全二部图**是一个简单的二部图, 其中 X 的每个顶点都与 Y 的每个顶点相连, 记为 $K_{s,t}$, 其中 $|X|=s, |Y|=t, s+t=n$.

k **部图**是指它的顶点集可分解为 k 个非空子集, 使任何一条边的两个端点均不同在任一个子集中; **完全 k 部图**是指 k 部图中每个顶点与不同点子集中的所有顶点均相连接. 完全图 K_n 和完全二部图 $K_{s,t}$ 是正则的.

若 $G = (X,Y;E)$ 为二部图, 其中 $|X| = n_1, |Y| = n_2$, X 中的顶点度为 d_1, Y 中的顶点度为 d_2, 则称 SK_{d_1,d_2} 是**半正则二部图**, G 的顶点数 $n = n_1 + n_2$, 边数 $m = n_1 d_2 = n_2 d_1$.

G 的一个有限非空序列 $W = v_0 e_1 v_1 e_2 v_2 \cdots e_k v_k$, 边 $e_{i+1}(1 \leqslant i \leqslant k)$ 的端点是 v_i 和 v_{i+1}, 顶点和边交替地成为 W 的项, 即非空序列途径内部不允许形如 $v_i v_j$ 的序列, 也不允许存在 $v_i e_{i+1} v_i$, 则称 W 是从 v_0 到 v_k 的**一条途径**, 或一条 (v_0, v_k) **途径**, 如果一条途径的端点相同则称该途径为**一条闭途径**. v_0 和 v_k 分别称为 W 的**起点**和**终点**, 而 $v_1, v_2, \cdots, v_{k-1}$ 称为它的**内部顶点**. 整数 k 称为 W 的**长**. 途径 $W = v_0 e_1 v_1 \cdots e_k v_k$ 的**节**是指 W 中由顶点 v_i 和 v_j 为首和尾的相继子项构成的子序列 $v_i e_{i+1} v_{i+1} \cdots e_j v_j$, 这一子序列又可记为 W 的 (v_i, v_j) 节.

若途径 W 的边 $e_1, e_2, \cdots, e_k$ 互不相同, 则称 W 为**迹**; 若途径 W 的顶点 $v_0, v_1, \cdots, v_k$ 互不相同 (故边也不相同), 则称 W 为**路**, 长为 n 的路称为 n **长路**, 记作 P_n. 若在 G 中存在一条 (u,v) 途径, 则称**顶点 u 和 v 是连通的**或**点 u 和 v 是可达的**, 若除此之外不允许 u 与 v 相同, 则称**顶点 u 和 v 是拟可达的**. 若在 G 中存在一条 (u,v) 途径, G 中任意对的顶点 u, v 都有一条 (u,v) 途径, 则称**图 G 是连通的**或称该图为**连通图**.

如果 $u \equiv v$ 表示顶点 u 和 v 是连通的, 那么这种顶点间的连通关系是一个等价关系,

即

(1) $u \equiv u$ (反身性);

(2) $u \equiv v$, 则 $v \equiv u$ (对称性);

(3) $u \equiv v, v \equiv w$, 则 $u \equiv w$ (传递性).

这样, 等价关系 $u \equiv v$ 便确定顶点集 V 的一个分类, 把 V 分成非空子集 $V_1, V_2, \cdots, V_k$, 当且仅当两个顶点 u 和 v 属于同一子集 V_i 时, 它们才是连通的, 子图 $G_1, G_2, \cdots, G_k$ 称为 G 的**连通分支**或简称为**分支**, 分支的个数记为 $k(G)$, 分支大于等于 2 的图称为**不连通图**.

如一条闭路称为圈. 长为 n 的圈称为 **n 圈**, 记作 C_n; 按 k 是奇数还是偶数, 称 k 圈是**奇圈**或**偶圈**. **围长**是指 G 中最短圈的长, 记为 $g(G)$; 若 G 没有圈, 则定义 G 的围长为无穷大. **周长**是指 G 中最长圈的长. 称 C_3 为**三角形**, 称 C_4 为**四边形**, 以此类推. **距离**就是两点之间最短的路径长度. 图中所有的任意两顶点间的最短路径中, 最长的那个最短路径被定义为这个图的**直径**, 记为 d.

注 有向图有类似的定义, 特别地:

(1) 对应于每个有向图 D, 可以在相同顶点集上作一个图 G, 使得对于 D 的每条弧, G 有一条有相同端点的边与之对应. 这个图称为 D 的**基础图**. 反之, 给定任意图 G, 对于它的每个连杆, 给其端点指定一个顺序, 从而确定一条弧, 由此得到一个有向图. 这样的有向图称为 G 的一个**定向图**.

(2) 如不做特殊说明, 有向图 D 的**有向途径**是指一个有限非空序列:

$$W = v_0 a_1 v_1 a_2 v_2 \cdots a_k v_k$$

它的各项交替的是顶点和弧, 使得对于 $i = 1, 2, \cdots, k$, 弧 a_i 有头 v_i 和尾 v_{i-1}. **有向迹**是指没有重弧的有向途径; **有向路**是指所有顶点都不同的有向途径, 闭有向路为**有向圈**, 故不做特别说明, 有向路和有向圈内部方向一致.

(3) 若 D 中存在有向 (u, v) 途径, 则称**顶点 u 和 v 是连通的**或**顶点 u 和 v 是可达的**, 若除此之外不允许 u 与 v 相同, 则称**顶点 u 和 v 是拟可达的**, 如果有向图 D 的基础图是连通图, 则 D 是**连通图**; 任意节点对中, 至少从一个到另一个是可达的, 则 D 是**单向连通图**; 任意对中都互相可达, 则 D 是**强连通图**.

W_n 分别代表 n 个点的**轮图**, 是指无向圈的每个点与一个点连接的图; $S_n = K_{1,t}$ 代表**星图**; 如果连通图的边数等于顶点数 n, 则称其为**单圈图**, 记为 U_n, 特别地, $U_{s,t} = C_s \cup P_{t+1}$ 表示圈 C_s 中一顶点黏接路 P_{t+1} 上的度为 1 的点.

定义图 G 的某种矩阵 X, 则**矩阵 X 的谱**是指它的所有特征值连同其重数构成的重集, 记为

$$\mathrm{Spec}(X, G) = \begin{pmatrix} \rho_1 & \rho_2 & \cdots & \rho_s \\ o(\rho_1) & o(\rho_2) & \cdots & o(\rho_s) \end{pmatrix}$$

其中 $o(\rho_i)$ 表示矩阵 X 的特征值 $\rho_i (i = 1, 2, \cdots, n)$ 的重数. 如果一个特征值 ρ_i 是 $o(\rho_i)$ 重的, 则可以记为 $\rho_i^{o(\rho_i)}$. 本书还有一种不含重数表达方式, 先对特征值由大到小排序 $\rho_1 \geqslant$

$\rho_2 \geqslant \cdots \geqslant \rho_n$, 将符号 $\rho_1, \rho_2, \cdots, \rho_n$ 写于矩阵 $\mathrm{Spec}\,(X,G)$ 的第一行, 将数值 $\rho_1, \rho_2, \cdots, \rho_n$ 写入矩阵 $\mathrm{Spec}\,(X,G)$ 的第二行, 形如

$$\mathrm{Spec}\,(X,G) = \begin{pmatrix} \rho_1 & \rho_2 & \rho_3 & \rho_4 & \rho_5 \\ 5 & 3+\sqrt{2} & \pi & 3-\sqrt{2} & -2 \end{pmatrix}$$

特别地, 为凸显特征值重数的规律, 可调整 $\rho_1, \cdots, \rho_n$ 在括号内的顺序. 若定义图 G 的某种多项式 $f(G, x)$, 则**多项式 $f(G, x)$ 的谱**是指它的所有特征值连同其重数构成的重集, 记为 $\mathrm{Spec}\,(f, G)$.

对于 n 个顶点的图 G 的某种矩阵 X 的特征值设为 $\rho_1 \geqslant \rho_2 \geqslant \cdots \geqslant \rho_n$. 对于整数 $k \geqslant 0$, 所有特征值的 k 次幂的和 $\sum\limits_{i=1}^{n} \rho_i^k(G)$ 称为图 G 的 **k 阶 X 矩阵谱矩**, 记为 $S_k(X, G)$.

E 为**单位矩阵**, J 为**全 1 矩阵**, e 为**全 1 向量**, O 为**零矩阵**. A^T 代表矩阵 A 的**转置**.

$\lfloor r \rfloor$ 指实数**下取整**. 简单图 G 的补图 $\bar{G}$ 是具有相同顶点集 $V(\bar{G}) = V(G)$, $\bar{G}$ 中两个顶点邻接当且仅当它们在 G 中不邻接的简单图.

第 2 章 邻接矩阵

2.1 邻接矩阵的定义与基本应用

任意无向图 $G = (V(G), E(G))$ 的顶点集为 $V(G) = \{v_1, v_2, \cdots, v_n\}$，用 a_{ij} 表示 v_i 邻接 v_j 之间的边的数目，则 n 阶方阵 $A(G) = (a_{ij})_{n \times n}$ 称为 G 的**邻接矩阵**.

定理 2.1.1 对于邻接矩阵 $A(G)$, 一个图有环则对角线非 0, 一个顶点每多一个环对角线元素增 1, 一个图的总环数为邻接矩阵的迹, 即

$$\sum_{i=1}^{n} a_{ii}$$

如果在邻接矩阵的定义中, 加入"特别地, 每个环记作两条边"这样的一个条件, 定义该邻接矩阵为**改邻接矩阵**, 记作 $A_{改}(G) = (a_{ij})_{n \times n}$, 改邻接矩阵或无环无向图的邻接矩阵有如下握手定理.

定理 2.1.2[13] ((改) 邻接矩阵表达无向图的握手定理) 对于任意无向图 G 的改邻接矩阵或无环无向图的邻接矩阵, 行 (列) 和为该行 (列) 对应的顶点的度, 即

$$\sum_{i=1}^{n} a_{ij} = d(G, v_j)$$

由此可得

$$\sum_{\substack{i=1\\j=1}}^{n} a_{ij} = \sum_{j=1}^{n} d(G, v_j) = 2|E(G)|$$

注 改邻接矩阵的定义与第 1 章"度"定义中的"每个环算作度为 2"对应, 如果"度"中的关于环的部分"每个环算作度为 1", 那么该无向图握手定理对邻接矩阵成立, 如下面例 2.1.1, 而对于有向图的握手定理 2.1.7 则不存在该问题. 一般地, 后续定理中度的定义也应配对吻合, 即提到的带环的邻接矩阵与拉普拉斯矩阵等应对应"每个环算作度为 1"的度定义.

显然, 对于简单图的改邻接矩阵 a_{ij} 全是 1 或 0, 非简单图存在 $a_{ij} \geqslant 2$.

例 2.1.1 以图 2.1.1 为例, 求出其邻接矩阵和改邻接矩阵.

解 图 2.1.1 的邻接矩阵和改邻接矩阵分别为

$$A(G_{\text{有环、重边}}) = \begin{array}{c} \\ v_1 \\ v_2 \\ v_3 \\ v_4 \end{array} \begin{pmatrix} v_1 & v_2 & v_3 & v_4 \\ 2 & 3 & 1 & 0 \\ 3 & 0 & 0 & 1 \\ 1 & 0 & 0 & 0 \\ 0 & 1 & 0 & 0 \end{pmatrix}, \quad A_{\text{改}}(G_{\text{有环、重边}}) = \begin{array}{c} \\ v_1 \\ v_2 \\ v_3 \\ v_4 \end{array} \begin{pmatrix} v_1 & v_2 & v_3 & v_4 \\ 4 & 3 & 1 & 0 \\ 3 & 0 & 0 & 1 \\ 1 & 0 & 0 & 0 \\ 0 & 1 & 0 & 0 \end{pmatrix}$$

可见改邻接矩阵满足无向图的握手定理 2.1.2. □

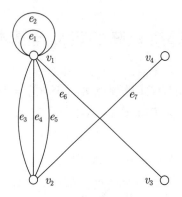

图 2.1.1 $G_{\text{有环、重边}}$

虽然改邻接矩阵对于有环图的边数的计算有准确性, 但是在实际应用中用到更多的是邻接矩阵, 因为我们更多的是研究点与点的关系, 即是否可达更为关键.

定理 2.1.3 A 为任意无向图和任意有向图 G 的邻接矩阵, 设 $A^r = \left(a_{ij}^{(r)}\right)_{n \times n}$, 则 $a_{ij}^{(r)}$ 为从顶点 v_i 到顶点 v_j 长为 r 的途径数目.

证明 对 r 用数学归纳法:
(1) 当 $r = 1$ 时, 根据邻接矩阵定义其成立;
(2) 若 $r = k$ 时, 要证明 $r = k+1$ 时定理成立. 因为

$$\left(a_{ij}^{(k+1)}\right)_{n \times n} = A^{k+1} = A \times A^k = \left(\sum_{p=1}^{n} a_{ip} a_{pj}^{(k)}\right)_{n \times n}$$

故 $a_{ij}^{(k+1)} = \sum\limits_{p=1}^{n} a_{ip} a_{pj}^{(k)}$, 而 a_{ip} 是顶点 v_i 到 v_p 长为 1 的途径数目, $a_{pj}^{(k)}$ 是顶点 v_p 到 v_j 长为 k 的途径数目, 故 $a_{ip} a_{pj}^{(k)}$ 是从顶点 v_i 经过 v_p 到顶点 v 的长为 $k+1$ 的途径数目, 那么 $\sum\limits_{p=1}^{n} a_{ip} a_{pj}^{(k)}$ 是从顶点 v_i 到顶点 v 的长为 $k+1$ 的途径数目. □

推论 2.1.1 $a_{ii}^{(r)}$ 为顶点 v_i 到自身的长为 r 的闭途径数目; $\sum\limits_{i=1}^{n} \sum\limits_{j=1}^{n} a_{ij}^{(m)}$ 是 G 中长为 m 的途径总数; $\sum\limits_{i=1}^{n} a_{ii}^{(m)}$ 是 G 中长为 m 的闭途径总数.

例 2.1.2 以图 2.1.2 和图 2.1.3 为例, 解释定理 2.1.3.

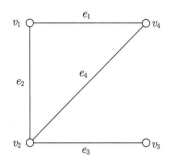
图 2.1.2 邻接矩阵幂的示例 $U_{3,1}$

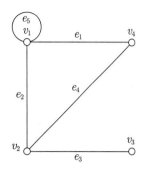
图 2.1.3 非简单图邻接矩阵幂的示例 $U_{3,1}^{\bullet}$

解 对于图 2.1.2 的邻接矩阵和邻接矩阵的幂分别为

$$A(U_{3,1}) = \begin{array}{c} \\ v_1 \\ v_2 \\ v_3 \\ v_4 \end{array} \begin{pmatrix} v_1 & v_2 & v_3 & v_4 \\ 0 & 1 & 0 & 1 \\ 1 & 0 & 1 & 1 \\ 0 & 1 & 0 & 0 \\ 1 & 1 & 0 & 0 \end{pmatrix}, \quad A^2(U_{3,1}) = \begin{array}{c} \\ v_1 \\ v_2 \\ v_3 \\ v_4 \end{array} \begin{pmatrix} v_1 & v_2 & v_3 & v_4 \\ 2 & 1 & 1 & 1 \\ 1 & 3 & 1 & 1 \\ 1 & 0 & 1 & 1 \\ 1 & 1 & 1 & 2 \end{pmatrix}$$

$$A^3(U_{3,1}) = \begin{array}{c} \\ v_1 \\ v_2 \\ v_3 \\ v_4 \end{array} \begin{pmatrix} v_1 & v_2 & v_3 & v_4 \\ 2 & 4 & 1 & 3 \\ 4 & 2 & 3 & 4 \\ 1 & 3 & 0 & 1 \\ 3 & 4 & 1 & 2 \end{pmatrix}, \quad A^4(U_{3,1}) = \begin{array}{c} \\ v_1 \\ v_2 \\ v_3 \\ v_4 \end{array} \begin{pmatrix} v_1 & v_2 & v_3 & v_4 \\ 7 & 6 & 4 & 6 \\ 6 & 11 & 2 & 6 \\ 4 & 2 & 3 & 4 \\ 6 & 6 & 4 & 7 \end{pmatrix}, \cdots$$

对于 $A^2(U_{3,1})$,v_1 到 v_1 长为 2 的闭途径数为 2,具体是 $v_1v_2v_1, v_1v_4v_1$;v_2 到 v_2 长为 2 的闭途径数为 3,具体是 $v_2v_1v_2, v_2v_4v_2, v_2v_3v_2$;$v_1$ 到 v_2 长为 2 的途径数为 1,具体是 $v_1v_4v_2$;v_3 到 v_4 长为 2 的途径数为 1,具体是 $v_3v_2v_4$.

对于 $A^4(U_{3,1})$,v_1 到 v_2 长度为 4 的途径数为 6,具体是 $v_1v_4v_1v_4v_2, v_1v_4v_2v_4v_2$,$v_1v_4v_2v_3v_2, v_1v_2v_4v_1v_2, v_1v_4v_2v_1v_2, v_1v_2v_1v_4v_2$;$v_1$ 到 v_3 长度为 4 的途径数为 4,具体是 $v_1v_2v_4v_2v_3, v_1v_2v_3v_2v_3, v_1v_4v_2v_1v_3, v_1v_2v_1v_2v_3$;$v_1$ 到 v_1 长度为 4 的闭途径数为 7,具体是 $v_1v_4v_1v_4v_1, v_1v_4v_2v_4v_1, v_1v_4v_1v_2v_1, v_1v_2v_1v_2v_1, v_1v_2v_4v_2v_1, v_1v_2v_3v_2v_1, v_1v_2v_1v_4v_1$;$v_3$ 到 v_4 长度为 4 的途径数为 4,具体是 $v_3v_2v_1v_2v_4, v_3v_2v_4v_1v_4, v_3v_2v_4v_2v_4, v_3v_2v_3v_2v_4$.

对于图 2.1.3 的邻接矩阵和邻接矩阵的幂分别为

$$A(U_{3,1}^{\bullet}) = \begin{array}{c} \\ v_1 \\ v_2 \\ v_3 \\ v_4 \end{array} \begin{pmatrix} v_1 & v_2 & v_3 & v_4 \\ 1 & 1 & 0 & 1 \\ 1 & 0 & 1 & 1 \\ 0 & 1 & 0 & 0 \\ 1 & 1 & 0 & 0 \end{pmatrix}, \quad A^2(U_{3,1}^{\bullet}) = \begin{array}{c} \\ v_1 \\ v_2 \\ v_3 \\ v_4 \end{array} \begin{pmatrix} v_1 & v_2 & v_3 & v_4 \\ 3 & 2 & 1 & 2 \\ 2 & 3 & 0 & 1 \\ 1 & 0 & 1 & 1 \\ 2 & 1 & 1 & 2 \end{pmatrix}$$

$$A^3\left(U_{3,1}^\bullet\right) = \begin{matrix} & \begin{matrix} v_1 & v_2 & v_3 & v_4 \end{matrix} \\ \begin{matrix} v_1 \\ v_2 \\ v_3 \\ v_4 \end{matrix} & \begin{pmatrix} 7 & 6 & 2 & 5 \\ 6 & 3 & 3 & 5 \\ 2 & 3 & 0 & 1 \\ 5 & 5 & 1 & 3 \end{pmatrix} \end{matrix}, \quad A^4\left(U_{3,1}^\bullet\right) = \begin{matrix} & \begin{matrix} v_1 & v_2 & v_3 & v_4 \end{matrix} \\ \begin{matrix} v_1 \\ v_2 \\ v_3 \\ v_4 \end{matrix} & \begin{pmatrix} 18 & 14 & 6 & 13 \\ 14 & 14 & 3 & 9 \\ 6 & 3 & 3 & 5 \\ 13 & 9 & 5 & 10 \end{pmatrix} \end{matrix}, \cdots$$

对于 $A^2\left(U_{3,1}^\bullet\right)$, v_1 到 v_1 长为 2 的闭途径数为 3, 具体是 $v_1v_2v_1, v_1v_4v_1, v_1v_1v_1$; 对于 $A^4\left(U_{3,1}^\bullet\right)$, v_1 到 v_4 长为 4 的途径数为 6, 具体是 $v_1v_1v_1v_1v_4, v_1v_1v_1v_2v_4, v_1v_1v_2v_1v_4$, $v_1v_1v_4v_2v_4, v_1v_2v_3v_2v_4, v_1v_2v_1v_1v_4$. □

定理 2.1.4 (传球问题与邻接矩阵) 令 m 阶邻接矩阵的 r 次幂, 为 m 个人互相传 r 次球, A^r 中 $a_{ij}^{(r)}$ 为第 i 个人传 r 次球到第 j 人的方法数. 简单无向图规定了谁与谁可以传, 有环图表示可以自己传给自己, 而有向图规定了传递的方向. 定义 $B_r^\circ(G)$ 中的 $_r b_{ij}^\circ$ 表示为第 i 个人传至多 r 次球到第 j 人的方法数, 同时规定不允许自己传给自己, $B_r(G)$ 中的 $_r b_{ij}$ 表示第 i 个人传至多 r 次球到第 j 人的方法数, 同时规定允许自己传给自己, 自然地, 若 $B_r^\circ(G)$ 或 $B_r(G)$ 的 v_i 对应的行 v_j 对应的列元素不为 0, 说明第 i 个人可以将球传达到第 j 人.

所以一些特定图的邻接矩阵的 r 次幂, 如完全图, 就可以用组合数学的传球问题的方法去解, 会得到一些简洁的公式解.

定理 2.1.5 (n 个人传 r 次球) n 个人传 r 次球, 球仍回到发球人方法数为

$$\frac{(n-1)^r}{n} + \frac{(-1)^r(n-1)}{n}$$

证明 设球经过 r 次传球后仍回到发球人甲手中的传球方式有 a_n 种, 第 1 次发球后球不在其手中, 故 $a_1 = 0$, 两次传球后球传回手中的情况为 $a_2 = n-1$. 而 $r-1$ 次传球不同的方式共有 $(n-1)^{r-1}$ 种, 这些方式中包含第 r 次传球由他人传回甲手中的 a_n 种情况, 也包括经 $n-1$ 次传球正好落入甲手中, 第 n 次传球甲又传给他人的 a_{n-1} 种情况. 故 $a_{n-1} + a_n = (n-1)^{r-1}$, 利用组合论中的知识得 $a_n = \frac{(n-1)^r}{n} + \frac{(-1)^r(n-1)}{n}$. □

定理 2.1.6 ($A^r(K_n)$ 的主对角线元素) 完全图 K_n 邻接矩阵的 r 次幂 $A^r(K_n)$ 主对角线上的元素值为

$$\frac{(n-1)^r}{n} + \frac{(-1)^r(n-1)}{n}$$

证明 由 n 个人传 r 次球的定理 2.1.5 和定理 2.1.4 知. □

例 2.1.3 以完全图 K_4 的 9 次和 10 次幂验证定理 2.1.6.

解 $A^9(K_4) = \begin{matrix} & \begin{matrix} v_1 & v_2 & v_3 & v_4 \end{matrix} \\ \begin{matrix} v_1 \\ v_2 \\ v_3 \\ v_4 \end{matrix} & \begin{pmatrix} 4920 & 4921 & 4921 & 4921 \\ 4921 & 4920 & 4921 & 4921 \\ 4921 & 4921 & 4920 & 4921 \\ 4921 & 4921 & 4921 & 4920 \end{pmatrix} \end{matrix}$, 而根据定理 2.1.6, 有

$$\frac{(n-1)^r}{n} + \frac{(-1)^r(n-1)}{n} = \frac{(4-1)^9}{4} + \frac{(-1)^9(4-1)}{4} = 4920$$

$$A^{10}(K_4) = \begin{matrix} & v_1 & v_2 & v_3 & v_4 \\ v_1 \\ v_2 \\ v_3 \\ v_4 \end{matrix} \begin{pmatrix} 14763 & 14762 & 14762 & 14762 \\ 14762 & 14763 & 14762 & 14762 \\ 14762 & 14762 & 14763 & 14762 \\ 14762 & 14762 & 14762 & 14763 \end{pmatrix}, 而根据定理 2.1.5, 有$$

$$\frac{(n-1)^r}{n} + \frac{(-1)^r(n-1)}{n} = \frac{(4-1)^{10}}{4} + \frac{(-1)^{10}(4-1)}{4} = 14763 \qquad \square$$

有向图的邻接矩阵也有类似的性质. 有向图 $D = (V(D), \text{Arc}(D))$ 的顶点集为 $V(D) = \{v_1, \cdots, v_n\}$, 用 a_{ij} 表示从 v_i 邻接到 v_j 的弧的数目, 则 n 阶方阵 $A(D) = (a_{ij})_{n \times n}$ 称为**有向图 D 的邻接矩阵**.

定理 2.1.7(邻接矩阵表达有向图的握手定理) 有向任意图 D 的邻接矩阵的行和为该行对应的顶点的出度, 列和为该行对应的顶点的入度, 矩阵的所有元素之和为弧的数目, 即

$$\sum_{j=1}^n a_{ij} = d_D^+(v_i), \quad \sum_{i=1}^n a_{ij} = d_D^-(v_j)$$

$$\sum_{i=1}^n \sum_{j=1}^n a_{ij} = \sum_{i=1}^n d_D^+(v_i) = \sum_{j=1}^n d_D^-(v_j) = |\text{Arc}(D)|$$

有向图的邻接矩阵也满足定理 2.1.1、定理 2.1.3 和推论 2.1.1.

例 2.1.4 用有向图 2.1.4, 验证有向图的邻接矩阵满足定理 2.1.3 和推论 2.1.1.

解 对于图 2.1.4 的邻接矩阵及邻接矩阵的幂分别为

$$A(D_{\text{有环、重边1}}) = \begin{matrix} & v_1 & v_2 & v_3 & v_4 \\ v_1 \\ v_2 \\ v_3 \\ v_4 \end{matrix} \begin{pmatrix} 0 & 1 & 1 & 0 \\ 1 & 0 & 1 & 0 \\ 0 & 0 & 0 & 1 \\ 0 & 0 & 1 & 1 \end{pmatrix}, \quad A^2(D_{\text{有环、重边1}}) = \begin{matrix} & v_1 & v_2 & v_3 & v_4 \\ v_1 \\ v_2 \\ v_3 \\ v_4 \end{matrix} \begin{pmatrix} 1 & 0 & 1 & 1 \\ 0 & 1 & 1 & 1 \\ 0 & 0 & 1 & 1 \\ 0 & 0 & 1 & 2 \end{pmatrix}$$

$$A^3(D_{\text{有环、重边1}}) = \begin{matrix} & v_1 & v_2 & v_3 & v_4 \\ v_1 \\ v_2 \\ v_3 \\ v_4 \end{matrix} \begin{pmatrix} 1 & 0 & 1 & 1 \\ 0 & 1 & 1 & 1 \\ 0 & 0 & 1 & 1 \\ 0 & 0 & 1 & 2 \end{pmatrix}, \quad A^4(D_{\text{有环、重边1}}) = \begin{matrix} & v_1 & v_2 & v_3 & v_4 \\ v_1 \\ v_2 \\ v_3 \\ v_4 \end{matrix} \begin{pmatrix} 1 & 0 & 3 & 4 \\ 0 & 1 & 3 & 4 \\ 0 & 0 & 2 & 3 \\ 0 & 0 & 3 & 5 \end{pmatrix}, \cdots$$

从 $A^2(D_{\text{有环、重边1}})$ 可以看出, v_1 到 v_3 长为 2 的途径数为 1, 具体是 $v_1v_2v_3$; v_4 到 v_4 长为 2 的闭途径数为 2, 具体是 $v_4v_3v_4, v_4v_4v_4$; 从 $A^4(D_{\text{有环、重边1}})$ 可以看出, v_1 到 v_2 长为 4 的途径数为 0; v_1 到 v_4 长为 4 的途径数为 4, 具体是 $v_1v_2v_3v_4v_4, v_1v_2v_1v_3v_4, v_1v_3v_4v_4v_4$, $v_1v_3v_4v_3v_4$. $\qquad \square$

推论 2.1.2 若令矩阵 $B_r^\circ(G) = A(G) + A^2(G) + \cdots + A^r(G)(r \geqslant 1)$, 设 $B_r^\circ(G) = (_rb_{ij}^\circ)_{n \times n}$, 则 $_rb_{ij}^\circ$ 为任意无向图或任意有向图 G 中 v_i 到 v_j 长度小于等于 r 的途径数, $_rb_{ii}^\circ$ 为图 G 中 v_i 到 v_i 长度小于等于 r 的闭途径数, $\sum_{i=1}^n \sum_{j=1}^n {_rb_{ij}^\circ}$ 为 G 中长度小于等于 r 的途

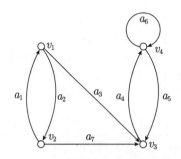

图 2.1.4 有向图邻接矩阵幂的示例 $D_{\text{有环、重边}1}$

径总数,其中 $\sum_{i=1}^{n}\sum_{i=1}^{n}{_r}b_{ii}^{\circ}$ 为 G 中长度小于等于 r 的闭途径总数. 上述性质对有向图 D 也成立. 本书称矩阵 B_r° 为**界 r 步长拟可达矩阵**.

例 2.1.5 用图 2.1.4, 解释推论 2.1.2.

解 $B_3^{\circ}(D_{\text{有环、重边}1}) = A(D_{\text{有环、重边}1}) + A^2(D_{\text{有环、重边}1}) + A^3(D_{\text{有环、重边}1}) =$

$$\begin{array}{c} \\ v_1 \\ v_2 \\ v_3 \\ v_4 \end{array} \begin{array}{c} v_1 \ v_2 \ v_3 \ v_4 \\ \begin{pmatrix} 1 & 2 & 4 & 3 \\ 2 & 1 & 4 & 3 \\ 0 & 0 & 2 & 4 \\ 0 & 0 & 4 & 6 \end{pmatrix} \end{array}$$

,从 $B_3^{\circ}(D_{\text{有环、重边}1})$ 可以看出,v_1 到 v_1 长度小于等于 3 的途径数为 1,具体是 $v_1v_2v_1$;v_3 到 v_4 长度小于等于长为 3 的途径数为 4,具体是 v_3v_4,$v_3v_4v_4$,$v_3v_4v_4v_4$,$v_3v_4v_3v_4$. □

注 有权图的邻接矩阵, 可视作有重边或者有重弧的邻接矩阵, 故上面结论依然成立.

2.2 拟可达矩阵、可达矩阵和 Warshall 算法

任意无向图 $G = (V(G), E(G))$ 的顶点集为 $V(G) = \{v_1, v_2, \cdots, v_n\}$,其中

$$p_{ij}^{\circ} = \begin{cases} 1 & (v_i \text{ 拟可达} v_j) \\ 0 & (v_i \text{ 不拟可达} v_j) \end{cases}$$

则称 n 阶方阵 $P^{\circ}(G) = \left(p_{ij}^{\circ}\right)_{n \times n}$ 为 G 的**拟可达矩阵**.

任意有向图 $D = (V(D), \mathrm{Arc}(D))$ 的顶点集为 $V(G) = \{v_1, v_2, \cdots, v_n\}$,其中

$$p_{ij}^{\circ} = \begin{cases} 1 & (\text{由} v_i \text{ 拟可达} v_j) \\ 0 & (\text{由} v_i \text{ 不拟可达} v_j) \end{cases}$$

则称 n 阶方阵 $P^{\circ}(D) = \left(p_{ij}^{\circ}\right)_{n \times n}$ 为 D 的**拟可达矩阵**.

在上节,我们构建了界 r 步长拟可达矩阵 B_r°,这与拟可达矩阵有什么联系呢?

定理 2.2.1 对于任意无向图和有向图 $G = (V(G), E(G))$,其中 $|V(G)| = n \geqslant 1$,其

界 n 步长拟可达矩阵为 B_n°, 则拟可达矩阵 $P^\circ(G) = \left(p_{ij}^\circ\right)_{n \times n}$, 其中

$$p_{ij}^\circ = \begin{cases} 0 & (i = j) \\ 1 & (_n b_{ij} > 0, i \neq j) \\ 0 & (_n b_{ij} = 0) \end{cases}$$

证明 界 n 步长拟可达矩阵为 $B_n^\circ = A + A^2 + \cdots + A^n$, 根据推论 2.1.2, $_n b_{ij}^\circ$ 为图 G 中 v_i 到 v_j 长度小于等于 $n(n \geqslant 1)$ 的途径数, 如果其大于 0, 说明 v_i 通过 n 长的途径必然 v_i 拟可达 v_j; 如果其为 0, 说明 v_i 通过 n 长的途径必然 v_i 不拟可达 v_j. 如果执意计算 B_{n+1}°, 则没有必要, 如果通过 n 长的途径 v_i 之间 v_j 都不拟可达, 则计算再多也无用, 因为不考虑重边和环 (图 G 的基础简单图), n 个点之间的边最多有 n 条.

对于有向图, 证明过程类似, 但值得注意的是, 有向图中 n 个点之间有 $2n$ 条可以不重的弧, 按理说要检验 $2n$ 条弧. 但是一个有向圈中, 一个点 v 与它的前继点 (可到达 v 且相邻的点), 需要 n 步就可以到达, 故对于任意有向图如果能到达 v 的点, 需要 n 步就可以到达, 不能到达, 再多步长也无用.

对于简单图该定理成立, 通过增加重边和环得到的无向图更成立. □

例 2.2.1 以图 2.2.1 中 $G_{\text{有环、重边、不连通}}$ 和图 2.2.2 中 $G_{\text{有向途径}}$ 为例, 验证定理 2.2.1.

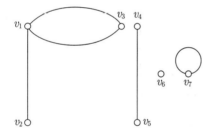

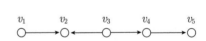

图 2.2.1 无向图邻接矩阵幂的示例 $G_{\text{有环、重边、不连通}}$　　　**图 2.2.2** $G_{\text{有向途径}}$

解 (1) 图 2.2.1 的邻接矩阵为

$$A\left(G_{\text{有环、重边、不连通}}\right) = \begin{array}{c} \\ v_1 \\ v_2 \\ v_3 \\ v_4 \\ v_5 \\ v_6 \\ v_7 \end{array} \begin{array}{c} \begin{matrix} v_1 & v_2 & v_3 & v_4 & v_5 & v_6 & v_7 \end{matrix} \\ \begin{pmatrix} 0 & 1 & 2 & 0 & 0 & 0 & 0 \\ 1 & 0 & 1 & 0 & 0 & 0 & 0 \\ 2 & 1 & 0 & 0 & 0 & 0 & 0 \\ 0 & 0 & 0 & 0 & 1 & 0 & 0 \\ 0 & 0 & 0 & 1 & 0 & 0 & 0 \\ 0 & 0 & 0 & 0 & 0 & 0 & 0 \\ 0 & 0 & 0 & 0 & 0 & 0 & 0 \end{pmatrix} \end{array}$$

根据定理 2.2.1, 有

$$B_7^\circ(G_{\text{有环、重边、不连通}}) = \begin{array}{c} \\ v_1 \\ v_2 \\ v_3 \\ v_4 \\ v_5 \\ v_6 \\ v_7 \end{array} \begin{pmatrix} v_1 & v_2 & v_3 & v_4 & v_5 & v_6 & v_7 \\ 663 & 517 & 749 & 0 & 0 & 0 & 0 \\ 517 & 378 & 517 & 0 & 0 & 0 & 0 \\ 749 & 517 & 663 & 0 & 0 & 0 & 0 \\ 0 & 0 & 0 & 3 & 4 & 0 & 0 \\ 0 & 0 & 0 & 4 & 3 & 0 & 0 \\ 0 & 0 & 0 & 0 & 0 & 0 & 0 \\ 0 & 0 & 0 & 0 & 0 & 0 & 0 \end{pmatrix}$$

$$\Rightarrow P^\circ(G_{\text{有环、重边、不连通}}) = \begin{array}{c} \\ v_1 \\ v_2 \\ v_3 \\ v_4 \\ v_5 \\ v_6 \\ v_7 \end{array} \begin{pmatrix} v_1 & v_2 & v_3 & v_4 & v_5 & v_6 & v_7 \\ 0 & 1 & 1 & 0 & 0 & 0 & 0 \\ 1 & 0 & 1 & 0 & 0 & 0 & 0 \\ 1 & 1 & 0 & 0 & 0 & 0 & 0 \\ 0 & 0 & 0 & 0 & 1 & 0 & 0 \\ 0 & 0 & 0 & 1 & 0 & 0 & 0 \\ 0 & 0 & 0 & 0 & 0 & 0 & 0 \\ 0 & 0 & 0 & 0 & 0 & 0 & 0 \end{pmatrix}$$

(2) 图 2.2.2 的邻接矩阵为

$$A(G_{\text{有向途径}}) = \begin{array}{c} \\ v_1 \\ v_2 \\ v_3 \\ v_4 \\ v_5 \end{array} \begin{pmatrix} v_1 & v_2 & v_3 & v_4 & v_5 \\ 0 & 1 & 0 & 0 & 0 \\ 0 & 0 & 0 & 0 & 0 \\ 0 & 1 & 0 & 1 & 0 \\ 0 & 0 & 0 & 0 & 1 \\ 0 & 0 & 0 & 0 & 0 \end{pmatrix}$$

根据定理 2.2.1, 有

$$B_5^\circ(G_{\text{有向途径}}) = \begin{array}{c} \\ v_1 \\ v_2 \\ v_3 \\ v_4 \\ v_5 \end{array} \begin{pmatrix} v_1 & v_2 & v_3 & v_4 & v_5 \\ 0 & 1 & 0 & 0 & 0 \\ 0 & 0 & 0 & 0 & 0 \\ 0 & 1 & 0 & 1 & 1 \\ 0 & 0 & 0 & 0 & 1 \\ 0 & 0 & 0 & 0 & 0 \end{pmatrix} \Rightarrow P^\circ(G_{\text{有向途径}}) = \begin{array}{c} \\ v_1 \\ v_2 \\ v_3 \\ v_4 \\ v_5 \end{array} \begin{pmatrix} v_1 & v_2 & v_3 & v_4 & v_5 \\ 0 & 1 & 0 & 0 & 0 \\ 0 & 0 & 0 & 0 & 0 \\ 0 & 1 & 0 & 1 & 1 \\ 0 & 0 & 0 & 0 & 1 \\ 0 & 0 & 0 & 0 & 0 \end{pmatrix}$$

□

定理 2.2.2 对于任意无向图和任意有向图 $G = (V(G), E(G))$, 其中 $|V(G)| = n \geqslant 2$, 其界 $n-1$ 步长可达矩阵为 B_{n-1}°, 则拟可达矩阵 $P^\circ(G) = (p_{ij}^\circ)_{n \times n}$, 其中

$$p_{ij}^\circ = \begin{cases} 0 & (i = j) \\ 1 & (_{(n-1)}b_{ij} > 0, i \neq j) \\ 0 & (_{(n-1)}b_{ij} = 0) \end{cases}$$

证明 已知定理 2.2.1, 现在打算将强条件 B_n° 改为弱条件 B_{n-1}°, 需要分析这一改变的实质. 由于是拟可达矩阵, 故不考虑自己到自己的形式, 对于无向图和有向图考虑极端情况路 P_n 的形式, n 个点之间有 $n-1$ 条边, P_n 的两个端点之间是否连通只需要检验 $n-1$ 长路就可以了, 所以需要计算邻接矩阵的小于等于 $n-1$ 次幂的矩阵, 即计算界 $n-1$ 步长拟可达矩阵 B_{n-1}° 即可. □

本书拟可达矩阵作为一个过渡, 体现的是数学的理论性, 一般地, 在实际运用中运用得更多的是可达矩阵, 二者区别仅在顶点处自己与自己的定义, 这导致了其性质的形式有些许的区别. 邻接矩阵及可达矩阵在"系统工程"专业中运用得比较多, 系统工程的研究涉及国家机关、军事系统、自动化生产系统和轨道交通规划.

任意无向图 $G=(V,E)$ 的顶点集为 $V(G)=\{v_1,v_2,\cdots,v_n\}$, 其中

$$p_{ij} = \begin{cases} 1 & (v_i 可达 v_j) \\ 0 & (v_i 不可达 v_j) \end{cases}$$

则 n 阶方阵的矩阵 $P(G)=(p_{ij})_{n\times n}$ 称为 G 的**可达矩阵**(又称**连通矩阵**和**关系矩阵**).

任意有向图 $D=(V(D),\mathrm{Arc}(D))$ 的顶点集为 $V(D)=\{v_1,v_2,\cdots,v_n\}$, 其中

$$p_{ij} = \begin{cases} 1 & (v_i 可达 v_j) \\ 0 & (v_i 不可达 v_j) \end{cases}$$

则称 n 阶方阵 $P(D)=(p_{ij})_{n\times n}$ 为 D 的**可达矩阵**.

定理 2.2.3 任意有向图和无向图的可达矩阵主对角线元素都是 1. □

定理 2.2.4 设 D 为有向图, 设 P°、P 和 A 分别为 D 的拟可达矩阵、可达矩阵和邻接矩阵, $J-E$ 是除对角线外其余元素均为 1 的矩阵, 则

(1) D 强连通当且仅当 $P^\circ=J-E$ 或 $P=J$;

(2) D 单向连通当且仅当 $P^\circ+P^{\circ\mathrm{T}}=J-E$ 或 $P+P^\mathrm{T}=J$;

(3) D 连通当且仅当 $J-E=A+A^\mathrm{T}$ 或 $A+A^\mathrm{T}=J$;

(4) D 有 k 个弱连通分支 $D_1,D_2,\cdots,D_k$, 当且仅当 $A(D)$ 可写成块对角形式, 即

$$A(D) = \begin{pmatrix} A(D_1) & 0 & \cdots & 0 \\ 0 & A(D_2) & \ddots & \vdots \\ \vdots & \ddots & \ddots & 0 \\ 0 & \cdots & 0 & A(D_k) \end{pmatrix}$$

其中 $A(D_i)(i=1,\cdots,k)$ 是有向图 D_i 的邻接矩阵, 对于 D 的拟可达矩阵和可达矩阵也有类似的结论. □

如果 P 是可达矩阵, 我们容易知道 $P=P^\circ+E$, 其中 E 是单位矩阵, 对于可达矩阵 P, 定理 2.2.1 和定理 2.2.2 又有什么样的形式呢?

定理 2.2.5 对于任意无向图和任意有向图 $G=(V(G),E(G))$, 其中 $|V(G)|=n\geqslant 2$, 其界 n 步长拟可达矩阵为 B_n°, 令 $B_n=B_n^\circ+E$, $B_n=(_nb_{ij})_{n\times n}$, 则可达矩阵 $P(G)=$

$(p_{ij})_{n\times n}$，其中

$$p_{ij} = \begin{cases} 1 & (_n b_{ij} > 0) \\ 0 & (_n b_{ij} = 0) \end{cases}$$

定理 2.2.6 对于任意无向图和任意有向图 $G = (V(G), E(G))$，其中 $|V(G)| = n \geqslant 2$，其界 n 步长拟可达矩阵为 B_n°，则可达矩阵 $P(G) = (p_{ij})_{n\times n}$，其中

$$p_{ij} = \begin{cases} 1 & (i = j) \\ 1 & (_n b_{ij} > 0, i \neq j) \\ 0 & (_n b_{ij} > 0) \end{cases}$$

容易理解上述两个定理都能得到可达矩阵，因为单位矩阵 E 填补了顶点到自己本身对应矩阵元素为 1 的差别. 同时 $B_r = B_r^\circ + E$ 可定义为**界 r 步长可达矩阵**.

可达矩阵版本的定理 2.2.2 具有优美的性质，因为若定义 $B_n = B_n^\circ + E$，则有向图和无向图可以得到统一.

定理 2.2.7 对于任意无向图和任意有向图 $G = (V(G), E(G))$，其中 $|V(G)| = n \geqslant 2$，其界 $n-1$ 步长可达矩阵为 B_{n-1}°，令 $B_{n-1} = B_{n-1}^\circ + E$，则可达矩阵 $P(G) = (p_{ij})$，其中

$$p_{ij} = \begin{cases} 1 & (_{(n-1)} b_{ij} > 0) \\ 0 & (_{(n-1)} b_{ij} = 0) \end{cases}$$

证明 对比定理 2.2.2，可达矩阵与拟可达矩阵要多考虑顶点自己到自己的情况，如果直接用界 $n-1$ 步长拟可达矩阵 B_{n-1}° 则不行了，考虑到极端情况，有向圈 $\widehat{C}_n$ 中，一个点 v_i 与到自己本身需要 n 长有向途径可以到达，$n-1$ 步是检验不出来的. 也就是说通过 n 长有向途径回不到自己本身，而通过 $B_{n-1} = B_{n-1}^\circ + E$，强制定义了都能回到自己本身，虽说本意是顶点自己到自己总是可达的，而不是必能通过一条有向迹可达，但是结果是一样的，所以有向图和无向图只需算到 B_{n-1} 就可以了. $\square$

例 2.2.2 以图 2.2.3 为例，验证有向圈 $\widehat{C}_3$ 无法通过界 $n-1$ 步长拟可达矩阵 B_{n-1}° 得到正确的可达矩阵，通过界 n 步长拟可达矩阵 B_n° 或界 $n-1$ 步长可达矩阵 $B_{n-1} = B_{n-1}^\circ + E$ 可以得到图正确的可达矩阵，即定理 2.2.7.

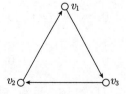

图 2.2.3 有向圈 $\widehat{C}_3$ 检验 B_{n-1}° 得不到可达矩阵的示例

解 $B_2^\circ\left(\widehat{C}_3\right) = \begin{matrix} \\ v_1 \\ v_2 \\ v_3 \end{matrix} \begin{pmatrix} v_1 & v_2 & v_3 \\ 0 & 1 & 1 \\ 1 & 0 & 1 \\ 1 & 1 & 0 \end{pmatrix}$ 无法得到圈 $\widehat{C}_3$ 正确的可达矩阵，这是因为有向圈 $\widehat{C}_3$

中, 任意点 v 到自己本身需要 n 长有向途径才可以到达, 而所以对于连通的 $\widehat{C}_3$, 有

$$B_3^{\circ}\left(\widehat{C}_3\right) = \begin{matrix} & \begin{matrix} v_1 & v_2 & v_3 \end{matrix} \\ \begin{matrix} v_1 \\ v_2 \\ v_3 \end{matrix} & \begin{pmatrix} 1 & 1 & 1 \\ 1 & 1 & 1 \\ 1 & 1 & 1 \end{pmatrix} \end{matrix} \Rightarrow P\left(\widehat{C}_3\right) = \begin{matrix} & \begin{matrix} v_1 & v_2 & v_3 \end{matrix} \\ \begin{matrix} v_1 \\ v_2 \\ v_3 \end{matrix} & \begin{pmatrix} 1 & 1 & 1 \\ 1 & 1 & 1 \\ 1 & 1 & 1 \end{pmatrix} \end{matrix}$$

或根据定理 2.2.7 知

$$B_2\left(\widehat{C}_3\right) = \begin{matrix} & \begin{matrix} v_1 & v_2 & v_3 \end{matrix} \\ \begin{matrix} v_1 \\ v_2 \\ v_3 \end{matrix} & \begin{pmatrix} 1 & 1 & 1 \\ 1 & 1 & 1 \\ 1 & 1 & 1 \end{pmatrix} \end{matrix} \Rightarrow P\left(\widehat{C}_3\right) = \begin{matrix} & \begin{matrix} v_1 & v_2 & v_3 \end{matrix} \\ \begin{matrix} v_1 \\ v_2 \\ v_3 \end{matrix} & \begin{pmatrix} 1 & 1 & 1 \\ 1 & 1 & 1 \\ 1 & 1 & 1 \end{pmatrix} \end{matrix} \qquad \square$$

想要真正认识可达矩阵和邻接矩阵的关系不是那么容易的, 有很多细节需要注意. 其实从计算 B_{2n}° 简化到 B_{n-1} 就是对算法的优化, 这样的简化有助于提高计算速度和降低计算负载, 计算机编程常说的优化算法就是如此. 接下来我们试图继续降低运算的复杂度. 因为 $B_{n-1} = E + A + A^2 + \cdots + A^{n-1}$ 的计算依旧复杂, 尤其对于 A^{n-1}. 下面通过定义新的矩阵运算使结论变简单.

布尔代数运算法则, 即加法法则: $0+0=0, 0+1=1+0=1, 1+1=1$; 乘法法则: $0\times 0=0, 0\times 1=1\times 0=0, 1\times 1=1$. 将两个矩阵相乘中元素的运算法则替换成布尔代数运算法则, 即对应的该矩阵加法运算为布尔矩阵加法, 符号 "$\oplus$", 对应的矩阵乘法运算为布尔矩阵乘积, 符号 "$\odot$", 另外记 n 个矩阵布尔乘 $A^{(n)}$. 布尔代数运算法则其实是一种逻辑运算法则, 对于简化可达矩阵的运算有很大帮助, 因为求可达矩阵只需要知道最后可不可达就行, 至于是几步到达不需要知道.

定理 2.2.8 对于任意无向图和任意有向图 $G = (V(G), E(G))$, 其中 $|V(G)| = n \geqslant 2$, G 的基础简单图为 $\dot{G}$, 矩阵运算为布尔矩阵加法乘法, 则

$$P(G) = E \oplus A(\dot{G}) \oplus A^{(2)}(\dot{G}) \oplus \cdots \oplus A^{(n-1)}(\dot{G})$$

证明 其实这个想法理解起来不难, 本书采用易理解的方式说明, 不做复杂的数学符号证明. 对于求 G 基础简单图 $\dot{G}$, 实际上是第一步简化, 因为重边和环不影响图的可达性. 接着第二步是布尔运算使之进一步简化, 布尔运算的关键是 "1+1=1", 即再多数相加也是 1, 也就是说知道可达就行了, 不需要知道具体的途径数, 除此之外其他的运算还是保持原来的矩阵运算, 故意义不变. 设

$$A^{(r)}\left(\dot{G}\right) = \begin{matrix} & \begin{matrix} v_1 & v_2 & \cdots & v_n \end{matrix} \\ \begin{matrix} v_1 \\ v_2 \\ \vdots \\ v_n \end{matrix} & \begin{pmatrix} {}_r a_{11} & {}_r a_{12} & \cdots & {}_r a_{1n} \\ {}_r a_{21} & {}_r a_{22} & \cdots & {}_r a_{2n} \\ \vdots & \vdots & \ddots & \vdots \\ {}_r a_{n1} & {}_r a_{n2} & \cdots & {}_r a_{nn} \end{pmatrix} \end{matrix}$$

根据布尔运算规则, 其中的元素只可能是 0 或 1, 若让它再乘邻接矩阵, 其类似邻接矩阵的 2 次幂的含义, 即意义是 $A^{(r)}\left(\dot{G}\right)$ 多一个步长 (途径数) 看顶点 v_i 到 v_j 有几种方法可达 (暂不考虑对角线上元素), 现在换做布尔乘, 即有再多的方法数都视作 1, 于是 $A^{(r+1)}\left(\dot{G}\right)$ 反映的就是: 经过 $r+1$ 步长, 一个点到另一个点是否可达 (暂不考虑对角线上元素), 其实就是 A^{r+1} 把大于等于 1 的数全部改为 1. 搞清楚了 $A^{(r+1)}\left(\dot{G}\right)$ 的含义, 类似于定理 2.2.7 的推导过程, 该过程考虑了对角线上元素, 强制其为 1. 有向图的推导类似. □

例 2.2.3 以图 2.2.4 为例, 利用定理 2.2.8, 计算其可达矩阵.

解 图 2.2.4 的基础简单图为 2.2.5, 根据定理 2.2.8, 得到

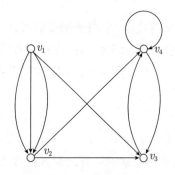

图 2.2.4 布尔法则计算可达矩阵示例 $D_{\text{有环、重边2}}$ **图 2.2.5** 布尔法则计算可达矩阵示例 $D_{\text{有环、重边2}}$ 的基础简单图 $\dot{D}_{\text{有环、重边2}}$

$$P(D_{\text{有环、重边2}}) = E \oplus A(\dot{D}_{\text{有环、重边2}}) \oplus A^{(2)}(\dot{D}_{\text{有环、重边有向图2}}) \oplus A^{(3)}(\dot{D}_{\text{有环、重边2}})$$

$$= \begin{pmatrix} 1 & 0 & 0 & 0 \\ 0 & 1 & 0 & 0 \\ 0 & 0 & 1 & 0 \\ 0 & 0 & 0 & 1 \end{pmatrix} \oplus \begin{pmatrix} 0 & 1 & 1 & 0 \\ 0 & 0 & 1 & 1 \\ 0 & 0 & 0 & 1 \\ 0 & 0 & 1 & 0 \end{pmatrix} \oplus \begin{pmatrix} 0 & 0 & 1 & 1 \\ 0 & 0 & 1 & 1 \\ 0 & 0 & 1 & 0 \\ 0 & 0 & 0 & 1 \end{pmatrix} \oplus \begin{pmatrix} 0 & 0 & 1 & 1 \\ 0 & 0 & 1 & 1 \\ 0 & 0 & 0 & 1 \\ 0 & 0 & 1 & 0 \end{pmatrix}$$

$$= \begin{pmatrix} 1 & 1 & 1 & 1 \\ 0 & 1 & 1 & 1 \\ 0 & 0 & 1 & 1 \\ 0 & 0 & 1 & 1 \end{pmatrix}$$

若按照定理 2.2.5 计算, 有

$$P(D_{\text{有环、重边2}}) = B_{n-1}(D_{\text{有环、重边2}}) = E + B_n^{\circ}(D_{\text{有环、重边2}})$$
$$= E + A(D_{\text{有环、重边2}}) + A^2(D_{\text{有环、重边2}}) + A^3(D_{\text{有环、重边2}})$$
$$= \begin{pmatrix} 1 & 0 & 0 & 0 \\ 0 & 1 & 0 & 0 \\ 0 & 0 & 1 & 0 \\ 0 & 0 & 0 & 1 \end{pmatrix} + \begin{pmatrix} 0 & 3 & 1 & 0 \\ 0 & 0 & 1 & 1 \\ 0 & 0 & 0 & 1 \\ 0 & 0 & 1 & 1 \end{pmatrix} + \begin{pmatrix} 0 & 0 & 3 & 4 \\ 0 & 0 & 1 & 2 \\ 0 & 0 & 1 & 1 \\ 0 & 0 & 1 & 2 \end{pmatrix} + \begin{pmatrix} 0 & 0 & 4 & 7 \\ 0 & 0 & 2 & 3 \\ 0 & 0 & 1 & 2 \\ 0 & 0 & 2 & 3 \end{pmatrix}$$

$$= \begin{pmatrix} 1 & 3 & 8 & 11 \\ 0 & 1 & 4 & 6 \\ 0 & 0 & 3 & 4 \\ 0 & 0 & 4 & 7 \end{pmatrix}$$

若计算 $A^2(D_{\text{有环、重边2}})$ 和 $A^3(D_{\text{有环、重边2}})$ 也可以看出, 除对角线外, $A^2(D_{\text{有环、重边2}})$ 与 $A^{(2)}(\dot{D}_{\text{有环、重边2}})$ 对应, $A^3(D_{\text{有环、重边2}})$ 与 $A^{(3)}(\dot{D}_{\text{有环、重边2}})$ 对应. □

下面我们思考还能否两次简化运算.

定理 2.2.9 对于任意无向图和任意有向图的 $G=(V(G),E(G))$, 其中 $|V(G)|=n \geqslant 2$, G 的基础简单图为 $\dot{G}$, 矩阵运算为布尔矩阵加法乘法, 则

$$P(G) = \left(E \oplus A\left(\dot{G}\right)\right)^{(n-1)}$$

或

$$P(G) = (p_{ij})_{n \times n}, \quad p_{ij} = \begin{cases} 1 & (_nb'_{ij} > 0) \\ 0 & (_nb'_{ij} = 0) \end{cases}$$

其中 $B'_{n-1}(G) = \left(E + A\left(\dot{G}\right)\right)^{n-1}$, $B'_{n-1}(G) = \left(_{(n-1)}b'_{ij}\right)_{n \times n}$.

证明 由于 $(A+E)^{n-1} = C_{n-1}^0 A^0 E^{n-1} + C_{n-1}^1 A^1 E^{n-2} + \cdots + C_{n-1}^{n-1} A^{n-1} E^0 = E^{n-1} + C_{n-1}^1 A^1 + \cdots + C_{n-1}^{n-1} A^{n-1}$, 无论是按照布尔矩阵运算, 还是通过比较 B'_{n-1} 元素是否大于等于1, 系数 $C_{n-1}^1, C_{n-1}^2, \cdots, C_{n-1}^{n-1}$ 并不会对可达性造成影响. □

仅两个 n 阶矩阵相乘就需要 $(2n-1) \times n^2$ (对于 A 的每个元素, 需要进行 n 次乘法和 $n-1$ 次加法操作, 共计 $2n-1$ 次运算. 而矩阵 A 共有 n^2 个元素). 矩阵的 $n-1$ 次幂要算 $(n-2)(2n^3-n^2)$ 次, 定理 2.2.9 的运算量为 $(n-2)(2n^3-n^2)$ 次, 而定理 2.2.8 还要累加求和, 多了 $(n-1) \times n^2$ 次运算.

例 2.2.4 以图 2.2.4 为例, 利用定理 2.2.9 的 $P(G) = \left(E \oplus A\left(\dot{G}\right)\right)^{(n-1)}$, 计算其可达矩阵.

解 $P(D_{\text{有环、重边2}}) = \left(E \oplus A\left(\dot{D}_{\text{有环、重边2}}\right)\right)^{(2)} = \left(E \oplus A\left(\dot{D}_{\text{有环、重边2}}\right)\right)^{(3)}$

$$= \begin{pmatrix} 1 & 1 & 1 & 1 \\ 0 & 1 & 1 & 1 \\ 0 & 0 & 1 & 1 \\ 0 & 0 & 1 & 1 \end{pmatrix}$$

□

另外, 在实际运算中计算 $P(G) = \left(E \oplus A\left(\dot{G}\right)\right)^{(n-1)}$ 时不用一定算到 $n-1$ 项, 得到的矩阵不再变化时, 该矩阵就可以称为可达矩阵, $(A+E)^{(r-1)} \neq (A+E)^r = (A+E)^{(r+1)} = P(G)$, 但是这个结论不好说明, 关键这个不再变化的矩阵数目是否只需要两个矩阵相等就行? 留给读者思考.

以上的内容构成了利用邻接矩阵解决可达矩阵的基本算法, 定理 2.2.9 实际上通常叫作**连乘法**.

如果计算可达矩阵是通过计算 $(A+E)^{(2)}, (A+E)^{(4)}, (A+E)^{(8)}, (A+E)^{(16)}, \cdots$, 直到矩阵不再变化时或计算到 $n-1$ 就结束, 这样的方法就是**幂乘法**, 根据其原理, 对于稀疏图且较大的图有一定概率会快一点, 但是比如一个图算 3 次方就算出来了, 你非得算 4 次方, 反而变慢了, 实际上幂乘法是一种抽样的比较法, 对于最难的幂的计算没有减少, 只是矩阵之间的比较次数减少了.

由于矩阵中很多元素都是零, 上述方法可能会进行许多不必要的计算. 直到 1962 年 Stephen Warshall 发明了 **Warshall 算法**, 通过对 0 元素的条件判断再加上矩阵的行列相加减, 大大简化了运算. 我们以图 2.2.4 为例来解释该算法.

例 2.2.5 以图 2.2.4 为例来解释该 Warshall 算法.

解 第一步, 求出其基础简单图 2.2.5 即 $\dot{D}_{有环、重边2}$.

第二步, 求出其邻接矩阵 $A\left(\dot{D}_{有环、重边2}\right) = \begin{pmatrix} 0 & 1 & 1 & 0 \\ 0 & 0 & 1 & 1 \\ 0 & 0 & 0 & 1 \\ 0 & 0 & 1 & 0 \end{pmatrix}$, 计算

$$P_0 = E \oplus A\left(\dot{D}_{有环、重边2}\right) = \begin{pmatrix} 1 & 1 & 1 & 0 \\ 0 & 1 & 1 & 1 \\ 0 & 0 & 1 & 1 \\ 0 & 0 & 1 & 1 \end{pmatrix}$$

第三步, 十字运算: 划出第 1 列与第 1 行的元素, 找到第 1 列不为零的元素, 将该元素所在的行与第 1 行进行布尔和得到新的该元素所在的行, 如本例中第 1 列只有元素 a_{11} 不为 0, 再与第 1 行进行布尔和得到刚好不变的 $P_1\left(\dot{D}_{有环、重边2}\right) = \begin{pmatrix} 1 & 1 & 1 & 0 \\ 0 & 1 & 1 & 1 \\ 0 & 0 & 1 & 1 \\ 0 & 0 & 1 & 1 \end{pmatrix}$.

P_1 中划出第 2 列与第 2 行的元素, 找到第 2 列不为零的元素, 将该元素所在的行与第 2 行进行布尔和得到新的该元素所在的行, 如本例中第 2 列有元素 a_{12} 和 a_{22} 不为 0, 再与第 2 行进行布尔和得到改变的 $P_2\left(\dot{D}_{有环、重边2}\right) = \begin{pmatrix} 1 & 1 & 1 & 1 \\ 0 & 1 & 1 & 1 \\ 0 & 0 & 1 & 1 \\ 0 & 0 & 1 & 1 \end{pmatrix}$.

同理, P_2 中划出第 3 列与第 3 行的元素, 找到第 3 列不为零的元素, 将该元素所在的行与第 3 行进行布尔和得到新的该元素所在的行, 如本例中第 3 列所以有元素不为 0, 再与第 3 行进行布尔和得到不改变的 $P_3\left(\dot{D}_{有环、重边2}\right) = \begin{pmatrix} 1 & 1 & 1 & 1 \\ 0 & 1 & 1 & 1 \\ 0 & 0 & 1 & 1 \\ 0 & 0 & 1 & 1 \end{pmatrix}$.

接着同理通过第 4 行的元素算所有行的元素. 结果矩阵 $P_3 = P_4$, 可以验证其等于图 2.2.4 可达矩阵 $P(D_{有环、重边2})$. □

例 2.2.5 实际是改进了 Warshall 算法, 本书将 Warshall 算法的输入 A 改成输入 $E \oplus$

$A\left(\dot{G}\right)$, 合理之处在于:

(1) 输出的矩阵对角线始终为 1, 符合可达矩阵在对角线上的定义;

(2) 根据定理 2.2.9, 可以知道直接算 P_{n-1} 就可以了, 也解释为了不算 $P_0 \oplus P_1 \oplus \cdots \oplus P_{n-1}$.

具体程序如下:

定理 2.2.10 (Warshall 算法) 对于 n 个点的任意无向图和任意有向图 G, 基础简单图 $\dot{G}$ 的邻接矩阵为 A, (1) 将 $A+E$ 赋值于 P_0, 即 $P_0 = A+E$;

(2) P_k 的第 i 行 j 列的元素 $_k a_{ij}$ 表示;

(3) 对 P_{j-1} 的第 j 列元素值进行判断, 如果 $_{(j-1)}a_{ij} = 0$, P_{j-1} 的第 i 行直接成为 P_j 的第 i 行. 如果 $a_{ij} = 1$, 则矩阵 $_{(j-1)}P_j$ 的第 i 行中元素为 P_{j-1} 的第 i 行中元素与第 j 行中元素的布尔和;

(4) 改变 j 从 1 开始自增到 n, 重复步骤 (3), 所得的矩阵 P_k 即为可达矩阵 P 的中间矩阵 (传递闭包);

(5) $P_k + E$ 为所求的可达矩阵 P.

证明 大多数《离散数学》或者图论书籍都不涉及该程序的证明, 本书借助例 2.2.5 说明此算法的核心步骤.

记矩阵 $P_0 = E \oplus A\left(\dot{G}\right)$, 在图 2.2.5 中, v_1 与 v_2 存在直接的途径 (即长为 1), v_1 与 v_3 之间也有直接的途径, 而 v_1 与 v_4 之间没有长度是 1 的途径, 但是存在边长是 2 的途径, 这在矩阵 P_0 中没有相应的体现, 因为矩阵 P_0 中的元素 $_0p_{14} = 0$, 于是我们找图 $\dot{D}$ 中一点 v_k, 只要满足 $_kp_{1k}$ 布尔和 $_kp_{k4} = 1$, 则证明 v_1 可以借助 v_k (图 2.2.5 中指的是 v_2) 与 v_4 连通. 以此类推, 想要 v_i, v_j 两点通过 2 长的途径连接, 需要找一个中间点 v_k, 这种思想与 Floyd 算法是一种运用动态规划思想求最短路的经典算法的思路异曲同工, 所以又叫 "插点法" 或 "Floyd-Warshall 法", 就可以逐个计算满足 $_kp_{ik}$ 布尔和 $_kp_{kj} = 1$ 的 k 值, 从而找到 v_k.

当然相同行的布尔和的值不变, 此算法还可以优化. □

Warshall 算法的高明之处在于除了通过 0 元素的条件判断减少了运算, 还通过插点的逻辑, 替换了矩阵的幂运算, Warshall 算法中从 P_{k-1} 到 P_k 布尔和至多为 $n \times n$ 次, 一共要算 n 个这样的矩阵, 故至多为 n^3 次, 而使用 "连乘法" 即定理 2.2.9, 要算 $(n-2)(2n^3 - n^2)$ 次. 虽然两者都是多项式时间内计算可以得到结论, 但 Warshall 算法降低了一个级别的复杂度.

Warshall 算法的巧妙离不开数学作为其逻辑推断的基石, 这也反映了数学在计算机编程中的应用. 计算可达矩阵的算法总体雏形已经勾勒完毕, 一些更深、更复杂的改进算法涉及计算机算法底层逻辑的研究, 就不再展开了.

第 3 章 关联矩阵、圈矩阵、键矩阵与弧矩阵

3.1 关联矩阵与基尔霍夫电路背景

关联矩阵似乎很容易被忽视,一方面它看似比较简单,很多图论书籍一带而过,另一方面,它不一定是方阵,所以丧失了很多和特征值相关的性质.但是想要真正搞懂关联矩阵,笔者认为不是那么简单的.

关联矩阵的一个难点是结合物理电学背景去讲,涉及圈空间、键空间和弧空间,这些知识揉成一团就会变得十分复杂.其次它还和拉普拉斯矩阵相关,具有优美的矩阵等式.

以上提到的部分是笔者感兴趣的部分,最初查阅了国内外相关的大部分图论教材,发现都未对其物理背景进行详细说明,且各有各的定义,导致定理不能统一.于是笔者又去看物理中电学类的书籍、文章,与从事电路分析的物理专业的人员交流,确实发现物理所描述的定义和图论上的有所出入,虽然本质是一样的,但是各说各话,缺失精确性,令人十分头疼.本章就是试图解决这一问题,为此定义了很多符号,力图规范化,但是由于笔者不是学电路的,欢迎物理电路研究者发邮箱来指正或提供更为合理的示例.下面我将物理电路部分娓娓道来.

设任意 (强调可以有环) 无向图 $G=(V(G),E(G))$,令 m_{ij} 是顶点 v_i 和边 v_i 关联次数,$M(G)=(m_{ij})_{|V(G)|\times|E(G)|}$,矩阵 $M(G)$ 为任意无向图 G 的**关联矩阵**.

注 特别地,设无向无环图 $G=(V(G),E(G))$,令

$$m_{ij}=\begin{cases} 1 & (若边e_j 与顶点v_i 关联)\\ 0 & (若边e_j 与顶点v_i 不关联)\end{cases}$$

$M(G)=(m_{ij})_{|V(G)|\times|E(G)|}$,矩阵 $M(G)$ 为无向无环图 G 的**关联矩阵**.

此定义与上面任意无向图的关联矩阵定义并不矛盾,是其特例,一般此定义比较有用,因为可以和拉普拉斯矩阵产生联系,对于关联矩阵比较怕加上环,加上环很多结论就会不对,但是对于加上重边,大部分结论依然成立.

定理 3.1.1 任意无向图的关联矩阵元素最多出现 $0,1,2$.

例 3.1.1 以图 2.1.1 为例,写出其关联矩阵.

解
$$M(G_{\text{有环,重边}}) = \begin{pmatrix} & e_1 & e_2 & e_3 & e_4 & e_5 & e_6 & e_7 \\ v_1 & 2 & 2 & 1 & 1 & 1 & 1 & 0 \\ v_2 & 0 & 0 & 1 & 1 & 1 & 0 & 1 \\ v_3 & 0 & 0 & 0 & 0 & 0 & 1 & 0 \\ v_4 & 0 & 0 & 0 & 0 & 0 & 0 & 1 \end{pmatrix}.$$

□

定理 3.1.2(关联矩阵表达无向图的握手定理) 任意无向图 G 的关联矩阵行和为对应顶点的度, 即
$$\sum_{j=1}^{n} m_{ij} = d(G, v_i)$$

任意无向图的关联矩阵每列和为 2, 即
$$\sum_{i=1}^{n} m_{ij} = 2$$

任意无向图的关联矩阵所有元素相加等于列数的两倍, 即
$$\sum_{i=1}^{n} \sum_{j=1}^{n} m_{ij} = 2|E(G)|$$

设任意无环有向图 $D = (V(D), \text{Arc}(D))$, 令
$$m_{ij} = \begin{cases} 1 & (弧 a_i 从点 v_j 出发(弧 a_i 尾与 v_j 关联)) \\ -1 & (弧 a_i 进入点 v_j (弧 a_i 头与 v_j 关联)) \\ 0 & (弧 a_i 和点 v_j 不关联) \end{cases}$$

其中 $M(D) = (m_{ij})_{|V(D)| \times |\text{Arc}(D)|}$, $M(D)$ 矩阵为任意无环有向图 D 的**关联矩阵**.

定理 3.1.3(关联矩阵表达有向图的握手定理) 任意无环有向图的关联矩阵每列和为 0, 即
$$\sum_{j=1}^{n} m_{ij} = 0$$

任意无环有向图 D 的关联矩阵每行绝对值和为对应顶点的度 $d_G(v_i)$, 即
$$\sum_{i=1}^{n} |m_{ij}| = d(G, v_i)$$

其中 1 的个数是出度 $d^+(G, v_i)$, -1 的个数是入度 $d_D^-(v_i)$, 且矩阵 1 和 -1 个数相等.

定理 3.1.4 如果任意无向图或有向图有重边, 则关联矩阵对应的两列相同.

在图 G 中, 对边 e 进行**收缩**, 即将 e 的两个端点 u 和 v 合并为一个新的顶点. 这个新顶点关联 u 和 v 所关联的除了边 e 本身外的所有边, 得到的图记为 $G \cdot e$, 对边集合 $E' \subset E$ 的收缩, 记为 $G \cdot E'$, 表示将 E' 中的所有边逐一收缩, 有向图有类似的定义.

基尔霍夫电路定律(Kirchhoff's laws) 是电路中电压和电流所遵循的基本规律, 是分析和计算较为复杂电路的基础, 1845 年由德国物理学家基尔霍夫 (Gustav Robert Kirchhoff)

提出. 基尔霍夫电路定律包括基尔霍夫电流定律 (Kirchhoff's current law, KCL) 和基尔霍夫电压定律 (Kirchhoff's voltage law, KVL). 基尔霍夫电路定律既可以用于直流电路的分析, 也可以用于交流电路的分析, 还可以用于含有电子元件的非线性电路的分析. 物理电路中, 有以下定义: 把每个元件或串联的元件视作一条**支路**(可抽象成图论中的弧), 在一条支路中电流处处相等. 支路与支路的连接点为**节点**(可抽象成图论中的顶点).

基尔霍夫第一定律又称**基尔霍夫电流定律**, 是电流的连续性在集总参数电路上的体现, 其物理背景是电荷守恒公理. 基尔霍夫电流定律是确定电路中任意节点处各支路电流之间关系的定律, 因此又称为节点电流定律.

定理 3.1.5(KCL)   假设进入某节点的电流为正值, 离开这节点的电流为负值, 则所有涉及这节点的电流的代数和等于零, 即对于电路的任意节点有

$$\sum_{k=1}^{n} I_k = 0$$

其中 I_k 是第 k 个进入 (为正) 或离开 (为负) 这节点的电流值, 即流过与这节点相连接的第 k 个**支路电流**.

定理 3.1.5 可描述为所有进入某节点的电流的总和等于所有离开这节点的电流的代数和.

基尔霍夫电流定律不仅适用于节点, 也可推广应用到包围几个节点的闭合面, 或称**广义节点**(抽象为图论中对边集收缩的概念).

例 3.1.2   如图 3.1.1 所示电路, 支路电流的参考方向已标明, 专业人员通过仪器测定电流大小, 再判断实际元件产生电流的方向与图中假定的参考方向给出 $I_1 = 2(\mathrm{A})$, $I_3 = -8(\mathrm{A})$, $I_4 = -4(\mathrm{A})$, 求 I_2.

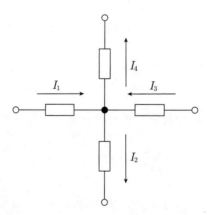

图 3.1.1   节点电流满足 KCL 的示例

解   根据 KCL 可得, $I_1 + I_3 - I_4 - I_2 = 0$ (或 $I_1 + I_3 = I_2 + I_4$), 则 $I_2 = I_1 - I_4 + I_3 = 2 - (-4) + (-8) = -2(\mathrm{A})$. □

注   例 3.1.2 给定的 $I_3 = -8(\mathrm{A})$, $I_4 = -4(\mathrm{A})$ 以及算出的 $I_2 = -2(\mathrm{A})$ 中负号的意思是对于支路电流的实际方向与图中标出的电流参考方向相反.

如图 3.1.2所示的电路中, 可以把这些元件看作一个广义的节点, 如图 3.1.3所示, 用 KCL 可列出

$$I_1 - I_2 - I_3 = 0$$

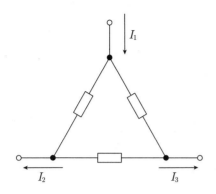

图 3.1.2　一个电路元件

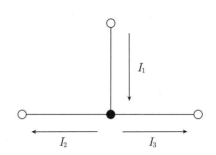

图 3.1.3　一个电路元件视作一个广义节点

可见, 在任意时刻, 流过任意闭合面电流的代数和恒等于零.

基尔霍夫第二定律又称**基尔霍夫电压定律**, 是电场为位场时电位的单值性在集总参数电路上的体现, 其物理背景是能量守恒. 基尔霍夫电压定律是确定电路中任意回路 (封闭的电路路径, 沿着该路径的电流除起点和终点外不经过同一节点两次. 可抽象成图论中方向可以不一致的有向圈) 内各电压之间关系的定律, 因此又称为回路电压定律.

定理 3.1.6(KVL)　沿着闭合回路的所有电动势的代数和等于所有电压的代数和, 即对于电路的任意闭合回路, 有

$$\sum_{i=1}^{m} U_k = 0$$

或描述为沿着回路所有元件两端的电势差 (电压) 的代数和等于零. 其中 m 是这回路的支路数目, U_k 是元件两端的电压. 也叫**支路电压**.

基尔霍夫电压定律不仅应用于闭合回路, 也可以把它推广应用于不闭合的假想回路.

例 3.1.3　如图 3.1.4所示电路, 支路电流和电压的参考方向已标明, 专业人员通过仪器测定电流大小, 再判断实际元件产生电流的方向与图中假定的参考方向给出 $I_1 = 1$ (A), $R_1 = 1$ (Ω), $I_2 = 2$ (A), $U_{S_2} = -3$ (V), $U_{S_1} = 2$ (V). 列出图 3.1.4中 $ABCDEA$ 的电压方程式并求出 R_2.

解　(1) 假定回路的绕行参考方向, 如图 3.1.4所示.

注　由于 KVL 是针对回路列数学方程, 回路的方向往往是按顺时针或逆时针规定正方向, 本节规定了逆时针为正方向; 对应地, KCL 中节点电流是按进出点规定正方向的, 规定的进入一个点的节点电流是正的. 本节规定的正方向对解答本节问题没有影响, 即无论是进为正方向还是出为正方向, 顺时针还是逆时针, 都可以列出等价的等式. 但是下一节涉及矩阵的部分, 由于一个矩阵涉及多个圈或割集, 之间又有密切的联系, 所以将以树枝和连枝的方向重新确定 KVL 中圈与 KCL 中割集的方向.

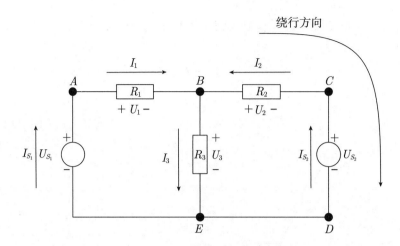

图 3.1.4 节点电压满足 KVL 的示例

(2) 确定各部分电压的方向, 支路电压方向为该支路元件高电位 ("+"极性) 端指向低电位 ("−"极性) 端, 即为电位降低的方向.

(3) 凡参考方向与回路绕行方向一致者, 该电压前取正号; 凡参考方向与回路绕行方向相反者, 该电压前取负号.

在图 3.1.4 中, 对于回路 $ABCDEFA$, 若按顺时针绕行方向, 根据 KVL 可得

$$U_1 - U_2 + U_{S_2} - U_{S_1} = 0$$

根据欧姆定律, 上式还可表示为

$$I_1 R_1 + I_2 R_2 + U_{S_2} - U_{S_1} = 0$$

代入数值计算

$$1 \times 1 + 2 \times R_2 - 3 - 2 = 0$$

得到

$$R_1 = 1 \ (\Omega) \qquad \square$$

注 (1) 例 3.1.3 中给定的 $U_{S_2} = -3$ (V) 的负号的意思是该支路电流的实际电压方向与图中标出的电压参考方向相反;

(2) 电压与电流的实际方向不一定相同, 如电源设备, 对于例 3.1.3 和例 3.1.4, 图 3.1.4 中元件 CD 和 AE, 有可能是一个电源设备.

电压与电流的参考方向更不一定相同, 因为参考方向是人为规定的, 参考方向和数值的正负结合可以得到实际方向. 图 3.1.4 中元件 BC, 就是参考电流或参考电压与实际方向相反, 但是如果 I_2 实际算出的是负值, U_2 实际算出的是正值, 这时实际的电流方向与实际的电压方向是一致的, 满足的欧姆定理是 $U_2 = I_2 R_2$.

例 3.1.4 如图 3.1.4所示的电路, 支路电流和电压的参考方向已标明, 专业人员通过仪器测定电流大小, 再判断实际元件产生电流的方向与图中假定的参考方向, 给出 $I_{s_1} = 2$ (A), $R_1 = 3$ (Ω), $U_2 = 3$ (V), $R_2 = 2$ (Ω), $U_3 = 5$ (V). 由于有两个电源, 直接不好分析, 经测量知 $I_{S_2} = I_2$, $I_{S_1} = -I_2$, 求出 $I_2, U_{S_2}, R_{S_2}, R_3$ 及 U_{S_1}.

解 由于图 3.1.4中 BC 支路参考电压与参考电流方向相反, 欧姆定律应使用

$$I_2 = -\frac{U_2}{R_2}$$

即

$$I_2 = -\frac{3}{2} = -1.5 \text{ (A)}$$

由对于回路 $BCDEB$, 由 KVL 可得

$$U_2 + U_{S_2} - U_3 = 0 \Rightarrow 3 + U_{S_2} - 5 = 0 \Rightarrow U_{S_2} = 2 \text{ (V)}$$

图 3.1.4中支路参考电压与电流方向相反

$$R_2 = -\frac{U_2}{I_2} = \frac{2}{-1.5} = \frac{4}{3} \text{ (Ω)}$$

由题设 $I_{S_2} = I_2$, $I_{S_1} = -I_2$, 又 E 点的 KCL 可得

$$I_{S_1} + I_3 - I_{S_2} = 0 \Rightarrow -2 + I_3 - (-1.5) = 0 \Rightarrow I_3 = 2 \text{ (A)}$$

$$R_3 = \frac{V_3}{I_3} = \frac{5}{0.5} = 10 \text{ (Ω)}$$

对于回路 $ABEA$, 由 KVL 可得

$$-U_{S_1} + U_1 + U_3 = 0 \Rightarrow -U_{S_1} + I_1 R_1 + 5 = 0$$
$$\Rightarrow -U_{S_1} + 2 \times 3 + 5 = 0$$
$$\Rightarrow U_{S_1} = 11 \text{ (V)} \qquad \square$$

基尔霍夫电压定律不仅应用于回路, 也可推广应用于一段不闭合的假想回路. 如图 3.1.5所示电路中, AB 两端未闭合, 若设 AB 两点之间的电压为 U_{AB}, 若定顺时针绕行方向可得

$$-U_{AB} + U_S + U_R = 0$$

则

$$U_{AB} = U_S + U_R$$

上式表明, 开口电路两端的电压等于该两端点之间各段电压降之和.

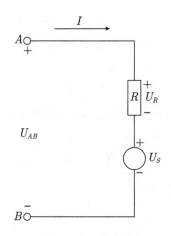

图 3.1.5 不闭合的假想回路 KVL 的示例

3.2 有向图的关联矩阵、圈矩阵和键矩阵

图 $G = (V(G), E(G))$ 是任意无向连通图, 无向图的圈维持第 1.1 节定义, 但是本章的**有向圈**特指带有方向的圈, 旋转方向不一定一致. 不含圈的任意连通图称为**树**, 如果生成子图 T 是一个树且 $V(T) = V(G)$, 则称 T 是的一个**生成树**. $G - H$ 表示 G 删除 H 中的边或弧. **树枝**是指生成树 T 的边或弧, **连枝**为**余树** $\bar{T} = G - T$ 上的边或弧. 可见 $|\text{Arc}(T)| = |V(G)| - 1$, $|\text{Arc}(\bar{T})| = |\text{Arc}(G)| - (|V(G)| - 1)$. 物理中电网络可以抽象出图论中的有向无环图 (可以有重弧) 模型, 如图 3.2.1 的电路 (以电流方向为例) 可以抽象成有向图 3.2.2.

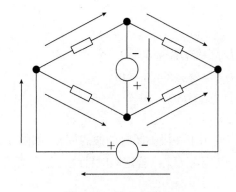

图 3.2.1 某一电路 D_1
注: 图中所标方向设为支路电流和电压的参考方向

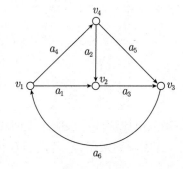

图 3.2.2 一个电路图转化为图论中的 D_1

上节 KCL 的定理 3.1.5 是大多电路教材中的形式, 但是如果把这个定理放到数学中, 定义 I_k, 就会出现很多细节问题, 这是由于一些名词没有严谨的定义, 或者说该定理没有详细到把"实际电流""图中参考方向的支路电流""节点电流""代数和"解释清楚, 故定理 3.1.5 虽

然简洁，但是无法"数学化"，对"关联、圈矩阵和割集矩阵"在数学上的证明造成了难度. 所以本书作为数学书虽然将这些概念由隐变显，但是也变复杂了.

令有向无环图 $D = (V(D), \text{Arc}(D))$ 是一个电路图所抽象出的图. 人为规定图 D 中电流的参考方向，用箭头表示. 某一条支路 a_j 的由专业人员**实际测得的电流数值**记为 $l°(a_j)$，如果该支路正电荷流动的方向与此支路 a_j 上规定的参考方向相同，则令 $l(a_j) = l°(a_j)$；如果该支路正电荷流动的方向与此支路 a_j 上规定的参考方向相反，则令 $l(a_j) = -l°(a_j)$. $l(a_j)$ 即为支路 a_j 上的**支路电流**(这也可以用数学符号函数表达出来，但看起来更复杂了).

于是定义**支路电流向量**为
$$I = I(D) = \begin{pmatrix} l(a_1) & l(a_2) & \cdots & l(a_{|\text{Arc}(D)|}) \end{pmatrix}^{\text{T}}$$

记一条支路 a_j 的电流相对一个点的电流，即**节点电流** $l(a_j \to v_i) = \text{sgn}_1(a_j \to v_i) \cdot l(a_j)$，其中

$$\text{sgn}_1(a_j \to v_i) = \begin{cases} -1 & (a_j \text{ 上的电流进入} v_i \text{ 节点}) \\ 1 & (a_j \text{ 上的电流离开} v_i \text{ 节点}) \end{cases} (j \in \{1, \cdots, |\text{Arc}(D)|\}; i \in \{1, \cdots, |V(D)|\})$$

如此便准确地定义了"实际电流""图中参考方向的支路电流""节点电流". 于是可以得到用数学符号语言表示的基尔霍夫电流定理:

定理 3.2.1(新 KCL) 任意节点电流 $l(a_j \to v_i)$ 的和等于零，其中 a_j 为 v_i 关联度的弧，即
$$\sum l(a_j \to v_i) = 0$$

定理 3.2.2(KCL 的关联矩阵表示) KCL 方程用关联矩阵表示为 $MI = \vec{0}$.

证明 由 KCL 方程 $\sum l(a_j \to v_i) = 0$，其中 $l(a_j \to v_i) = \text{sgn}_1(a_j \to v_j) \cdot l(a_j)$，再由关联矩阵 $M = M(D) = (m_{ij})$ 的定义知，关联矩阵的每行乘以 I 就是该行对应的节点满足 KCL 方程，其中符号的对应关系为"$m_{ij} = 1$，当弧 a_j 离开点 v_i"对应"符号函数 $\text{sgn}_1(a_j \to v_i) = 1$，当 a_j 上的电流离开 v_i 节点"；"$m_{ij} = -1$，当弧 a_j 进入点 v_i"对应"符号函数 $\text{sgn}_1(a_j \to v_i) = -1$，当 a_j 上的电流进入 v_i 节点"，故该结论成立. □

例 3.2.1 以图 3.2.2为例，专业人员通过仪器测定电流大小，再判断实际元件产生电流的方向与图中假定的参考方向给出各个支路电流为 $I(D_1) = \begin{pmatrix} 2 & 7 & 9 & 4 & 3 & 6 \end{pmatrix}^{\text{T}}$.

解 图 3.2.2的关联矩阵为

$$M(D_1) = \begin{matrix} & \begin{matrix} a_1 & a_2 & a_3 & a_4 & a_5 & a_6 \end{matrix} \\ \begin{matrix} v_1 \\ v_2 \\ v_3 \\ v_4 \end{matrix} & \begin{pmatrix} 1 & 0 & 0 & 1 & 0 & -1 \\ -1 & -1 & 1 & 0 & 0 & 0 \\ 0 & 0 & -1 & 0 & 1 & 1 \\ 0 & 1 & 0 & -1 & -1 & 0 \end{pmatrix} \end{matrix}$$

按本书定义可以验证 $M(D_1) \cdot I(D_1) = \begin{pmatrix} 0 & 0 & 0 & 0 \end{pmatrix}^{\mathrm{T}}$. □

有向无环图 D 的**有向基本圈矩阵**$C = C(D) = (c_{yj})_{|\mathrm{Arc}(\bar{T})| \times |\mathrm{Arc}(D)|}$, 取 D 的一个生成树 T, 取余树 $\bar{T}$ 中一个连枝 $a_y \in \mathrm{Arc}(\bar{T})$ 和生成树 T 上的所有树枝构成一个图 $T + a_y$, 其必然有唯一含 a_y 的圈 $\mathscr{C}_y$ 作为其子图, c_y 是此圈 $\mathscr{C}_y$ 称为**基本圈**, 对应的向量 $\begin{pmatrix} c_{y1} & c_{y2} & \cdots & c_{y|\mathrm{Arc}(D)|} \end{pmatrix}^{\mathrm{T}}$, 称其为**基本圈向量**, 其中 $c_{yj} = 1$, 当弧 a_j 在圈 $\mathscr{C}_y$ 中且弧 a_j 与连枝 a_y 在 $\mathscr{C}_y$ 中旋转方向一致; $c_{yj} = -1$, 当弧 a_j 在圈 $\mathscr{C}_y$ 中且弧 a_j 与连枝 a_y 在圈 $\mathscr{C}_y$ 中的旋转方向相反; $c_{yj} = 0$, 当弧 a_j 不在圈 $\mathscr{C}_y$ 中. 有向基本圈矩阵为 $C(D) = \begin{pmatrix} c_{y_1} & c_{y_2} & \cdots & c_{y_{|\mathrm{Arc}(\bar{T})|}} \end{pmatrix}^{\mathrm{T}}$, 其中 $a_{y_h} \in \mathrm{Arc}(\bar{T})$, $h \in \{1, \cdots, |\mathrm{Arc}(\bar{T})|\}$. 如图 3.2.3所示, 当 $h = 1$ 时, $y_1 = 4$, a_4 对应图中一条连枝.

定义得到的有向基本圈矩阵可以写成分块矩阵的形式 $C = (C_T | E_{\bar{T}})$, 其中 C_T 是生成树决定的矩阵, $E_{\bar{T}}$ 是余树决定的单位矩阵.

例 3.2.2 以图 3.2.3为例, 求其圈矩阵 $C(D_1)$.

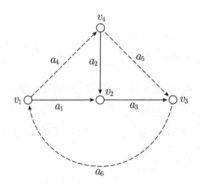

图 3.2.3 实线为 D_1 的生成树, 虚线为 D_1 的余树

解 任意取一生成树 T_1, 其弧集为 $\mathrm{Arc}(T_1) = \{a_1, a_2, a_3\}$, 用实线表示, 则余树 $\bar{T}_1$, 其弧集为 $\mathrm{Arc}(\bar{T}_1) = \{a_4, a_5, a_6\}$, 用虚线表示. 则

$$C(D_1) = \begin{array}{c} c_4 \\ c_5 \\ c_6 \end{array} \begin{pmatrix} \begin{array}{ccc|ccc} a_1 & a_2 & a_3 & a_4 & a_5 & a_6 \\ -1 & 1 & & 1 & & \\ & 1 & 1 & & 1 & \\ 1 & & 1 & & & 1 \end{array} \end{pmatrix}$$ □

利用由专业人员实际测得的所有顶点的**实际电势值**$\varphi^{\circ}(v_i)$, 任意选定一个顶点 v_1 规定其电势为 $\varphi(v_1) = 0$, 计算其他点**相对电势**$\varphi(v_i) = \varphi^{\circ}(v_i) - \varphi^{\circ}(v_1)$. 定义**两点 v_i 到 v_k 的电压**为 $u^{\circ}(a_j) = \varphi^{\circ}(v_i) - \varphi^{\circ}(v_k)$, 记 $a'_j = \overrightarrow{v_i v_k}$, 当然也可以定义 $u^{\circ}(a_j) = \varphi(v_i) - \varphi(v_k)$, 由于其等于 $(\varphi^{\circ}(v_i) - \varphi^{\circ}(v_1)) - (\varphi^{\circ}(v_k) - \varphi^{\circ}(v_1))$, 故与第一种定义方式本质一样. 人为规定有向无环图 D 中电压的参考方向, 本书电路图中用 "+" 极到 "−" 极表示 (电源则相反), 如此图 3.2.3也表示电压的参考方向. 如果 a'_j 的方向与此支路 a_j 上规定的参考方向相同, 则令 $u(a_j) = u^{\circ}(a_j)$; 如果 a'_j 的方向与此支路 a_j 上规定的参考方向相反, 则令

$u(a_j) = -u^\circ(a_j)$, $u(a_j)$ 即为支路 a_j 上的**支路电压**. 记**支路电压向量**为

$$U = U(D) = \begin{pmatrix} u(a_1) & u(a_2) & \cdots & u(a_{|\text{Arc}(D)|}) \end{pmatrix}^{\text{T}}$$

对 $\forall a_j \in \mathscr{C}, \exists a_y \in \mathscr{C}, \text{sgn}_2(a_j \to a_y) = \begin{cases} 1 & (a_j \text{ 与 } a_y \text{ 同向}) \\ -1 & (a_j \text{ 与 } a_y \text{ 反向}) \end{cases}$ $(j, y \in \{1, \cdots, |\text{Arc}(D)|\})$,

定义**弧上 a_j 相对于 a_y 的电压**为 $u(a_j \to a_y) = \text{sgn}_2(a_j \to a_y) \cdot u(a_j)$.

如此便较为准确地定义了 "相对电势""两点之间的电压""支路电压". 于是可以得到用数学符号语言表示的基尔霍夫电压定理:

定理 3.2.3(新 KVL) 任意回路 $\mathscr{C}$ 上弧 a_j 相对于 a_y 的电压和为 0, 即

$$\sum_{a_j \in \mathscr{C}} u(a_j \to a_y) = 0$$

定理 3.2.4(KVL 的基本圈矩阵表示) KVL 方程用圈矩阵表示为 $CU = \vec{0}$.

证明 由 KVL 方程 $\sum_{a_j \in \mathscr{C}} u(a_j \to a_y) = 0$, 其中 $u(a_j \to a_y) = \text{sgn}_2(a_j \to a_y) \cdot u(a_j)$, 再由基本圈矩阵 $C = C(D) = (c_{yj})$ 的定义知, 由基本圈矩阵 C 的每行乘以 U 就是该行对应的圈上的支路电压 KVL 方程. 其中符号的对应关系为 "其中 $c_{yj} = 1$, 当弧 a_j 在圈 $\mathscr{C}_y$ 中且弧 a_j 与连枝 a_y 在 $\mathscr{C}_y$ 中旋转方向一致" 对应 "符号函数 $\text{sgn}_2(a_j \to a_y) = 1$, 当 a_j 与 a_y 同向"; "当弧 a_j 在圈 $\mathscr{C}_y$ 中且弧 a_j 与连枝 a_y 在圈 $\mathscr{C}_y$ 中旋转方向相反" 对应 "符号函数 $\text{sgn}_2(a_j \to a_y) = -1$, 当 a_j 与 a_y 反向", 故该结论成立. □

例 3.2.3 由图 3.2.1知, 图 3.2.2中的参考方向也可以表达电路支路电压的参考方向, 已知图 3.2.2各点的相对电势为 $(\varphi(v_1) \quad \varphi(v_2) \quad \varphi(v_3) \quad \varphi(v_4))^{\text{T}} = \begin{pmatrix} 0 & -2 & -4 & -11 \end{pmatrix}^{\text{T}}$.

解 由相对电势知 $U = U(D_1) = \begin{pmatrix} u(a_1) & \cdots & u(a_6) \end{pmatrix}^{\text{T}} = \begin{pmatrix} 2 & -9 & 2 & 11 & 7 & -4 \end{pmatrix}^{\text{T}}$, 按本书定义可以验证 $C(D_1) \cdot U(D_1) = \begin{pmatrix} 0 & 0 & 0 \end{pmatrix}^{\text{T}}$. □

注 电势的赋值保证了形成的参考电压方向与参考电流方向一致, 但在数学上其实对于各点电势任意赋值 KVL 都是成立的, 这实际上在定理 3.2.4的证明过程中可以体现, 只不过本例的赋值故意使得电流电压方向同向, 共用了一个关联矩阵 M.

推论 3.2.1(KVL 的基本圈矩阵表示的推论) $U_{\bar{T}} = -C_T U_T$.

证明 $CU = \vec{0} \Rightarrow (C_T \mid E_{\bar{T}}) \begin{pmatrix} U_T \\ U_{\bar{T}} \end{pmatrix} = C_T U_T + U_{\bar{T}} = \vec{0} \Rightarrow U_{\bar{T}} = -C_T U_T$. □

所以通过基本圈矩阵可以由树枝电压得连枝电压, 连枝电压得树枝电压.

定理 3.2.5(KCL 的圈矩阵表示) KCL 方程用圈矩阵表示为 $C^{\text{T}} I_{\bar{T}} = I$, $I_{\bar{T}}$ 表示余树决定的支路电流.

例 3.2.4 以图 3.2.2为例, 已知各个支路电流为 $I(D_1) = \begin{pmatrix} 2 & 7 & 9 & 4 & 3 & 6 \end{pmatrix}^{\text{T}}$, 验证定理 3.2.5.

证明

$$C(D_1)^{\mathrm{T}} I_{\bar{T}} = \begin{array}{c} \\ a_1 \\ a_2 \\ a_3 \\ a_4 \\ a_5 \\ a_6 \end{array} \begin{array}{c} c_4 \ c_5 \ c_6 \\ \begin{pmatrix} -1 & & 1 \\ 1 & 1 & \\ & 1 & 1 \\ \hline 1 & & \\ & 1 & \\ & & 1 \end{pmatrix} \end{array} . \begin{array}{c} l(a_4) \\ l(a_5) \\ l(a_6) \end{array} \begin{pmatrix} 4 \\ 3 \\ 6 \end{pmatrix} = \begin{array}{c} l(a_1) \\ l(a_2) \\ l(a_3) \\ l(a_4) \\ l(a_5) \\ l(a_6) \end{array} \begin{pmatrix} 2 \\ 7 \\ 9 \\ 4 \\ 3 \\ 6 \end{pmatrix} = I \qquad \square$$

推论 3.2.2 (KCL 的圈矩阵表示的推论) $I_T = C_T^{\mathrm{T}} I_{\bar{T}}$.

证明 $C^{\mathrm{T}} I_{\bar{T}} = I \Rightarrow \begin{pmatrix} C_T^{\mathrm{T}} \\ E_{\bar{T}} \end{pmatrix} I_{\bar{T}} = \begin{pmatrix} I_T \\ I_{\bar{T}} \end{pmatrix} \Rightarrow I_T = C_T^{\mathrm{T}} I_{\bar{T}}$. $\square$

定理 3.2.6 (KCL 的关联矩阵矩阵表示) 支路电压的 KCL 方程用关联矩阵表示为

$$M_{\text{删除}i\text{行}}^{\mathrm{T}} U(v_i) = U$$

证明 顶点 v_i 的**节点电压**向量定义为

$U(v_i)$
$= \left(\varphi(v_1) - \varphi(v_i) \quad \cdots \quad \varphi(v_{i-1}) - \varphi(v_i) \quad \varphi(v_{i+1}) - \varphi(v_i) \quad \cdots \quad \varphi(v_{|V(D)|}) - \varphi(v_i)\right)^{\mathrm{T}}$

根据关联矩阵 $M = M(D) = (m_{ij})$ 的定义 "其中 $m_{ij} = 1$, 当弧 a_j 离开点 v_i; $m_{ij} = -1$, 当弧 a_j 进入点 v_i; $m_{ij} = 0$, 当弧 a_j 与点 v_i 不关联". 结合 $U(v_i)$ 的定义, M 删除 v_i 对应的 i 行再转置就是 M 转置再删除 v_i 对应的 i 列, 于是行数刚好与 $U(v_i)$ 相等, 且 M 行有 $|\mathrm{Arc}(D)|$ 个元素对应支路电压也有 $|\mathrm{Arc}(D)|$ 个. 删除 v_i 列后, 原来含有 v_i 数值的行只剩下 v_i 关联的点 v_j 对应的数值, 若 v_j 是弧 $\overrightarrow{v_j v_i}$ 弧头, M 对应的元素则是 1, 此时 $U(v_i)$ 相应的 $\varphi(v_j) - \varphi(v_i)$ 行值为 $u(\overrightarrow{v_j v_i})$, 因为该值始终为 $\varphi(v_j) - \varphi(v_i)$, 现在 v_j 是弧头, 符合支路电压定义 $u(\overrightarrow{v_j v_i}) = \varphi(v_j) - \varphi(v_i)$, 可见该值与支路电压 $u(\overrightarrow{v_j v_i})$ 定义相符合, 1 与 $u(\overrightarrow{v_i v_j})$ 相乘恰好为支路电压 $u(\overrightarrow{v_i v_j})$ 的定义; 若 v_j 是弧 $\overrightarrow{v_i v_j}$ 弧尾, 则是 -1, 此时 $U(v_i)$ 相应的 $\varphi(v_j) - \varphi(v_i)$ 行值为 $-u(\overrightarrow{v_i v_j})$, 因为该值始终为 $\varphi(v_j) - \varphi(v_i)$, 而现在 v_j 是弧尾, 符合支路电压定义 $u(\overrightarrow{v_i v_j}) = \varphi(v_i) - \varphi(v_j)$, 可见该值与支路电压定义相差一个负号, -1 与 $-u(\overrightarrow{v_i v_j})$ 相乘恰好为支路电压 $u(\overrightarrow{v_i v_j})$ 的定义.

$M_{\text{删除}i\text{行}}^{\mathrm{T}}$ 对于不含有 v_i 数值的行, 剩下两个点 v_s, v_t 的数值, 若 v_s 是弧 $\overrightarrow{v_s v_t}$ 弧头, v_t 是弧 $\overrightarrow{v_s v_t}$ 弧尾, 则对应的 $M_{\text{删除}i\text{行}}^{\mathrm{T}}$ 行 $\overrightarrow{v_s v_t}$ 数值分别是 $1, -1$, 此时 $U(v_i)$ 相应的 $\varphi(v_s) - \varphi(v_i), \varphi(v_t) - \varphi(v_i)$, 现在 v_s 是弧头, v_t 是弧尾, 符合支路电压定义 $u(\overrightarrow{v_s v_t}) = \varphi(v_s) - \varphi(v_t)$, 可见该值与支路电压定义相符合, $1 \times (\varphi(v_s) - \varphi(v_i)) + (-1)(\varphi(v_t) - \varphi(v_i))$ 恰好为支路电压 $u(\overrightarrow{v_s v_t})$ 的定义; 若 v_s 是弧 $\overrightarrow{v_t v_s}$ 弧尾, v_t 是弧 $\overrightarrow{v_t v_s}$ 弧头, 则对应的 $M_{\text{删除}i\text{行}}^{\mathrm{T}}$ 行 $\overrightarrow{v_s v_t}$ 数值分别是 $-1, 1$, 此时 $U(v_i)$ 相应的 $\varphi(v_t) - \varphi(v_i)$、$\varphi(v_s) - \varphi(v_i)$, 而现在 v_s 是弧尾, v_t 是弧头, 符合支路电压定义 $u(\overrightarrow{v_t v_s}) = \varphi(v_t) - \varphi(v_s)$, $(-1)(\varphi(v_t) - \varphi(v_i)) + (1)(\varphi(v_s) - \varphi(v_i))$ 恰好为支路电压 $u(\overrightarrow{v_t v_s})$ 的定义. $\square$

例 3.2.5 图 3.2.2的支路电压为 $U = U(D_1) = \begin{pmatrix} u(a_1) & u(a_2) & \cdots & u(a_6) \end{pmatrix}^{\mathrm{T}} = \begin{pmatrix} 2 & -9 & 2 & 11 & 7 & -4 \end{pmatrix}^{\mathrm{T}}$, 验证定理 3.2.6.

证明

$$M^{\mathrm{T}}_{\text{删除}i\text{行}} U(v_i) = \begin{array}{c} \\ a_1 \\ a_2 \\ a_3 \\ a_4 \\ a_5 \\ a_6 \end{array} \begin{pmatrix} v_1 & v_2 & v_3 & v_4 \\ 1 & -1 & 0 & 0 \\ 0 & -1 & 0 & 1 \\ 0 & 1 & -1 & 0 \\ 1 & 0 & 0 & -1 \\ 0 & 0 & 1 & -1 \\ -1 & 0 & 1 & 0 \end{pmatrix} \begin{pmatrix} -u(a_1) \\ u(a_6) \\ -u(a_4) \end{pmatrix} = \begin{pmatrix} u(a_1) \\ u(a_1) - u(a_4) \\ -u(a_1) + u(a_6) \\ u(a_4) \\ u(a_6) + u(a_4) \\ u(a_6) \end{pmatrix} = \begin{pmatrix} u(a_1) \\ u(a_2) \\ u(a_3) \\ u(a_4) \\ u(a_5) \\ u(a_6) \end{pmatrix}$$

其中 $\begin{pmatrix} u(a_1) - u(a_4) \\ -u(a_1) + u(a_6) \\ u(a_6) + u(a_4) \end{pmatrix} = \begin{pmatrix} u(a_2) \\ u(a_3) \\ u(a_5) \end{pmatrix}$, 实际上与例 3.1.2 中的运算不谋而合, 也隐晦地蕴含了 KVL, 这其实本质是因为它是可以脱离物理背景的数学方程. 另外从该例可以看出之所以要删除一行, 是因为生成树顶点个数等于树枝个数加一, 否则矩阵的乘法对应不上. □

如果 $X, Y \subset \mathrm{Arc}(D)$, $[X, Y]$ 表示 D 的一个子集, 且里面弧的端点一个在 X 中, 另一个在 Y 中. 当 $Y = \bar{X} = V - X$, 则称 $\mathcal{Q} = [X, \bar{X}]$ 为 D 的**边割集**. 如果一个割集的任意真子集都不是割集, 则该割集是极小的, 称为**键**.

有向无环图 D 的**有向基本键矩阵** $Q = Q(D) = (c_{xj})_{|\mathrm{Arc}(T)| \times |\mathrm{Arc}(D)|}$ 中元素这样定义: 取生成树 T 中一个树枝 $a_x \in \mathrm{Arc}(T)$, 和余树 $\bar{T}$ 上的所有树枝构成一个图 $\bar{T} + a_x$, 其必然有唯一含 a_x 的键 $\mathcal{Q}_x = [X_x, \bar{X}_x]$ 作为其子图, $\boldsymbol{q}_x$ 是此键 $\mathcal{Q}_x$ 对应的向量 $\begin{pmatrix} q_{x1} & q_{x2} & \cdots & q_{x|\mathrm{Arc}(D)|} \end{pmatrix}^{\mathrm{T}}$, 称其为基本键, 其中 $q_{xj} = 1$, 当弧 a_j 在 $\mathcal{Q}_x$ 且弧 a_j 与树枝 a_x 在 X_x 到 $\bar{X}_x$ 中方向一致; $q_{xj} = -1$, 当弧 a_j 在 $\mathcal{Q}_x$ 中, 且弧 a_j 与树枝 a_x 在 X_x 到 $\bar{X}_x$ 中方向相反; $q_{xj} = 0$, 当弧 a_j 不在 $\mathcal{Q}_x$ 中. 有向基本键矩阵为 $Q(D) = \begin{pmatrix} \boldsymbol{q}_{x_1} & \boldsymbol{q}_{x_2} & \cdots & \boldsymbol{q}_{x_{|\mathrm{Arc}(T)|}} \end{pmatrix}^{\mathrm{T}}$, 其中 $a_{x_h} \in \mathrm{Arc}(T), h \in \{1, \cdots, |\mathrm{Arc}(T)|\}$. 如图 3.2.3所示, 当 $h = 1$ 时, 则 $x_1 = 1$, a_1 对应图中一条树枝.

定义得到的有向基本键矩阵可以写成分块矩阵的形式 $Q = (E_T \mid Q_T)$, 其中 Q_T 是余树决定的矩阵, E_T 是余树决定的单位矩阵.

定理 3.2.7(KCL 的基本键矩阵表示) KCL 方程用基本键矩阵表示为 $QI = \vec{0}$.

证明 实际上每一个键把该树枝的一个端点与其他点分开 (当两个端点都具备时选定一个), 相当于在该点满足 KCL 方程. 根据选定的树枝方向为正, 若恰好为此树枝弧方向离开该点 v_i, 则 a_x 刚好满足 $\mathrm{sgn}_1(a_x \to v_i) = 1$, 当 a_x 上的电流离开 v_i 节点. 又由于"其中 $q_{xj} = 1$, 当弧 a_j 在 S_x 中, 且弧 a_j 与树枝 a_x 在 X_x 到 $\bar{X}_x$ 中方向一致; $q_{xj} = -1$, 当弧 a_j 在 $\mathcal{Q}_x$ 中, 且弧 a_j 与树枝 a_x 在 X_x 到 $\bar{X}_x$ 中方向相反", 相应的 a_j 与该键 $\mathcal{Q}_x$ 割去的点 v_i 在矩阵中对应的 $q_{xj} = 1$, 其余连枝与该键 $\mathcal{Q}_x$ 割去的点 v_i 在矩阵中对应的 q_{xj} 与 $\mathrm{sgn}_1(a_x \to v_i)$ 函数的值保持一致, 故 Q 每行对应的节点满足 KCL 方程. 若恰好为此树枝弧方向流入该点, 则 a_x 却是 $\mathrm{sgn}_1(a_x \to v_i) = -1$, 当 a_x 上的电流流入 v_i 节点. 同理, 由

于 "其中 $q_{xj} = 1$, 当弧 a_j 在 $\mathbb{Q}_x$ 中, 且弧 a_j 与树枝 a_x 在 X_x 到 $\bar{X}_x$ 中方向一致; $q_{xj} = -1$, 当弧 a_j 在 a_j 与树枝 a_x 在 X_x 到 $\bar{X}_x$ 中方向相反", 相应的 a_j 与该键 $\mathbb{Q}_x$ 割去的点 v_i 在矩阵中对应的 $q_{xj} = 1$ 与 $\text{sgn}_1(a_x \to v_i) = -1$ 相反, 其余连枝与该键 $\mathbb{Q}_x$ 割去的点 v_j 在矩阵中对应的 q_{xj} 与 $\text{sgn}_1(a_x \to v_i)$ 函数的值刚好相反, 由于全部对应为相反, 最后结果依然是 $\sum_{i=1}^{n} l(a_i \to v_j) = 0$ 满足 KCL 方程. □

例 3.2.6 图 3.2.2 的各个支路电流为 $I(D_1) = \begin{pmatrix} 2 & 7 & 9 & 4 & 3 & 6 \end{pmatrix}^{\mathrm{T}}$, 验证定理 3.2.7.

证明

$$Q(D_1)I = \begin{array}{c} \\ q_1 \\ q_2 \\ q_3 \end{array} \begin{pmatrix} a_1 & a_2 & a_3 & a_4 & a_5 & a_6 \\ 1 & & 1 & & & -1 \\ & 1 & -1 & -1 & & \\ & & 1 & & -1 & -1 \end{pmatrix} \begin{array}{c} l(a_1) \\ l(a_2) \\ l(a_3) \\ l(a_4) \\ l(a_5) \\ l(a_6) \end{array} \begin{pmatrix} 2 \\ 7 \\ 9 \\ 4 \\ 3 \\ 6 \end{pmatrix} = \vec{0}$$

□

推论 3.2.3 (KCL 基本键矩阵表示的推论) $I_T = -Q_{\bar{T}} I_{\bar{T}}$.

证明 $QI = \vec{0} \Rightarrow (E_T \mid Q_{\bar{T}}) \begin{pmatrix} I_T \\ I_{\bar{T}} \end{pmatrix} = I_T + Q_{\bar{T}} I_{\bar{T}} = 0 \Rightarrow I_T = -Q_{\bar{T}} I_{\bar{T}}$. □

所以通过键矩阵由树枝电压可以得连枝电压, 连枝电压得树枝电压.

定理 3.2.8 (KVL 的基本键矩阵表示) KVL 方程用键矩阵表示 $Q^{\mathrm{T}} U_T = U$.

证明 $Q^{\mathrm{T}} U_T = \begin{pmatrix} E_T \\ Q_{\bar{T}} \end{pmatrix} U_T = \begin{pmatrix} U_T \\ U_{\bar{T}} \end{pmatrix} = U$, 其中 $Q_{\bar{T}} U_T = U_{\bar{T}}$ 证明需要参考 $Q_{\bar{T}}$ 的定义与 KVL 方程, 容易得到. □

例 3.2.7 图 3.2.2 的支路电压为 $U = U(D_1) = \begin{pmatrix} u(a_1) & u(a_2) & \cdots & u(a_6) \end{pmatrix}^{\mathrm{T}} = \begin{pmatrix} 2 & -9 & 2 & 11 & 7 & -4 \end{pmatrix}^{\mathrm{T}}$, 验证定理 3.2.8.

证明

$$Q^{\mathrm{T}} U_{\bar{T}} = \begin{array}{c} a_1 \\ a_2 \\ a_3 \\ a_4 \\ a_5 \\ a_6 \end{array} \begin{pmatrix} q_1 & q_2 & q_3 \\ 1 & & \\ & 1 & \\ & & 1 \\ 1 & -1 & \\ & -1 & -1 \\ -1 & & -1 \end{pmatrix} \begin{array}{c} u(a_1) \\ u(a_2) \\ u(a_3) \end{array} \begin{pmatrix} 2 \\ -9 \\ 11 \end{pmatrix} = \begin{array}{c} u(a_1) \\ u(a_2) \\ u(a_3) \\ u(a_4) \\ u(a_5) \\ u(a_6) \end{array} \begin{pmatrix} u(a_1) \\ u(a_2) \\ u(a_3) \\ u(a_1) - u(a_2) \\ -u(a_2) - u(a_3) \\ -u(a_1) - u(a_3) \end{pmatrix}$$

$$= \begin{array}{c} u(a_1) \\ u(a_2) \\ u(a_3) \\ u(a_4) \\ u(a_5) \\ u(a_6) \end{array} \begin{pmatrix} 2 \\ -9 \\ 2 \\ 11 \\ 7 \\ -4 \end{pmatrix} = U$$

□

小结如表 3.2.1 所示.

表 3.2.1 基尔霍夫定律的矩阵形式

	M	C	Q
KCL	定义: $MI = \vec{0}$ (1)	$C^{\mathrm{T}} I_{\bar{T}} = I$ (2) 推论: $I_T = C_T^{\mathrm{T}} I_{\bar{T}}$ (7)	$QI = \vec{0}$ (3) 推论: $I_T = -Q_{\bar{T}} I_{\bar{T}}$ (8)
KVL	$M^{\mathrm{T}}_{\text{删除}i\text{行}} U(v_i) = U$ (4)	$CU = \vec{0}$ (5) 推论: $U_{\bar{T}} = -C_T U_T$ (9)	$Q^{\mathrm{T}} U_T = U$ (6) 推论: $U_{\bar{T}} = Q_{\bar{T}}^{\mathrm{T}} U_T$ (10)

由表 3.2.1 中知道 (1) 与 (3), (4) 与 (6), (2) 与 (4), (1) 与 (5), (2) 与 (6), (3) 与 (5), (7) 与 (10), (8) 与 (9) 方程形式相似.

定理 3.2.9 (圈矩阵和关联矩阵关系) $CM^{\mathrm{T}} = \vec{0}$.

证明 方法 1: 联立 KCL 的方程 (1) 和 (2), $\left.\begin{array}{l} MI = \vec{0} \\ C^{\mathrm{T}} I_{\bar{T}} = I \end{array}\right\} \Rightarrow M(C^{\mathrm{T}} I_{\bar{T}}) = \vec{0} \Rightarrow (MC^{\mathrm{T}}) I_{\bar{T}} = \vec{0}$, 由于 $I_{\bar{T}}$ 不同 $\Rightarrow MC^{\mathrm{T}} = \vec{0}$.

方法 2: 重新定义**全节点电压**

$U'(v_i) = \begin{pmatrix} \varphi(v_1) - \varphi(v_i) & \cdots & \varphi(v_{i-1}) - \varphi(v_i) & \varphi(v_i) - \varphi(v_i) = 0 & \varphi(v_{i+1}) - \varphi(v_i) & \cdots & \varphi(v_{|V(D)|}) - \varphi(v_i) \end{pmatrix}^{\mathrm{T}}.$

类似定理 3.2.6 的证明可以得到

$$M^{\mathrm{T}} U'(v_i) = U \tag{4\textquotesingle}$$

联立 KVL 的方程 (4)′ 和 (5), 有

$\left.\begin{array}{l} M^{\mathrm{T}} U'(v_i) = U \\ CU = \vec{0} \end{array}\right\} \Rightarrow C(M^{\mathrm{T}} U'(v_i)) = \vec{0} \Rightarrow (CM^{\mathrm{T}}) U'(v_i) = \vec{0}$

由于 $U'(v_i)$ 不同 $\Rightarrow CM^{\mathrm{T}} = \vec{0}$. □

定理 3.2.10 (圈矩阵和键矩阵关系) $CQ^{\mathrm{T}} = \vec{0}$.

证明 方法 1: 联立 KCL 的方程 (3) 和 (2), 有 $\left.\begin{array}{l} QI = \vec{0} \\ C^{\mathrm{T}} I_{\bar{T}} = I \end{array}\right\} \Rightarrow Q(C^{\mathrm{T}} I_{\bar{T}}) = \vec{0} \Rightarrow (QC^{\mathrm{T}}) I_{\bar{T}} = \vec{0}$, 由于 $I_{\bar{T}}$ 不同 $\Rightarrow QC^{\mathrm{T}} = \vec{0}$, 等式两边同时取转置 $\Rightarrow CQ^{\mathrm{T}} = \vec{0}$.

方法 2: 联立 KVL 的方程 (5) 和 (6), $\left.\begin{array}{l} CU = \vec{0} \\ Q^{\mathrm{T}} U_T = U \end{array}\right\} \Rightarrow C(Q^{\mathrm{T}} U_T) = \vec{0} \Rightarrow (CQ^{\mathrm{T}}) U_T = \vec{0}$, 由于 U_T 不同 $\Rightarrow CQ^{\mathrm{T}} = \vec{0}$. □

定理 3.2.11 (圈矩阵和键矩阵关系的推论) $C_T = -Q_{\bar{T}}^{\mathrm{T}}$.

证明 方法 1: 根据定理 3.2.10, 有 $CQ^{\mathrm{T}} = \vec{0} \Rightarrow (C_T \mid E_{\bar{T}}) \begin{pmatrix} E_T \\ Q_{\bar{T}}^{\mathrm{T}} \end{pmatrix} = \vec{0} \Rightarrow C_T = -Q_{\bar{T}}^{\mathrm{T}}$.

方法 2: 联立 KCL 的方程 (7) 和 (8), 可得.
方法 3: 联立 KCL 的方程 (9) 和 (10), 可得. □

其实我们可以看出 KCL 和 KVL 在本书的数学定义下是相似却不相交的两个系统, 即电流的值关系并不影响电压的关系.

3.3 有向图的圈空间、键空间和弧空间

上面一节中圈矩阵的每一行对应一个基本圈向量, 键矩阵的每一行对应一个基本键向量, 由此对应可以得到基本圈和基本键, 于是我们就可以生成圈空间和键空间. 基本圈和基本键的作用是通过对称差运算, 表示出一个有向图中所有的有向圈和边割. 有了"圈和键"空间我们又可以定义弧空间. 弧空间是一个图所有弧的线性组合, 通过全部基本圈和基本键又可以生成弧空间.

圈向量空间 $\mathscr{C}$ 是由基本圈向量 $\{c_{y_1}, c_{y_2}, \cdots, c_{y_{|\mathrm{Arc}(\bar{T})|}}\}$ 生成的空间, 其中 $a_{y_i} \in \mathrm{Arc}(\bar{T})$, $i \in \{1, \cdots, |\mathrm{Arc}(\bar{T})|\}$, 定义**圈向量空间的对称差**$\Delta$, 运算为

$$c_{x_i} \Delta c_{x_k} = \begin{pmatrix} c_{i1} & c_{i2} & \cdots & c_{i|\mathrm{Arc}(D)|} \end{pmatrix} \Delta \begin{pmatrix} c_{k1} & c_{k2} & \cdots & c_{k|\mathrm{Arc}(D)|} \end{pmatrix}$$
$$= \begin{pmatrix} c_{r1} & c_{r2} & \cdots & c_{r|\mathrm{Arc}(D)|} \end{pmatrix}$$
$$(k \in \{1, \cdots, |\mathrm{Arc}(\bar{T})|\}, r \in \mathbb{N}_+)$$

$$c_{rj} = \begin{cases} 1 & (c_{ij} + c_{kj} = 1) \\ 0 & (c_{ij} + c_{kj} = -2 或 0 或 2) \\ -1 & (c_{ij} + c_{kj} = -1) \end{cases} \quad (j \in \{1, 2, \cdots, |\mathrm{Arc}(D)|\})$$

圈空间 $\mathscr{C}$ 是由基本圈 $\{\mathscr{C}_{y_1}, \mathscr{C}_{y_2}, \cdots, \mathscr{C}_{y_{|\mathrm{Arc}(\bar{T})|}}\}$ 生成的空间, 定义**基本圈的对称差**Δ', 运算得到的图为 $\mathscr{C}_{y_i} \Delta' \mathscr{C}_{y_j}$, 当

$$a_j \in \mathrm{Arc}(\mathscr{C}_{y_k}) \bigcup \mathrm{Arc}(\mathscr{C}_{y_k}) \text{且} a_j \notin \mathrm{Arc}(\mathscr{C}_{y_i}) \bigcap \mathrm{Arc}(\mathscr{C}_{y_k}), a_j \in \mathrm{Arc}(\mathscr{C}_{y_i} \Delta' \mathscr{C}_{y_k})$$

时, $\mathrm{Arc}(\mathscr{C}_{x_r})$ 中边的端点全体为顶点集且点边关联关系不变.

键向量空间 $\mathscr{Q}$ 是由基本键向量 $\{q_{x_1}, q_{x_2}, \cdots, q_{x_{|\mathrm{Arc}(T)|}}\}$ 生成的空间, 其中 $a_{x_i} \in \mathrm{Arc}(T)$, $i \in \{1, \cdots, |\mathrm{Arc}(T)|\}$, 定义**基本键向量的对称差**$\Delta$, 运算为

$$q_{x_i} \Delta q_{x_k} = \begin{pmatrix} q_{i1} & q_{i2} & \cdots & q_{i|\mathrm{Arc}(D)|} \end{pmatrix} \Delta \begin{pmatrix} q_{k1} & q_{k2} & \cdots & q_{k|\mathrm{Arc}(D)|} \end{pmatrix}$$
$$= \begin{pmatrix} q_{r1} & q_{r2} & \cdots & q_{r|\mathrm{Arc}(D)|} \end{pmatrix}$$
$$(k \in \{1, \cdots, |\mathrm{Arc}(\bar{T})|\}, r \in \mathbb{N}_+)$$

$$q_{rj} = \begin{cases} 1 & (q_{ij} + q_{kj} = 1) \\ 0 & (q_{ij} + q_{kj} = -2 或 0 或 2) \\ -1 & (q_{ij} + q_{kj} = -1) \end{cases} \quad (j \in \{1, 2, \cdots, |\mathrm{Arc}(D)|\})$$

键空间Q 是由基本键 $\{Q_{x_1}, Q_{x_2}, \cdots, Q_{x_{|\text{Arc}(T)|}}\}$ 生成的空间, 定义**基本键的对称差Δ'**, 运算得到的图为 $Q_{x_r} = Q_{x_i} \Delta' Q_{x_k}$, 当

$$a_j \in \text{Arc}(Q_{x_i}) \bigcup \text{Arc}(Q_{x_k}) 且 a_j \notin \text{Arc}(Q_{x_i}) \bigcap \text{Arc}(Q_{x_k}), a_j \in \text{Arc}(Q_{x_r})$$

时, $\text{Arc}(Q_{x_r})$ 中边的端点全体为顶点集且点边关联关系不变.

弧向量空间Arc 是由基本圈向量和基本键向量

$$\{c_{y_1}, c_{y_2}, \cdots, c_{y_{|\text{Arc}(\bar{T})|}}, q_{x_1}, q_{x_2}, \cdots, q_{x_{|\text{Arc}(T)|}}\}$$

生成的, 运算方式为向量对称差 Δ, 其空间维数刚好为 $|\text{Arc}(T)| + |\text{Arc}(\bar{T})| = |\text{Arc}(D)|$ 维, 其意义在于可以生成所有图中弧向量组合.

弧空间Arc 是由基本圈和基本键

$$\{\mathscr{C}_{y_1}, \mathscr{C}_{y_2}, \cdots, \mathscr{C}_{y_{|\text{Arc}(\bar{T})|}}, Q_{x_1}, Q_{x_2}, \cdots, Q_{x_{|\text{Arc}(T)|}}\}$$

生成的, 运算方式为基本弧的对称差Δ', 其空间维数刚好为 $|\text{Arc}(T)| + |\text{Arc}(\bar{T})| = |\text{Arc}(D)|$ 维, 其意义在于可以生成所有图中弧组合.

D 的基础图 G, 对应了"**边、无向圈和无向键**"空间的概念. 下面给出第二个例子以帮助理解:

例 3.3.1 图 3.3.1为一电路转化为的有向图,已知各个支路的电流 $I(D_2) = (9 \ -5 \ -3 \ -7 \ 9 \ 4 \ -7)^\text{T}$,已知各点的电势设为 $(\varphi(v_1) \ \varphi(v_2) \ \cdots \ \varphi(v_5))^\text{T} = (0 \ 2 \ 5 \ -7 \ 10)^\text{T}$.

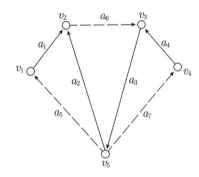

图 3.3.1 某电路图 D_2

解 根据相对电势知

$$U = U(D_2) = (u(a_1) \ u(a_2) \ \cdots \ u(a_7))^\text{T} = (-2 \ 8 \ -5 \ -12 \ 10 \ -3 \ 17)^\text{T}$$

可以知道 D_2 的关联矩阵、基本圈矩阵和基本键矩阵:

$$M(D_2) = \begin{array}{c} \\ v_1 \\ v_2 \\ v_3 \\ v_4 \\ v_5 \end{array} \begin{array}{c} a_1 \ a_2 \ a_3 \ a_4 \ a_5 \ a_6 \ a_7 \end{array} \\ \left(\begin{array}{ccccccc} 1 & 0 & 0 & 0 & -1 & 0 & 0 \\ -1 & -1 & 0 & 0 & 0 & 1 & 0 \\ 0 & 0 & 1 & -1 & 0 & -1 & 0 \\ 0 & 0 & 0 & 1 & 0 & 0 & -1 \\ 0 & 1 & -1 & 0 & 1 & 0 & 1 \end{array}\right)$$

$$C(D_2) = \begin{array}{c} \\ c_5 \\ c_6 \\ c_7 \end{array} \begin{pmatrix} a_1 & a_2 & a_3 & a_4 & a_5 & a_6 & a_7 \\ 1 & -1 & & & & 1 & \\ & & 1 & 1 & & & 1 \\ & & & 1 & 1 & & 1 \end{pmatrix}$$

$$Q(D_2) = \begin{array}{c} \\ q_1 \\ q_2 \\ q_3 \\ q_4 \end{array} \begin{pmatrix} a_1 & a_2 & a_3 & a_4 & a_5 & a_6 & a_7 \\ 1 & & & & & -1 & \\ & 1 & & & 1 & -1 & \\ & & 1 & & & -1 & -1 \\ & & & 1 & & & -1 \end{pmatrix}$$

可以验证以上所有定理成立.

对于图中弧向量空间, 是由基本圈向量和基本键向量 $\{c_1, c_2, \cdots, c_x, q_1, q_2, \cdots, q_y\}$ 生成的, 运算方式为矩阵对称差, 其空间维数刚好为 $x + y = n$ 维, 其意义在于可以生成所有图中边组合, 形成的 **基本弧矩阵** 为 $\begin{pmatrix} Q \\ C \end{pmatrix}$, 例如图 3.3.1 为

$$\begin{array}{c} q_1 \\ q_2 \\ q_3 \\ q_4 \\ c_5 \\ c_6 \\ c_7 \end{array} \begin{pmatrix} a_1 & a_2 & a_3 & a_4 & a_5 & a_6 & a_7 \\ 1 & 0 & 0 & 0 & -1 & 0 & 0 \\ 0 & 1 & 0 & 0 & 1 & -1 & 0 \\ 0 & 0 & 1 & 0 & 0 & -1 & -1 \\ 0 & 0 & 0 & 1 & 0 & 0 & -1 \\ 1 & -1 & 0 & 0 & 1 & 0 & 0 \\ 0 & 1 & 1 & 0 & 0 & 1 & 0 \\ 0 & 0 & 1 & 1 & 0 & 0 & 1 \end{pmatrix} = \begin{pmatrix} E_T & Q_{\bar{T}} \\ C_T & E_{\bar{T}} \end{pmatrix}$$

其实可以看出其相似于 7 阶单位矩阵, 故自然可以表示出所有子图, 每条弧可以出现也可以不出现, 故所有子图为 $2^{|\text{Arc}(D_2)|} = 2^7$. □

3.4 圈矩阵和割集矩阵的性质

定理 3.4.1[14] 设有向无环图为 $D = (V(D), \text{Arc}(D))$, C 和 Q 分别是基本圈矩阵和基本键空间矩阵, 则对于任何 $H \subseteq A(D)$, 用 $X|H$ 表示 H 中由 X 的元素所标记的各列构成的子矩阵. 则

(1) H 对应于 C 的各列构成的矩阵 $C|H$ 线性无关 $\Leftrightarrow H$ 不包含 (方向不必一致的) 有向圈;

(2) H 对应于 Q 的各列构成的矩阵 $Q|H$ 线性无关 $\Leftrightarrow H$ 不包含键.

例 3.4.1 以图 3.3.1 为例, 利用圈矩阵判断 D_2 的子图 $H_1 = \{a_1, a_2, a_3\}$, $H_2 = \{a_1, a_2, a_5, a_6\}$ 是否包含有向圈.

解 由 $C(D_2) = \begin{array}{c} \\ c_5 \\ c_6 \\ c_7 \end{array} \begin{pmatrix} a_1 & a_2 & a_3 & a_4 & a_5 & a_6 & a_7 \\ 1 & -1 & & & 1 & & \\ & 1 & 1 & & & 1 & \\ & & 1 & 1 & & & 1 \end{pmatrix}$ 知, $C(D_2)|H_1 = \begin{array}{c} \\ c_5 \\ c_6 \\ c_7 \end{array} \begin{pmatrix} a_1 & a_2 & a_3 \\ 1 & -1 & 0 \\ 0 & 1 & 1 \\ 0 & 0 & 1 \end{pmatrix}$ 线性无关可以验证 $H_1 = \{a_1, a_2, a_3\}$ 中无有向圈, $C(D_2)|H_2 = \begin{array}{c} \\ c_5 \\ c_6 \\ c_7 \end{array} \begin{pmatrix} a_1 & a_2 & a_5 & a_6 \\ 1 & -1 & 1 & 0 \\ 0 & 1 & 0 & 1 \\ 0 & 0 & 0 & 0 \end{pmatrix}$ 线性相关可以验证 $H_2 = \{a_1, a_2, a_5, a_6\}$ 中有有向圈. 同样可以验证定理 3.4.1(2). □

对于任意边割 (键), 我们除了用矩阵对称差的方式生成, 还可以借助伴随边割 (键) 向量和关联矩阵的关系生成, 定义 $P = (p_{1j})_{1 \times |V(D)|}$ 是 D 的一个**伴随于 $[X, \bar{X}]$ 边割 (键) 向量**, 若一个边割 (键) 为其中元素 p, 则

$$p(v) = \begin{cases} 1 & (v \in X) \\ 0 & (v \in \bar{X}) \end{cases}$$

定理 3.4.2[15] 某割集向量 q 和伴随边割 (键) 向量 P 的关系

$$PM = q$$

例 3.4.2 图 D_2 中存在一个边割集 $[X, \bar{X}] = [\{v_1, v_2, v_3\}, \{v_4, v_5\}]$, 以 3.4.1为例, 画出其邻接矩阵.

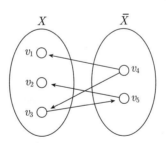

图 3.4.1 边割集 $[X, \bar{X}] = [\{v_1, v_2, v_3\}, \{v_4, v_5\}]$

解 图 3.4.1中伴随边割 (键) 向量 $P = \begin{pmatrix} 1 & 1 & 1 & 0 & 0 \end{pmatrix}$. 根据定理 3.4.2, 有

$$\begin{array}{c} \\ \\ \begin{array}{cccccc} v_1 & v_2 & v_3 & v_4 & v_5 \end{array} \\ \begin{pmatrix} 1 & 1 & 1 & 0 & 0 \end{pmatrix} \end{array} \begin{array}{c} \\ v_1 \\ v_2 \\ v_3 \\ v_4 \\ v_5 \end{array} \begin{pmatrix} a_1 & a_2 & a_3 & a_4 & a_5 & a_6 & a_7 \\ 1 & 0 & 0 & 0 & -1 & 0 & 0 \\ -1 & -1 & 0 & 0 & 0 & 1 & 0 \\ 0 & 0 & 1 & -1 & 0 & -1 & 0 \\ 0 & 0 & 0 & 1 & 0 & 0 & -1 \\ 0 & 1 & -1 & 0 & 1 & 0 & 1 \end{pmatrix} = \begin{array}{c} \\ \begin{array}{ccccccc} a_1 & a_2 & a_3 & a_4 & a_5 & a_6 & a_7 \end{array} \\ \begin{pmatrix} 0 & -1 & 1 & -1 & -1 & 0 & 0 \end{pmatrix} \end{array}$$

其本质就是关联矩阵的对称差运算, 在边割集的边通过伴随割集就会出现. □

支路电流其实是对有向无环图 D 的每个弧赋上值且满足 KCL, 这实际上是一个函数过程, 即 $l: a_j \longmapsto l(a_j)$, 这样就得到一组赋值函数值, 将支路电流 l 更名为**环流函数**, 将带有支路电流 (环流函数值) 的电路图更名为**环流图**.

支路电压其实是对有向无环图 D 的每个弧赋上值且满足 KVL, 这实际上是一个函数过程, 即 $u: a_j \longmapsto u(a_j)$, 这样就得到一组赋值函数值, 将支路电压 u 更名为**势差函数**, 将带有支路电压 (势差函数值) 的电路图更名为**势差图**.

以吴望名[13]的译著《图论及其应用》的课后题 12.1.1 为例, 加以介绍.

例 3.4.3 有向无环图 D_3 如图 3.4.2所示, 其中实线为其生成树, 虚线为其余树, 现在给出生成树上的环流函数, 如图 3.4.2弧上所标, 同时给出余树上的势差函数, 如图 3.4.3弧上所标.

(1) 求出图 3.4.2中余树上的环流函数;

(2) 求出图 3.4.2中生成树上的势差函数;

(3) 设 l 是 D 的环流函数而 u 是 D 的势差函数, T 是 D 的生成树.

证明: l 由 $\bar{T}$ 唯一确定, u 由 T 唯一确定.

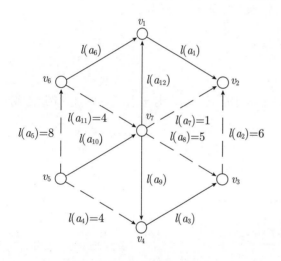

图 3.4.2 D_3 的部分环流图

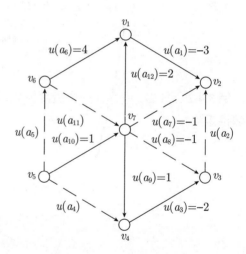

图 3.4.3 D_3 的部分势差图

证明 (1) 对于环流函数

方法 1 图 3.4.2中直接给出的支路电流, 也就是环流函数, 所以只需由 KCL 方程. 从定义源头出发, 由于正电荷的流动方向未知, 我们认定为图中的方向为电流方向, 于是有 $l(a_j)$ 即为支路 a_j 上的支路电流, 若 v_i 是 a_j 的一个端点,

$$\mathrm{sgn}_1(a_j \to v_i) = \begin{cases} -1 & (a_j \text{ 上的电流进入} v_i \text{ 节点}) \\ 1 & (a_j \text{ 上的电流离开} v_i \text{ 节点}) \end{cases} (j \in \{1, \cdots, |\mathrm{Arc}(D)|\}; i \in \{1, \cdots, |V(D)|\})$$

记一条支路 a_j 的电流相对一个点的电流 $l(a_j \to v_i) = \mathrm{sgn}_1(a_j \to v_i) \cdot l(a_j)$, 则这节点的电流的和等于零, 即电路的任意节点满足 KCL 方程 $\sum l(a_j \to v_i) = 0$:

① 计算 $l(a_1)$: 对于点 v_2, $l(a_1 \to v_2) + l(a_2 \to v_2) + l(a_7 \to v_2) = 0 \Rightarrow -l(a_1) - l(a_2) - l(a_{11}) = 0 \Rightarrow -l(a_1) - 1 - 6 = 0 \Rightarrow l(a_1) = -7$;

② 计算 $l(a_6)$: 对于点 v_6, $l(a_6 \to v_6) + l(a_5 \to v_6) + l(a_{11} \to v_6) = 0 \Rightarrow l(a_6) - l(a_5) + l(a_{11}) = 0 \Rightarrow l(a_6) - 8 + 4 = 0 \Rightarrow l(a_6) = 4$;

③ 计算 $l(a_{12})$: 对于点 v_1, $l(a_6 \to v_1) + l(a_{12} \to v_1) + l(a_1 \to v_1) = 0 \Rightarrow -l(a_6) - l(a_{12}) + l(a_1) = 0 \Rightarrow -4 - l(a_{12}) - 7 = 0 \Rightarrow l(a_{12}) = -11$;

④ 计算 $l(a_3) = 11$: 对于点 v_3 可列方程;

⑤ 计算 $l(a_9) = 7$: 对于点 v_4 可列方程;

⑥ 计算 $l(a_{10}) = -12$: 对于点 v_5 可列方程.

已经计算出所有边上的支路电流,对于点 v_5, v_7, 分别可以验证 $l(a_{11}) + l(a_6) - l(a_5) = 0$, $l(a_{12}) + l(a_7) + l(a_8) + l(a_9) - l(a_{10}) - l(a_{11}) = 0$ 都成立. 如图 3.4.4 是补全后 D_3 的环流图.

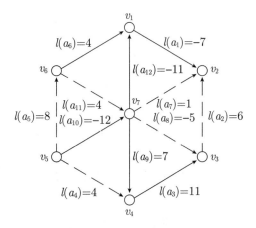

图 3.4.4 D_3 的环流图

方法 2 图 3.4.2 中直接给出的是支路电流,所以也满足由定义得到 KCL 方程. 取生成树 T 中一个树枝 $a_x \in \mathrm{Arc}(T)$, 和余树 $\bar{T}$ 上的所有树枝构成一个图 $\bar{T} + a_x$, 其必然有唯一含 a_x 的键 $\mathbb{Q}_x = [X_x, \bar{X}_x]$ 作为其子图, 如此其中 $q_{xj} = 1$, 当弧 a_j 在 $\mathbb{Q}_x$ 中, 且弧 a_j 与树枝 a_x 在 X_x 到 $\bar{X}_x$ 中方向一致; $q_{xj} = -1$, 当弧 a_j 在 $\mathbb{Q}_x$ 中, 且弧 a_j 与树枝 a_x 在 X_x 到 $\bar{X}_x$ 中方向相反; $q_{xj} = 0$, 当弧 a_j 不在 $\mathbb{Q}_x$ 中 $\sum_{a_j \in \mathbb{Q}_x} q_{xj} u(a_j) = 0$ (其实就是 QI 的每一行为 0).

① 计算 $l(a_1)$: 树枝 a_1 与连枝 a_2, a_7, $\mathbb{Q}_1 = [\{v_2\}, \{v_1, v_3, v_4, v_5, v_6\}]$ 满足 $q_{x1} l(a_1) + q_{x2} l(a_2) + \cdots + q_{x(12)} l(a_{12}) = 0 \Rightarrow -l(a_1) - l(a_2) - l(a_{11}) = 0 \Rightarrow -l(a_1) - 1 - 6 = 0 \Rightarrow l(a_1) = -7$;

注 其实选定其他弧为正方向也是可以的, 如选定连枝 a_2 为正方向, 则 $l(a_1) + l(a_2) + l(a_{11}) = 0 \Rightarrow l(a_1) + 1 + 6 = 0 \Rightarrow l(a_1) = -7$. 但是如此无法确定键矩阵, 即规定树枝方向确定, 矩阵 $Q = (E_T | Q_{\bar{T}})$ 的方向可以被生成树唯一确定.

② 计算 $l(a_6)$: 树枝 a_6 与连枝 a_5、a_{11}, $Q_6 = [\{v_6\}, \{v_1, v_2, v_3, v_4, v_5\}]$ 满足
$$q_{61}l(a_1) + q_{62}l(a_2) + \cdots + q_{(6)(12)}l(a_{(6)(12)}) = 0$$
$$\Rightarrow l(a_6) - l(a_5) + l(a_{11}) = 0$$
$$\Rightarrow l(a_6) - 8 + 4 = 0 \Rightarrow l(a_6) = 4$$

③ 计算 $l(a_3) = 11$: 由树枝 a_3 与连枝 a_8, a_2 可列方程;

④ 计算 $l(a_{10}) = -12$: 由树枝 a_{10} 与连枝 a_4, a_5 可列方程;

⑤ 计算 $l(a_{12})$: 树枝 a_{12} 与连枝 a_5, a_{11}, a_{12}, a_7, a_8, $Q_{12} = [\{v_1, v_2, v_6\}, \{v_3, v_4, v_5\}]$ 满足

$$q_{(12)(1)}l(a_1) + q_{(12)(2)}l(a_2) + \cdots + q_{(12)(12)}l(a_{12}) = 0$$
$$\Rightarrow q_{(12)(2)}l(a_2) + q_{(12)(7)}l(a_7) + q_{(12)(12)}l(a_{12}) + q_{(12)(11)}l(a_{11}) + q_{(12)(5)}l(a_5) = 0$$
$$\Rightarrow 6 + 1 + l(a_{12}) - 4 + 8 = 0$$
$$\Rightarrow l(a_{12}) = -11$$

⑥ 计算 $l(a_9)$: 树枝 a_9 与连枝 a_4, a_2, a_8, $Q_9 = [\{v_3, v_4\}, \{v_1, v_2, v_5, v_6\}]$ 满足
$$q_{94}l(a_4) + q_{99}l(a_9) + q_{98}l(a_8) + q_{92}l(a_2) = 0 \Rightarrow 4 + l(a_9) - 5 - 6 = 0 \Rightarrow l(a_9) = 7$$

注 所以已知树枝的支路电流就能唯一确定连枝上支路电流, 也就是第 (1) 问的意思.

方法 3 其实由于基尔霍夫电流定理 KCL 的本义, 或说任何有向边割都能被基本键生成, 故只要是个边割就能列出 KVL 方程. 如算 $l(a_{12})$ 时, 也可以选定边割 $[\{v_1, v_2\}, \{v_3, v_4, v_5, v_6\}]$ 方程, 如以 a_7 为正方向, $l(a_7) + l(a_2) + l(a_{12}) + l(a_6) = 0 \Rightarrow 1 + 6 + l(a_{12}) + 4 = 0 \Rightarrow u(a_{11}) = -11$, 类似地可以更任意地列出各种方程.

(2) 对于势差函数

方法 1 图 3.4.3 中直接给出的本质是支路电压, 也就是势差函数, 所以只需满足 KVL 方程, 我们可以从相对电势的定义从源头出发来完成此题. 任意选定一个顶点 $\varphi(v_1)$ 规定其电势为 0, 如令 $\varphi(v_4) = 0$. 定义两点 v_i 到 v_k 的电压为 $u^\circ(a_j) = \varphi(v_i) - \varphi(v_k)$, 记 $a_j' = \overrightarrow{v_i v_k}$, 如果 a_j' 的方向与此支路 a_j 上规定的参考方向相同, 则令 $u(a_j) = u^\circ(a_j)$; 如果 a_j' 的方向与此支路 a_j 上规定的参考方向相反, 则令 $u(a_j) = -u^\circ(a_j)$, $u(a_j)$ 即为支路 a_j 上的支路电压. 现在通过支路电压计算各个点的电势:

① 计算 $\varphi(v_3)$: v_4 到 v_3 的电压为 $u^\circ(a_3) = \varphi(v_4) - \varphi(v_3)$, 记 $a_3' = \overrightarrow{v_4 v_3}$, a_3' 的方向与图上 a_3 规定的参考方向相同, $u(a_3) = u^\circ(a_3) = \varphi(v_4) - \varphi(v_3) \Rightarrow -2 = 0 - \varphi(v_3) \Rightarrow \varphi(v_3) = 2$;

② 计算 $\varphi(v_7)$: v_4 到 v_7 的电压为 $u^\circ(a_9) = \varphi(v_4) - \varphi(v_7)$, 记 $a_9' = \overrightarrow{v_4 v_7}$, a_9' 的方向与图上 a_9 规定的参考方向相反, $u(a_9) = -u^\circ(a_9) = \varphi(v_7) - \varphi(v_4) \Rightarrow 1 = \varphi(v_7) - 0 \Rightarrow \varphi(v_7) = 1$;

③ 计算 $\varphi(v_5)$: v_5 到 v_7 的电压为 $u^\circ(a_{10}) = \varphi(v_5) - \varphi(v_7)$, 记 $a_{10}' = \overrightarrow{v_5 v_7}$, a_{10}' 的方向与图上 a_{10} 规定的参考方向相同, $u(a_{10}) = u^\circ(a_{10}) = \varphi(v_5) - \varphi(v_7) \Rightarrow 1 = \varphi(v_5) - 1 \Rightarrow \varphi(v_5) = 2$;

④ 计算 $u(a_4)$: v_5 到 v_4 的电压为 $u^\circ(a_4) = \varphi(v_5) - \varphi(v_4)$, 记 $a_5' = \overrightarrow{v_4 v_5}$, a_5' 的方向图上 a_5 上规定的参考方向相同, $u(a_4) = u^\circ(a_4) = \varphi(v_5) - \varphi(v_4) \Rightarrow u(a_4) = 2 - 0 \Rightarrow u(a_4) = 4$; 可以看出适当选择 v_i, v_k 使得 a_j' 与 a_j 同向, 好算, 于是

⑤ 计算 $\varphi(v_1)$: $u(a_{12}) = \varphi(v_7) - \varphi(v_1) \Rightarrow 2 = 1 - \varphi(v_1) \Rightarrow \varphi(v_1) = -1$;

⑥ 计算 $\varphi(v_6)$: $u(a_6) = \varphi(v_6) - \varphi(v_1) \Rightarrow 4 = \varphi(v_6) - (-1) \Rightarrow \varphi(v_6) = 3$;

⑦ 计算 $\varphi(v_2)$: $u(a_1) = \varphi(v_1) - \varphi(v_2) \Rightarrow -3 = (-1) - \varphi(v_2) \Rightarrow \varphi(v_2) = 2$;

...

如图 3.4.5 所示, 可见各弧对应的势差函数值, 同时我们可以得到各点的相对电势. 当然此电势是相对的, 我们也可选其他点作为 0 电势, 如中心点 v_7, 但是各条边的支路电压 (势差函数值) 是不变的.

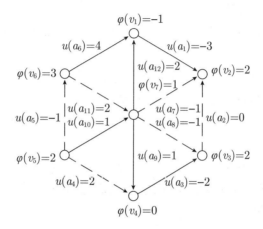

图 3.4.5 D_3 的势差图

方法 2 图 3.4.5 中直接给出的是支路电压, 所以也满足由定义得到 KVL 方程

$$\sum_{a_j \in \mathscr{C}} u(a_j \to a_y) = 0$$

其中取余树 $\bar{T}$ 中一个连枝 $a_y \in \mathrm{Arc}(\bar{T})$ 和生成树 T 上的所有树枝构成一个图 $T + a_y$, 其必然有唯一含 a_y 的圈 $\mathscr{C}_y$ 作为其子图. 其中 $c_{yj} = 1$, 当弧 a_j 在圈 $\mathscr{C}_y$ 中且弧 a_j 与连枝 a_y 在 $\mathscr{C}_y$ 中旋转方向一致; $c_{yj} = -1$, 当弧 a_j 在圈 $\mathscr{C}_y$ 中且弧 a_j 与连枝 a_y 在 $\mathscr{C}_y$ 中旋转方向相反; $c_{yj} = 0$, 当弧 a_j 不在圈 $\mathscr{C}_y$ 中. 换句话说同过取余树的一连枝和适当的树枝构成的圈, 圈内以连枝方向为正, 满足 KVL 方程.

① 计算 $u(a_4)$: 连枝 a_4 与树枝 a_9, a_{10} 满足 $u(a_4) - u(a_9) - u(a_{10}) = 0 \Rightarrow u(a_4) - 1 - 1 = 0 \Rightarrow u(a_4) = 2$;

注 其实选定其他弧为正方向也是可以的, 如选定树枝 a_9 为正方向, 则 $u(a_9) + u(a_{10}) - u(a_4) = 0 \Rightarrow 1 + 1 - u(a_4) = 0 \Rightarrow u(a_4) = 2$; 但是如此无法确定圈矩阵, 即规定连枝方向确定, 矩阵 $C = (C_T | E_{\bar{T}})$ 的方向可以被余树唯一确定.

② 计算 $u(a_8)$: 连枝 a_8 与树枝 a_9, a_3 满足 $u(a_8) - u(a_9) - u(a_{10}) = 0 \Rightarrow u(a_8) - 1 - (-2) = 0 \Rightarrow u(a_8) = -1$;

③ 同理 $u(a_7) = -1$;

④ 同理 $u(a_{11}) = 2$;

⑤ 同理 $u(a_5) = -1$.

注 所以已知余树的支路电压就能唯一确定树枝上的支路电压，也就是第 (2) 问的意思.

方法 3 其实由于基尔霍夫电压定理 KVL 的本义，或说任何有向圈都能被基本圈生成，故只要是个圈就能得到 KVL 方程. 如算 $u(a_8)$ 时，也可以选定在圈 $a_4 a_{10} a_8 a_3$ 列方程，如以 a_4 为正方向，$u(a_4) + u(a_3) - u(a_8) - u(a_{10}) = 0 \Rightarrow 2 - 2 + 1 - u(a_8) = 0 \Rightarrow u(a_8) = -1$，类似地可以更任意地列出各种方程.

(3) 考虑之前圈矩阵和键矩阵的矩阵方程，再结合圈、键矩阵的维数与余树、生成树的维数来说明.

解答完后可以去检验，环流图 3.4.4 对于所有圈上的数的代数和应为 0，势差图 3.4.5 所有弧上的数都为对应弧尾上的数减去弧头上的数. □

如果我们脱离物理背景，在计算环流函数时将方法 1 的"注释"部分抽象出来可以重新定义环流函数.

设 D 是有向图，有函数 $l : \mathrm{Arc}(D) \to \mathbb{R}^n$, $l : a_j \longmapsto l(a_j)$ 称为 D 中的一个**环流函数**，$\mathrm{Sum}\, l^-(v)$ 表示 v 关联所有弧头对应弧上的 $l(a_j)$ 的总和，$\mathrm{Sum}\, l^+(v)$ 表示 v 关联所有弧尾对应弧上的 $l(a_j)$ 的总和.

$$\mathrm{Sum}\, l^-(v) = \mathrm{Sum}\, l^+(v), \quad \text{对所有} v \in V \text{成立}$$

在计算势差函数时将方法 1 的"注释"部分抽象出来可以重新定义环流函数.

设 D 是有向图，有函数 $\varphi : V(D) \to \mathbb{R}^n$, $\varphi : v_i \longmapsto \varphi(v_i)$ 称为 D 中的一个**势函数**，若弧 a 的尾为 v_i 而头为 v_j，则定义**势差函数** $u : \mathrm{Arc}(D) \to \mathbb{R}^n$, $u : a_j \longmapsto u(a_j)$ 需满足

$$u(a) = \varphi(v_i) - \varphi(v_j)$$

如此就将物理电路的基尔霍夫定律转化到网络流问题，关于网络流又是图论中一个大的话题.

3.5 关联矩阵的秩

定理 3.5.1 （二部图关联矩阵的秩）设 G 是有 n 个顶点的无向连通图，M 是 G 的关联矩阵：

(1) 如果 G 是二部图，则 M 的秩为 $n-1$；

(2) 如果 G 是非二部图，则 M 的秩为 n.

证明 由关联矩阵的定义可知,向量 x 满足 $M^{\mathrm{T}}x = 0$ 当且仅当每条边的两个顶点在向量 x 中的取值满足相反数,即对应上对每条边 $v_iv_j \in E(G)$ 均有 $x_i = -x_j$. 如果 G 是二部图,则线性子空间 $\{x \in \mathbb{R}^n | M^{\mathrm{T}}x = 0\}$ 是 1 维的,此时 M 的秩为 $n-1$. 如果 G 是非二部图,则 $M^{\mathrm{T}}x = 0$ 没有非零解,即 M 的秩为 n. □

例 3.5.1 以图 $K_{1,3}$ 为例,验证向量 x 满足 $M^{\mathrm{T}}x = 0$ 当且仅当每条边的两个顶点在向量 x 中的取值满足相反数.

解 仅看图 3.5.1 中连通分支 $K_{1,3}$,对 $K_{1,3}$ 中心点标号为 -1,其余标号为 1,得到向量 x,于是有 $\begin{pmatrix} 1 & 0 & 0 & 1 \\ 0 & 1 & 0 & 1 \\ 0 & 0 & 1 & 1 \end{pmatrix} \cdot \begin{pmatrix} 1 \\ 1 \\ 1 \\ -1 \end{pmatrix} = \vec{0}$. 可见 $M(K_{1,3})$ 的秩为 $n-1 = 4-1 = 3$,是二部图因为一定能找到一个初等行变换,使其成立. 当然本例知识说明此证明方法,实际通过行阶梯矩阵很容易得出其的秩为 3. □

例 3.5.2 以图 3.5.1 为例,验证向量 x 满足 $M^{\mathrm{T}}x = \vec{0}$ 当且仅当每条边的两个顶点在向量 x 中的取值满足相反数.

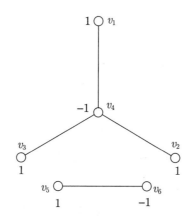

图 3.5.1 非连通图 $K_{1,3} \bigcup P_2$ 与关联矩阵

解 如图 3.5.1 所示,对其每边的顶点标号 1 和 -1,使得每条边的两个顶点互为相反数,得到向量 x,于是有

$$M^{\mathrm{T}}\left(K_{1,3} \bigcup P_2\right) \cdot x = \begin{pmatrix} 1 & 0 & 0 & 1 & 0 & 0 \\ 0 & 1 & 0 & 1 & 0 & 0 \\ 0 & 0 & 1 & 1 & 0 & 0 \\ 0 & 0 & 0 & 0 & 1 & 1 \end{pmatrix} \cdot \begin{pmatrix} 1 \\ 1 \\ 1 \\ -1 \\ 1 \\ -1 \end{pmatrix} = \vec{0}$$

□

定理 3.5.2 (有向图关联矩阵的秩) 设有向图 D 是有 n 个顶点、w 个连通分支的有向图,M 是 G 的关联矩阵,则 M 的秩为 $n-w$.

证明 要证 D 的零空间的维数为 w, 因此 $\operatorname{rank} D = n - w$. 假设 x 是 $\mathbb{R}^n$ 中的一个向量, 满足 $x^{\mathrm{T}} M = 0$. 也就是说, uv 是 D 的一条弧, 则 $x_u = x_v$, 其中 x_u 是向量 x 点 u 对应的值. 令 $D_1, \cdots, D_w$ 为连通分支, 向量 $_1 x, \cdots, _w x \in \mathbb{R}^n$ 内的元素定义为

$$_j x_i = \begin{cases} 1 & (v_i \in D_j) \\ 0 & (\text{其他}) \end{cases}$$

那么显然 $\{_1 x, \ldots, _w x\}$ 是 M 左零空间的一组基, 如图 3.5.2 所示.

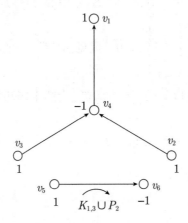

图 3.5.2 对 $K_{1,3} \bigcup P_2$ 定向

$$M\left(K_{1,3} \bigcup P_2\right) = \begin{pmatrix} 1 & 0 & 0 & 0 \\ 0 & 1 & 0 & 0 \\ 0 & 0 & 1 & 0 \\ -1 & -1 & -1 & 0 \\ 0 & 0 & 0 & 1 \\ 0 & 0 & 0 & -1 \end{pmatrix}$$

对应的 $_1 x^{\mathrm{T}} = \begin{pmatrix} 1 & 1 & 1 & 1 & 0 & 0 \end{pmatrix}$, $_2 x^{\mathrm{T}} = \begin{pmatrix} 0 & 0 & 0 & 0 & 1 & 1 \end{pmatrix}$, 每个向量对应着一个初等行变换, 此初等行变换可以消除邻接矩阵的子矩阵的一行, w 个连通分支对应着 w 个向量 $_j x_i$, 故得证. 也可以看出每个连通分支对应的 M 分块矩阵的秩为 $n - 1$, 和起来就是 $n - w$. $\square$

由于连通的有向图的关联矩阵 M 的秩为 $n-1$, 所以后面要介绍的定理 4.1.3 中, 计算有向图生成树个数时需要基尔霍夫矩阵 $M_{\text{删除第}i\text{行}}(D)$, 否则 $\det(MM^{\mathrm{T}}) = 0$. 另外也可以根据例 3.5.2 中无向图的关联矩阵并不满足该定理 3.5.2, 否则其与定理矛盾.

第 4 章 拉氏矩阵

4.1 拉普拉斯矩阵与关联矩阵及生成树

图论中许多矩阵是环环相扣的,因为很多都是描述边与点之间的关系,这也是图矩阵的神奇所在,拉普拉斯矩阵、邻接矩阵和关联矩阵就有着这样绝妙的关系.

令 $G = (V(G), E(G))$ 是一个无向图,图 G 的邻接矩阵用 $A(G)$ 表示,对角上的元素为各个顶点的度,每个环算作度为 1,其余元素为 0 的 $|V(G)| \times |V(G)|$ 的矩阵为图 G 的**度矩阵** $D(G)$,图 G 的**拉普拉斯矩阵**定义为 $L(G) = D(G) - A(G)$,**无符号拉普拉斯矩阵**定义为 $\bar{L}(G) = D(G) + A(G)$;对应的特征多项式称为图的**拉普拉斯多项式**,记作 $L(G, x)$,无符号拉普拉斯矩阵对应的特征多项式称为图的**无符号拉普拉斯多项式**,记作 $\bar{L}(G, x)$.

为了方便,本书将邻接矩阵、拉普拉斯矩阵和无符号拉普拉斯这三个矩阵统称为**拉氏矩阵**.

定理 4.1.1[15] (拉普拉斯矩阵与关联矩阵) $G = (V, E)$ 是一个无环无向图,D 是 G 的任意定向图,$M_{定向}$ 是 D 的关联矩阵,则 $L(G) = M_{定向} M_{定向}^{\top}$.

例 4.1.1 以图 4.1.1 为例,验证定理 4.1.1,即通过 G_1 的一定向图和关联矩阵得到有重边无向图的拉普拉斯矩阵.

解 如图 4.1.1 为是一个无环图,给定图 $G_{有重边不连通}$ 一任意定向图 $D_{有重边不连通}$,如图 4.1.2 所示,则

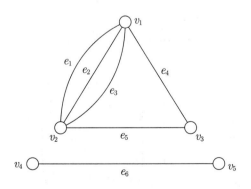 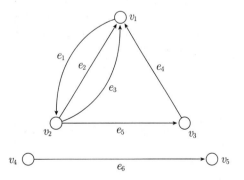

图 4.1.1 拉普拉斯矩阵与关联矩阵示例 $G_{有重边不连通}$ 图 4.1.2 图 G_1 一任意定向图 $D_{有重边不连通}$

$$M_{定向} = \begin{matrix} \\ v_1 \\ v_2 \\ v_3 \\ v_4 \\ v_5 \end{matrix} \begin{pmatrix} e_1 & e_2 & e_3 & e_4 & e_5 & e_6 \\ 1 & -1 & -1 & -1 & 0 & 0 \\ -1 & 1 & 1 & 0 & -1 & 0 \\ 0 & 0 & 0 & 1 & 1 & 0 \\ 0 & 0 & 0 & 0 & 0 & 1 \\ 0 & 0 & 0 & 0 & 0 & -1 \end{pmatrix}, \quad M_{定向}M_{定向}^{\mathrm{T}} = \begin{matrix} \\ v_1 \\ v_2 \\ v_3 \\ v_4 \\ v_5 \end{matrix} \begin{pmatrix} v_1 & v_2 & v_3 & v_4 & v_5 \\ 4 & -3 & -1 & 0 & 0 \\ -3 & 4 & -1 & 0 & 0 \\ -1 & -1 & 2 & 0 & 0 \\ 0 & 0 & 0 & 1 & -1 \\ 0 & 0 & 0 & -1 & 1 \end{pmatrix}$$

该图 $G_{有重边不连通}$ 的拉普拉斯矩阵为

$$L(G_{有重边不连通}) = D(G_{有重边不连通}) - A(G_{有重边不连通无向图})$$

$$= \begin{matrix} \\ v_1 \\ v_2 \\ v_3 \\ v_4 \\ v_5 \end{matrix} \begin{pmatrix} v_1 & v_2 & v_3 & v_4 & v_5 \\ 4 & 0 & 0 & 0 & 0 \\ 0 & 4 & 0 & 0 & 0 \\ 0 & 0 & 2 & 0 & 0 \\ 0 & 0 & 0 & 1 & 0 \\ 0 & 0 & 0 & 0 & 1 \end{pmatrix} - \begin{matrix} \\ v_1 \\ v_2 \\ v_3 \\ v_4 \\ v_5 \end{matrix} \begin{pmatrix} v_1 & v_2 & v_3 & v_4 & v_5 \\ 0 & 3 & 1 & 0 & 0 \\ 3 & 0 & 1 & 0 & 0 \\ 1 & 1 & 0 & 0 & 0 \\ 0 & 0 & 0 & 0 & 1 \\ 0 & 0 & 0 & 1 & 0 \end{pmatrix}$$

$$= \begin{matrix} \\ v_1 \\ v_2 \\ v_3 \\ v_4 \\ v_5 \end{matrix} \begin{pmatrix} v_1 & v_2 & v_3 & v_4 & v_5 \\ 4 & -3 & -1 & 0 & 0 \\ -3 & 4 & -1 & 0 & 0 \\ -1 & -1 & 2 & 0 & 0 \\ 0 & 0 & 0 & 1 & -1 \\ 0 & 0 & 0 & -1 & 1 \end{pmatrix}$$

可以看出二者结果相等. □

定理 4.1.2(无符号拉普拉斯矩阵与关联矩阵) 如果定理 4.1.1不定向, 那么 $\bar{L}(G) = MM^{\mathrm{T}}$.

例 4.1.2 以图 4.1.1为例, 验证定理 4.1.2, 即通过 $G_{有重边不连通无向图}$ 的关联矩阵得到有重边无向图的拟拉普拉斯矩阵.

解 $M = \begin{matrix} \\ v_1 \\ v_2 \\ v_3 \\ v_4 \\ v_5 \end{matrix} \begin{pmatrix} e_1 & e_2 & e_3 & e_4 & e_5 & e_6 \\ 1 & 1 & 1 & 1 & 0 & 0 \\ 1 & 1 & 1 & 0 & 1 & 0 \\ 0 & 0 & 0 & 1 & 1 & 0 \\ 0 & 0 & 0 & 0 & 0 & 1 \\ 0 & 0 & 0 & 0 & 0 & 1 \end{pmatrix}, MM^{\mathrm{T}} = \begin{matrix} \\ v_1 \\ v_2 \\ v_3 \\ v_4 \\ v_5 \end{matrix} \begin{pmatrix} v_1 & v_2 & v_3 & v_4 & v_5 \\ 4 & 3 & 1 & 0 & 0 \\ 3 & 4 & 1 & 0 & 0 \\ 1 & 1 & 2 & 0 & 0 \\ 0 & 0 & 0 & 1 & 1 \\ 0 & 0 & 0 & 1 & 1 \end{pmatrix}$. 该图 $G_{有重边不连通}$ 的无符号拉普拉斯矩阵为

$$\bar{L}(G_{有重边不连通}) = D(G_{有重边不连通}) + A(G_{有重边不连通}) = \begin{matrix} \\ v_1 \\ v_2 \\ v_3 \\ v_4 \\ v_5 \end{matrix} \begin{pmatrix} v_1 & v_2 & v_3 & v_4 & v_5 \\ 4 & 3 & 1 & 0 & 0 \\ 3 & 4 & 1 & 0 & 0 \\ 1 & 1 & 2 & 0 & 0 \\ 0 & 0 & 0 & 1 & 1 \\ 0 & 0 & 0 & 1 & 1 \end{pmatrix}$$

可以看出二者结果相等. □

定理 4.1.3[3] (矩阵-树定理) G 是无向简单图，令 $t(G)$ 是图 G 的所有**生成树的个数**，$L(G)$ 的拉普拉斯矩阵 G 是图，$|V(G)| = n$ 则

(1) $L(G)$ 的所有代数余子式为 $t(G)$，即 $t(G) = (-1)^{i+j} \det L^-(G)$，其中 $L^-(G)$ 表示 $L(G)$ 中 a_{ij} 的余子式；

(2) $\mu_2, \cdots, \mu_n$ 是 G 的拉普拉斯矩阵 $L(G)$ 的非零特征值，则

$$t(G) = \frac{\mu_2 \cdots \mu_n}{n}$$

(3) J 是全一矩阵，

$$t(G) = \frac{\det(L+J)}{n^2}$$

注 如果是非连通图，参看后面要介绍的定理 8.1.9 的 (1)(2)(3)，得到的生成树个数为 0，也是符合的，因为生成树必须是连通图，0 表示没有生成树，自然定理 4.1.3 也是成立的；如果是有重边图或有环图 (若拉普拉斯矩阵中定义了有环图，无论邻接矩阵是拟的还是非拟的)，计算得到的结果比实际多.

例 4.1.3 以图 4.1.3为例，通过定理 4.1.3计算 $G_{钻石}$ 的生成树.

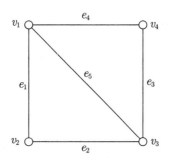

图 4.1.3 无向图生成树举例 $G_{钻石}$

解 $L(G_{钻石}) = \begin{matrix} & \begin{matrix} v_1 & v_2 & v_3 & v_4 \end{matrix} \\ \begin{matrix} v_1 \\ v_2 \\ v_3 \\ v_4 \end{matrix} & \begin{pmatrix} 3 & -1 & -1 & -1 \\ -1 & 2 & -1 & 0 \\ -1 & -1 & 3 & -1 \\ -1 & 0 & -1 & 2 \end{pmatrix} \end{matrix}$，如 $L_{23}^-(G_{钻石}) = \begin{matrix} & \begin{matrix} v_1 & v_2 & v_4 \end{matrix} \\ \begin{matrix} v_1 \\ v_3 \\ v_4 \end{matrix} & \begin{pmatrix} 3 & -1 & -1 \\ -1 & -1 & -1 \\ -1 & 0 & 2 \end{pmatrix} \end{matrix}$，

(1) $t(G_{钻石}) = (-1)^{2+3} \det L_{23}^-(G_{钻石}) = -(-8) = 8$；

(2) 图中拉普拉斯矩阵的特征值为 0, 2, 4, 4，则 $t(G_{钻石}) = \frac{2 \times 4 \times 4}{4} = 8$；

(3) $t(G_{钻石}) = \frac{\det(E+L)}{n^2} = \begin{vmatrix} 3 & 1 & 0 & 0 \\ 1 & 3 & 0 & 0 \\ 0 & 0 & 4 & 0 \\ 0 & 0 & 0 & 4 \end{vmatrix} / 4^2 = \frac{128}{16} = 8.$ □

定理 4.1.4[15] (矩阵-树定理) D 是有向无环连通(可以有重边)图, 令 $t(G)$ 是 D 的所有生成树的个数, $M_{删除第i行}(D)$ 是从 D 的关联矩阵 M 中删去任意一行后得到的矩阵, 即**基尔霍夫矩阵**, $C(D)$ 是 D 的基本圈矩阵, $Q(D)$ 是 D 的基本键矩阵, $\begin{pmatrix} C \\ Q \end{pmatrix}$ 是 D 的基本弧矩阵, 则

$$t(D) = \det(CC^{\mathrm{T}}) = \det(QQ^{\mathrm{T}}) = \det(M_{删除第i行}M_{删除第i行}^{\mathrm{T}}) = |\det(Ar)|$$
$$= \left|\det\begin{pmatrix} Q \\ C \end{pmatrix}\right| = \left|\det\begin{pmatrix} M_{删除第i行} \\ C \end{pmatrix}\right|$$

例 4.1.4 以有重边的有向图 4.1.3 为例, 通过定理 4.1.3 计算 D_2 的生成树.

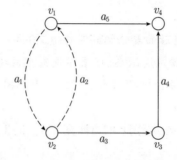

图 4.1.4 有向图生成树举例 $D_{有重边}$, 实线为生成树, 虚线为余树

解

$$M(D_{有重边}) = \begin{array}{c} \\ v_1 \\ v_2 \\ v_3 \\ v_4 \end{array} \begin{array}{cccccc} a_1 & a_2 & a_3 & a_4 & a_5 \\ \begin{pmatrix} 1 & -1 & 0 & 0 & 1 \\ -1 & 1 & 1 & 0 & 0 \\ 0 & 0 & -1 & 1 & 0 \\ 0 & 0 & 0 & -1 & -1 \end{pmatrix} \end{array}$$

$$C(D_{有重边}) = \begin{array}{c} \\ c_1 \\ c_2 \end{array} \begin{array}{ccccc} a_1 & a_2 & a_3 & a_4 & a_5 \\ \begin{pmatrix} 1 & 0 & 1 & 1 & -1 \\ 0 & 1 & -1 & -1 & 1 \end{pmatrix} \end{array}$$

$$Q(D_{有重边}) = \begin{array}{c} \\ q_1 \\ q_2 \\ q_3 \end{array} \begin{array}{ccccc} a_1 & a_2 & a_3 & a_4 & a_5 \\ \begin{pmatrix} -1 & 1 & 1 & 0 & 0 \\ -1 & 1 & 0 & 1 & 0 \\ 1 & -1 & 0 & 0 & 1 \end{pmatrix} \end{array}$$

$$M(D_{有重边}) = \begin{array}{c} \\ v_1 \\ v_2 \\ v_4 \end{array} \begin{array}{ccccc} a_1 & a_2 & a_3 & a_4 & a_5 \\ \begin{pmatrix} 1 & -1 & 0 & 0 & 1 \\ -1 & 1 & 1 & 0 & 0 \\ 0 & 0 & 0 & -1 & -1 \end{pmatrix} \end{array}$$

则 $t(D_{有重边}) = \det(CC^{\mathrm{T}}) = \det(QQ^{\mathrm{T}}) = \det(M_{删除第i行}M_{删除第i行}^{\mathrm{T}}) = \det\begin{pmatrix} Q \\ C \end{pmatrix}$

$= 7$, $\left|\det\begin{pmatrix} M_{\text{删除第}i\text{行}} \\ C \end{pmatrix}\right| = |-7| = 7$ 都正确. □

注 对于有环和非连通图的有向图, 圈矩阵和键矩阵没有定义, 相应的 $M_{\text{删除第}i\text{行}}$ 也无法正确计算, 但是由于环并不会影响生成树, 其实把原图的环删去, 再进行计算就可以了. 无向图和有向图可以通过定向和基础图来互相转化, 所以通过定理 4.1.4, 也可以解决有重边的无向图. 所以实际上通过定理 4.1.4 和定理 4.1.3可以把任意图的生成树都解决.

推论 4.1.1 (1) (Cayley 公式)K_n 的生成树数目 $t(K_n) = n^{n-2}$;

(2) $t(C_n) = n$, 其中 C_n 是 n 个顶点的圈;

(3) $t(K_n - e) = (n-2)n^{n-3}$, 其中 $K_n - e$ 表示从中除掉任何一条边后得到的子图;

(4) $t(K_{s,t}) = s^{t-1}t^{s-1}$, $K_{s,t} = [X, Y]$, $X = \{v_1, \cdots, v_s\}$, $Y = \{v_{s+1}, \cdots, v_{s+t}\}$.

证明 (1) 已知 $\text{Spec}(L, K_n) = \begin{pmatrix} 0 & n \\ 1 & |V(K_n)| - 1 \end{pmatrix}$ 由定理 4.1.3的 (2), 易知成立;

(2) 利用

$$\text{Spec}(L, C_n) = \begin{pmatrix} 2 - 2\cos\left(\frac{2\pi}{n}\right) & \cdots & 2 - 2\cos\left(\frac{2k\pi}{n}\right) & \cdots & 0 \\ 1 & \cdots & 1 & \cdots & 1 \end{pmatrix} (k = 1, 2, \cdots, n)$$

不好算, 但是已知 n 个顶点的圈有 n 条边, 每去掉一条边便得到一个生成树;

(3) K_n 有 n^{n-2} 个生成树, 生成树总边数为 $(n-1)n^{n-2}$, 意味着每条边对应生成树个数为 $\dfrac{(n-1)n^{n-2}}{\frac{1}{2}n(n-1)} = 2n^{n-3}$, 因此去除一条边后 $\tau(K_n - e) = n^{n-2} - 2n^{n-3} = (n-2)n^{n-3}$;

(4) $\text{Spec}(L, K_{s,t}) = \begin{pmatrix} s & t & 0 \\ t-1 & s-1 & 2 \end{pmatrix}$ 由定理 4.1.3的 (2), 易知成立.

当然本定理可以去写其关联矩阵、圈矩阵和键矩阵然后计算, 耐心找规律也能算出, 这就涉及每种图类的矩阵形式, 这也是尤为重要的. 如完全图计算 K_n 的生成树个数也是非常容易的,

$$\det\left(M_{\text{删除第}i\text{行}}(K_n) M_{\text{删除第}i\text{行}}^{\text{T}}(K_n)\right) = \begin{pmatrix} 1 & n & \cdots & 1 \\ \vdots & \vdots & \ddots & \vdots \\ 1 & 1 & \cdots & n \end{pmatrix} \begin{pmatrix} 1 & \cdots & 1 \\ n & \cdots & 1 \\ \vdots & \ddots & \vdots \\ 1 & \cdots & n \end{pmatrix} = n^{n-2} \quad □$$

4.2 无符号拉普拉斯矩阵与半边路

半边路是一个比较难理解的定义, 2007 年 Dragoš Cvetković 与 Peter Rowlinson 等定义其名为 Semi-edge walk, 直译为半边路, 在 *Signless Laplacians of finite graphs*[16] 文中是这样解释的: 想象成一个旅行者沿着图的边走, 旅行者总是从一个端点走向另一个端点, 现在假设我们允许旅行者在到达一个边的中途时改变主意 (如忘带东西), 即他可以返回到起始端点, 那我们把从他出发点又回到出发点这段路算他走了一条边, 如此一来, 行走

的基本组成部分不再是边, 而是一系列半边. 这样的同起点的路可以被称为半边路, 旅行者顺着这个半边路就回到了起点. 于是有如下数学化定义:

对于图 G 的点边交替序列 $W = v_1 e_1 v_2 \cdots v_k e_k v_{k+1}$, 如果可以是同一顶点 $v_i = v_{i+1}$ ($i = 1, \cdots, k$), v_i 和 v_{i+1} 都与边 e_i 关联, 则称 W 为 G 的一条长度为 k 的**半边路**. 如果允许 $v_1 = v_{k+1}$, 则称 W 是一个**闭半边路**. 本节要介绍长度为 k 的半边路个数可由无符号拉普拉斯矩阵的 k 次幂得到.

看到这个半边路的定义不禁让笔者想起了**剖分图**, 即是由 G 通过把 G 中的每条边替换为长为 2 的路或者说每条边加一个点得到的图, 但是半边路不能等效于剖分图的两条边, 因为如果等效成剖分图, 那么 2 长半边路会出现与本意不同的错误, 但是每过一个半边 $v_i e_i v_i$, 等效于在该顶点添加一个与边 e_i 同名的环并走一遍. 另外剖分图与无符号拉普拉斯多项式系数确实有关, 将在第 5.2 节再介绍.

定理 4.2.1[16](半边路) 对任意无向图 G, $\bar{L}^k(G)$ 中元素 $_k q_{ij}$ 等于 G 中从点 i 到点 j 长度为 k 的半边通路个数.

例 4.2.1 用第 2 章的图 2.1.2 和图 2.1.3 解释定理 4.2.1.

解 对于图 2.1.2 的无符号拉普拉斯矩阵为 $\bar{L}(U_{3,1}) = \begin{matrix} & \begin{matrix} v_1 & v_2 & v_3 & v_4 \end{matrix} \\ \begin{matrix} v_1 \\ v_2 \\ v_3 \\ v_4 \end{matrix} & \begin{pmatrix} 2 & 1 & 0 & 1 \\ 1 & 3 & 1 & 1 \\ 0 & 1 & 1 & 0 \\ 1 & 1 & 0 & 2 \end{pmatrix} \end{matrix}$, 易看出与半边路的联系;

对于无符号拉普拉斯矩阵的二次幂为 $\bar{L}^2(U_{3,1}) = \begin{matrix} & \begin{matrix} v_1 & v_2 & v_3 & v_4 \end{matrix} \\ \begin{matrix} v_1 \\ v_2 \\ v_3 \\ v_4 \end{matrix} & \begin{pmatrix} 6 & 6 & 1 & 5 \\ 6 & 12 & 4 & 6 \\ 1 & 4 & 2 & 1 \\ 5 & 6 & 1 & 6 \end{pmatrix} \end{matrix}$, v_1 到 v_1 长为 2 的闭半边路数为 6, 具体是 $v_1 e_1 v_4 e_1 v_1, v_1 e_2 v_2 e_2 v_1$, 还有 $v_1 e_1 v_1 e_1 v_1, v_1 e_1 v_1 e_2 v_1, v_1 e_1 v_1 e_1 v_1$, $v_1 e_2 v_1 e_1 v_1$; v_2 到 v_4 长为 2 的半边路数为 6, 具体是 $v_2 e_2 v_1 e_1 v_4$, 还有 $v_2 e_4 v_2 e_4 v_4, v_2 e_4 v_4 e_4 v_4$, $v_2 e_2 v_2 e_4 v_4, v_2 e_3 v_2 e_4 v_4, v_2 e_4 v_2 e_1 v_4$;

对于图 2.1.3 的无符号拉普拉斯矩阵为 $\bar{L}(U_{3,1}^\bullet) = \begin{matrix} & \begin{matrix} v_1 & v_2 & v_3 & v_4 \end{matrix} \\ \begin{matrix} v_1 \\ v_2 \\ v_3 \\ v_4 \end{matrix} & \begin{pmatrix} 3 & 1 & 0 & 1 \\ 1 & 3 & 1 & 1 \\ 0 & 1 & 1 & 0 \\ 1 & 1 & 0 & 2 \end{pmatrix} \end{matrix}$, 易看出与半边路的联系, 对于 $U_{3,1}^\bullet$ 无符号拉普拉斯矩阵的二次幂为 $\bar{L}^2(U_{3,1}^\bullet) = \begin{matrix} & \begin{matrix} v_1 & v_2 & v_3 & v_4 \end{matrix} \\ \begin{matrix} v_1 \\ v_2 \\ v_3 \\ v_4 \end{matrix} & \begin{pmatrix} 11 & 7 & 1 & 6 \\ 7 & 12 & 4 & 6 \\ 1 & 4 & 2 & 1 \\ 6 & 6 & 1 & 6 \end{pmatrix} \end{matrix}$, v_1 到 v_1 长为 2 的闭半边路数为 11, 除了上述 $U_{3,1}$ 中 v_1 到 v_1 长为 2 的半边路, 还有 $v_1 e_5 v_1 e_1 v_1, v_1 e_5 v_1 e_2 v_1, v_1 e_1 v_1 e_5 v_1, v_1 e_5 v_1 e_2 v_1, v_1 e_2 v_1 e_5 v_1, v_1 e_5 v_1 e_5 v_1$. □

4.3 广义拉普拉斯矩阵

广义拉普拉斯矩阵, 能使邻接矩阵、拉普拉斯矩阵和无符号拉普拉斯矩阵进行统一化研究, 具有一定的统一美, 但是其研究难度较大, 相应的研究意义有待开发, 尤其是 $k \geqslant 2$ 时的情况.

图 G 为无向图, $D(G)$ 和 $A(G)$ 为其的度矩阵和邻接矩阵, 则**广义拉普拉斯矩阵**可以定义为

$$L_k(G) = kD(G) - A(G) \quad (k\text{为整数})$$

广义拉普拉斯矩阵对应的特征多项式为**广义拉普拉斯矩阵的特征多项式**, 记作 $L_k(G, x)$, 对应的根形成的谱为**广义拉普拉斯矩阵的谱** $\text{Spec}(L_k, G)$. 一些文章定义的**阿尔法邻接矩阵** A_α 实际上和广义拉普拉斯矩阵极其相似:

$$A_\alpha(G) = \alpha D(G) - (1-\alpha)A(G) \quad (0 \leqslant \alpha \leqslant 1)$$

定理 4.3.1 对于任意图中的广义拉普拉斯矩阵 $L_k(G)$,

(1) 当 $k = 0$ 时, $L_0 = -A$, 其特征根与邻接矩阵的特征根互为相反数;

(2) 当 $k = 1$ 时, $L_1 = D - A$, 此矩阵就是拉普拉斯矩阵;

(3) 当 $k = -1$ 时, $L_{-1} = -(D+A)$, 其特征根与无符号的拉普拉斯矩阵互为相反数.

证明 (1) 当 $k = 0$ 时, $L_0(G) = 0 \times D(G) - A(G) = -A(G)$, $L_0(G, x) = |xE - L_0(G)| = |xE + A(G)|$, 令 $x = -y$, 则 $L_{-1}(G, x) = |-yE + A(G)|$, 故其特征根与邻接矩阵的特征根互为相反数;

(2) 当 $k = 1$ 时, $L_1(G) = D(G) - A(G)$, 此矩阵就是拉普拉斯矩阵;

(3) 当 $k = -1$ 时, $L_{-1}(G) = -(D(G) + A(G)) = -L(G)$, $L_{-1}(G, x) = |xE - L_{-1}(G)| = |xE + L(G)|$, 令 $x = -y$, 则 $L_{-1}(G, x) = |-yE + L(G)|$, 其特征根与无符号的拉普拉斯矩阵互为相反数. □

定理 4.3.2[17] K_n 的广义的拉普拉斯矩阵 $L_k(K_n)$ 的特征多项式为

$$L_k(K_n, x) = (x - (k-1)(n-1))(x - k(n-1) - 1)^{n-1}$$

$L_k(K_n, x)$ 的特征根或广义拉普拉斯矩阵的谱为

$$\text{Spec}(L_k, K_n) = \begin{pmatrix} (k-1)(n-1) & k(n-1)+1 \\ 1 & n-1 \end{pmatrix}$$

推论 4.3.1 在完全图的谱中, k 取值不同, 会有以下谱:

(1) 当 $k = 0$ 时, $L_0 = -A$, 其特征根与邻接矩阵的特征根互为相反数, 可得

$$\text{Spec}(A, K_n) = \begin{pmatrix} n-1 & -1 \\ 1 & n-1 \end{pmatrix}$$

(2) 当 $k=1$ 时, $L_1 = D - A$, 此矩阵就是拉普拉斯矩阵, 可得

$$\mathrm{Spec}\,(L, K_n) = \begin{pmatrix} 0 & n \\ 1 & n-1 \end{pmatrix}$$

(3) 当 $k=-1$ 时, $L_{-1} = -(D+A)$, $L_{-1}(x) = (x+2(n-1))(x+(n-2))^{n-1}$, 其特征根与无符号的拉普拉斯矩阵互为相反数, 可得

$$\mathrm{Spec}\,(\bar{L}, K_n) = \begin{pmatrix} 2n-2 & n-2 \\ 1 & n-1 \end{pmatrix}$$

定理 4.3.3 设 G 是二部图. 把 G 的顶点适当排列后, 可使 G 的邻接矩阵当且仅当有如下形式:

$$\begin{pmatrix} O_{11} & A_{12} \\ A_{21} & O_{22} \end{pmatrix}$$

其中 A_{21} 是 A_{12} 的转置, 即 $A_{21}^{\mathrm{T}} = A_{12}$, O_{11} 和 O_{22} 是零矩阵.

定理 4.3.4[17] $K_{s,t}$ 是完全二部图, 则广拉普拉斯矩阵必然可以写成分块矩阵 $L_k(K_{s,t}) = \begin{pmatrix} D_1 & J_{t\times t} \\ J_{s\times s} & D_2 \end{pmatrix}$, 若图 $K_{s,t}$ 是完全二部图, 则其广义拉普拉斯矩阵的特征多项式为

$$L_k(K_{s,t}, x) = |xE_t - L_k| = \begin{vmatrix} x-kt & \cdots & 0 & 1 & \cdots & 1 \\ \vdots & \ddots & \vdots & \vdots & \ddots & \vdots \\ 0 & \cdots & x-kt & 1 & \cdots & 1 \\ 1 & \cdots & 1 & x-ks & \cdots & 0 \\ \vdots & \ddots & \vdots & \vdots & \ddots & \vdots \\ 1 & \cdots & 1 & 0 & \cdots & x-ks \end{vmatrix}$$

根据分块矩阵的行列式计算, $L_k(K_{s,t}) = |A| \cdot |D - CA^{-1}B|$, 可得其广义拉普拉斯特征多项式为

$$L_k(K_{s,t}, x) = (x-kt)^{t-1}(x-ks)^{s-1}\left(x^2 - (kt+ks)x + (k^2-1)ts\right)$$

并且易得出其特征根如下:

$$\mathrm{Spec}\,(L_k, K_{s,t})$$
$$= \begin{pmatrix} \dfrac{k(s+t) - \sqrt{k^2(s-t)^2 + 4st}}{2} & ks & kt & \dfrac{k(s+t) + \sqrt{k^2(s-t)^2 + 4st}}{2} \\ 1 & t-1 & s-1 & 1 \end{pmatrix}$$

推论 4.3.2 在完全二部图中 $L_k = kD - A$, k 取值不同, 会有以下性质:

(1) 当 $k=0$ 时, $L_0 = -A$, 其特征根与邻接矩阵的特征根互为相反数, 可得

$$\mathrm{Spec}\,(A, K_{s,t}) = \begin{pmatrix} -\dfrac{\sqrt{4st}}{2} & 0 & 0 & \dfrac{\sqrt{4st}}{2} \\ 1 & t-1 & s-1 & 1 \end{pmatrix} = \begin{pmatrix} -\sqrt{st} & 0 & \sqrt{st} \\ 1 & s+t-2 & 1 \end{pmatrix}$$

(2) 当 $k=1$ 时，$L_1 = D - A$，此矩阵就是拉普拉斯矩阵，可得

$$\text{Spec}(L, K_{s,t}) = \begin{pmatrix} 0 & s & t & 0 \\ 1 & t-1 & s-1 & 1 \end{pmatrix}$$

(3) 当 $k=-1$ 时，$L_{-1} = -(D+A)$，其特征根与无符号的拉普拉斯矩阵互为相反数，可得

$$\text{Spec}(\bar{L}, K_{s,t}) = \begin{pmatrix} 2t & -s & -t & 0 \\ 1 & t-1 & s-1 & 1 \end{pmatrix}$$

星图为特殊的二部图，在二部图 $K_{s,t}$ 中，$s=1, t=|V(G)|-1=n-1$ 时，此时的图为星图.

定理 4.3.5[17] 星图广义的拉普拉斯矩阵的特征多项式为

$$L_k(x) = (x-k)^{t-2}\left(x^2 - ktx + k^2t - k^2 - t + 1\right)$$

易得其特征根如下：

$$\text{Spec}(L_k, K_{1,t})$$
$$= \begin{pmatrix} \dfrac{kt}{2} - \sqrt{\dfrac{k^2t^2}{4} - k^2t + k^2 + t - 1} & k & \dfrac{kt}{2} + \sqrt{\dfrac{k^2t^2}{4} - k^2t + k^2 + t - 1} \\ 1 & t-2 & 1 \end{pmatrix}$$

定理 4.3.6[18] 阿尔法邻接矩阵 $A_\alpha(G)$ 的最大特征值满足不等式

$$\rho_{A_\alpha}(G) < \alpha\Delta + 2(1-\alpha)\sqrt{\Delta - 1}$$

当且仅当 G 是最大度 $\Delta \geqslant 2$ 的树.

定理 4.3.7[19] G 是一个具有 $n \geqslant 2$ 个顶点的图，阿尔法邻接矩阵 $A_\alpha(G)$ 的最大特征值满足不等式

$$\rho_{A_\alpha}(G) \leqslant n - 1 - \frac{\alpha n}{2} - \frac{\sqrt{\alpha^2 n^2 + 4(1-2\alpha)(n-1)}}{2}$$

当且仅当 G 是星 S_n 时等号成立.

第 5 章 3 种多项式的系数的计数意义

图 G 邻接矩阵 $A(G)$ 的特征多项式 $A(G,x)$ 简称为**图的特征多项式**, $A(G)$ 的特征值简称为**图的特征值**.

5.1 图的特征多项式系数

定理 5.1.1[1,6] 设 $A(G,x) = x^n + c_1 x^{n-1} + \cdots + c_{n-1} x + c_n$ 是简单无向图 G 的特征多项式, $\mathscr{H}_i$ 是图 G 中所有恰有 i 个点的只含有路 P_2 和圈的点导出子图 H 的集合, 其中 $w(H)$ 表示 H 的分支数; $c(H)$ 表示 H 圈的个数, 则

$$c_i = \sum_{H \in \mathscr{H}_i} (-1)^{w(H)} 2^{c(H)} \quad (i = 1, 2, \cdots, n)$$

例 5.1.1 以图 5.1.1为例, 通过定理 5.1.1说明邻接矩阵的特征多项式每个系数的含义.

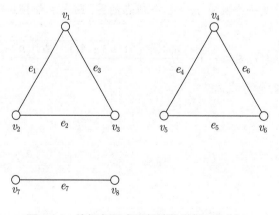

图 5.1.1 特征多项式系数计数示例 $2C_1 \bigcup P_2$

解 通过邻接矩阵算得 $2C_1 \cup P_2$ 的特征多项式 $A(2C_1 \cup P_2, x) = x^8 - 7x^6 - 4x^5 + 15x^4 + 16x^3 - 5x^2 - 12x - 4$, 现在利用定理 5.1.1来解释其系数的含义.

先看看为什么没有 x^7, 它的系数 $c_1 = 0$, 因为一个点形成的点导出子图, 既不能生成圈, 也不能生成路.

接着看看系数 $c_2 = -7$, 首先两个点不能形成圈, 两个点形成的路 P_2, 显然有 7 条, 分支数都为 1, 其实就是边的个数, 故

$$c_2 = \underbrace{(-1)^1 2^0 + (-1)^1 2^0 + \cdots + (-1)^1 2^0}_{7} = -7$$

再看看系数 $c_3 = -4$, 首先 3 个点的点导出子图只能形成圈, 显然有 2 个, 每个图分支数为 1, 故

$$c_3 = (-1)^1 2^1 + (-1)^1 2^1 = -4$$

系数 $c_4 = 15$, 首先 4 个点的点导出子图只能形成 $2P_2$, 即两个路 $P_2 \cup P_2$, 如图 5.1.2 所示. 共有点导出子图 $e_1 \cup e_4, e_1 \cup e_5, e_1 \cup e_6, e_2 \cup e_4, e_2 \cup e_5, e_2 \cup e_6, e_3 \cup e_4, e_3 \cup e_5, e_3 \cup e_6, e_7 \cup e_1, e_7 \cup e_2, e_7 \cup e_3, e_7 \cup e_4, e_7 \cup e_5, e_7 \cup e_6$ 共有 15 个, 每个图分支数为 1, 故

$$c_4 = \underbrace{(-1)^2 2^0 + (-1)^2 2^0 + \cdots + (-1)^2 2^0}_{15} = 15$$

系数 $c_5 = 16$, 5 个点的点导出子图形成 $C_3 \cup P_2$, 如图 5.1.3 所示. 共有 8 个, 每个图分支数为 1, 故

$$c_5 = \underbrace{(-1)^2 2^1 + (-1)^2 2^1 + \cdots + (-1)^2 2^1}_{8} = 16$$

系数 $c_6 = -5$, 6 个点的点导出子图形成 $2C_3$ 或 $3P_2$, 每个图分支数为 1, 故

$$c_6 = (-1)^2 2^2 + (-1)^2 2^2 + \underbrace{(-1)^3 + (-1)^3 + \cdots + (-1)^3}_{9} = -5$$

系数 $c_7 = 12$, 7 个点的点导出子图形成 C_3 或 $2P_2$, 每个图分支数为 1, 故

$$c_7 = \underbrace{(-1)^3 2^1 + (-1)^3 2^1 + \cdots + (-1)^3 2^1}_{9} = -12$$

系数 $c_8 = -4$, 8 个点的点导出子图形成 $2C_3$ 或 P_2, 共有 1 个, 每个图分支数为 1, 故

$$c_8 = (-1)^3 2^2 = 4 \qquad \square$$

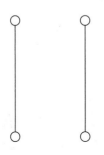

图 5.1.2 $2P_2$

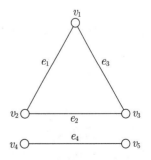

图 5.1.3 $C_3 \cup P_2$

例 5.1.2 以第 4 章图 4.1.3 为例, 通过定理 5.1.1 说明每个特征多项式系数的含义.

解 通过邻接矩阵 $A(G_{钻石}) = \begin{matrix} & \begin{matrix} v_1 & v_2 & v_3 & v_4 \end{matrix} \\ \begin{matrix} v_1 \\ v_2 \\ v_3 \\ v_4 \end{matrix} & \begin{pmatrix} 0 & 1 & 1 & 1 \\ 1 & 0 & 1 & 0 \\ 1 & 1 & 0 & 1 \\ 1 & 0 & 1 & 0 \end{pmatrix} \end{matrix}$ 算得 $G_{钻石}$ 的特征多项式 $A(G_{钻石}, x) = x^4 - 5x^2 - 4x$, 现在利用定理 5.1.1 来解释其系数的含义.

先看看为什么没有 x^3, 因为它的系数 $c_1 = 0$, 因为一个点形成的点导出子图, 既不能生成圈, 也不能生成路;

接着看看系数 $c_2 = -5$, 首先两个点不能形成圈, 两个点形成的基本路 P_2, 显然有 5 条, 分支数都为 1, 故

$$c_2 = \underbrace{(-1)^1 2^0 + (-1)^1 2^0 + \cdots + (-1)^1 2^0}_{5} = -5$$

再看看系数 $c_3 = -4$, 首先 3 个点的点导出子图只能形成圈, 显然有 2 个, 分别为 $v_1 v_2 v_3, v_1 v_4 v_3$, 每个图分支数为 1, 故

$$c_3 = (-1)^1 2^1 + (-1)^1 2^1 = -4$$

最后系数 $c_4 = 0$, 那是因为该图 4 个点的导出点导出子图不只能形成圈. □

注 对于有环图和有重边的无向图, 定理 5.1.1. 就不成立.

推论 5.1.1 设 $A(G, x) = x^n + c_1 x^{n-1} + \cdots + c_{n-1} x + c_n$ 是简单无向图 G 的特征多项式, 则

$$c_1 = 0, \quad c_2 = -|E(G)|, \quad c_3 = -2N(C_3, G)$$
$$c_4 = \frac{|E(G)|(|E(G)| + 1)}{2} - \frac{1}{2} \sum_{v \in V(G)} d^2(G, v) - 2N(C_4, G)$$

其中 $N(C_3, G)$ 和 $N(C_4, G)$ 分别是图 G 包含点导出子图 C_3 个数和点导出子图 C_4 个数.

例 5.1.3 以图 5.1.1 为例, 通过定理 5.1.1 计算 c_1 到 c_4.

解 $c_1 = 0, c_2 = -|E(2C_1 \cup P_2)| = -7, c_3 = -2N(C_3, G) = -2 \times 2 = -4$, 在例 5.1.1 解答中也可以看出上面的结果.

$$c_4 = \frac{|E(2C_1 \bigcup P_2)|(|E(2C_1 \bigcup P_2)| + 1)}{2} - \frac{1}{2} \sum_{v \in V(2C_1 \bigcup P_2)} d^2 \left(2C_1 \bigcup P_2, v\right) - 2|C_4|$$
$$= \frac{7 \times 8}{2} - \frac{1}{2} \left(2^2 + 2^2 + 2^2 + 2^2 + 2^2 + 2^2 + 1^2 + 1^2\right) - 2 \times 0 = 15 \qquad \Box$$

定理 5.1.2 [6] 设 $A(G, x) = x^n + c_1 x^{n-1} + \cdots + c_{n-1} x + c_n$ 是简单无向图 G 的特征多项式, 则 G 的**奇围长**(指一个图中最短的奇数长度的圈的长度)等于 $2k+1$ 当且仅当 $c_{2k+1} \neq 0$ 且 $c_{2i+1} = 0 (i = 1, \cdots, k-1)$. 如果 G 的奇围长是 $2k+1$, 则 G 包含 $-\frac{1}{2} c_{2k+1}$ 个长度为 $2k+1$ 的圈.

例 5.1.4 以图 4.1.3 为例, 根据定理 5.1.2, 若其有奇围长, 求出其奇围长, 并计算点数为奇围长的圈的个数.

解 当 $i=1$, $c_3 = 4 \neq 0$ 且无小于 3 的奇数项, 由定理 5.1.2 知, $G_{钻石}$ 的奇围长等于 3. 则 G 包含 $-\frac{1}{2}c_{2k+1} = -\frac{-4}{2} = 2$ 个长度为 3 的圈, 可以从图中看出这两个圈是 v_1, v_2, v_3 导点出的子图和 v_1, v_3, v_4 导点出的子图. □

由定理 5.1.2可得到二部图的如下判定定理:

定理 5.1.3 设图 G 的特征多项式为 $A(G,x) = x^n + c_1 x^{n-1} + \cdots + c_{n-1}x + c_n$, 则图 G 是二部图当且仅当 $c_{2i+1} = 0$ $\left(i = 1, \cdots, \left\lfloor \frac{n-1}{2} \right\rfloor\right)$.

证明 二部图不含奇圈, 根据定理 5.1.2, 故奇次项系数都为 0. □

如果 G 的边子集 M 中任意两条边都不邻接, 则称 M 是图 G 的一个**匹配**. 树的不交并或说仅由树作为连通分支的图称为**森林**.

森林的特征多项式系数与森林的匹配有如下关系:

定理 5.1.4 设森林 F 的特征多项式为 $A(G,x) = x^n + c_1 x^{n-1} + \cdots + c_{n-1}x + c_n$, 则

$$c_{2k+1} = 0, \quad c_{2k} = (-1)^k m_k \quad \left(k = 1, \cdots, \left\lfloor \frac{n}{2} \right\rfloor\right)$$

其中 m_k 是森林 F 中含有 k 条边的匹配的个数.

证明 树无圈, 则树是二部图, 根据定理 5.1.3, $A(G,x)$ 无奇数项, 偶数项系数由定理 5.1.1和匹配的定义可得. □

k **匹配**是指恰有 k 条边的匹配, **匹配多项式**定义为

$$\mu(G,x) = \sum_{k=1}^{\left\lfloor \frac{n}{2} \right\rfloor} (-1)^k m(G,k) x^{n-2k}$$

这里 $m(G,k)$ 是 G 中的 k 匹配的数目, 规定 $m(G,0) = 1, m(G,1) = |E(G)|$.

定理 5.1.5 $A(G,x) = \mu(G,x)$ 当且仅当 G 是森林.

证明 根据定理 5.1.4可得. □

5.2 图的拉普拉斯多项式系数

定理 5.2.1 设 $L(G,x) = x^n + c_1 x^{n-1} + \cdots + c_{n-1}x + c_n = \sum_{i=0}^{n}(-1)^i c_i^\circ(G) x^{n-i}$ 是简单无向图 G 的拉普拉斯多项式, 其中 $c_i^\circ \in \mathbb{N}$ $(i \in \{1, \cdots, n\})$. 可以见得 c_i 为图 G 的拉普拉斯矩阵多项式的系数, 是正负交替的, 则

(1) $c_1 = -2|E(G)|$;

(2) $|c_{n-1}| = n \cdot t(G)$,其中 $t(G)$ 是图 G 的生成树的个数;

(3) $c_n = 0$.

显然,由多项式的展开式,可知 $c_0 = 1$. 由于 $L(G)$ 的行列式等于零,所以 $c_n = 0$.

例 5.2.1 (1) 以图 5.2.1为例,利用定理 5.2.1,求 $G_{枫叶}$ 的边数和生成树.

(2) 以图 5.1.1为例,利用定理 5.2.1,求 $2C_1 \cup P_2$ 的边数和生成树.

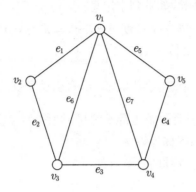

图 5.2.1 拉普拉斯多项式示例 $G_{枫叶}$

解 (1) 图 5.2.1对应的拉普拉斯矩阵为 $L(G_{枫叶}) = \begin{array}{c} \\ v_1 \\ v_2 \\ v_3 \\ v_4 \\ v_5 \end{array} \begin{pmatrix} v_1 & v_2 & v_3 & v_4 & v_5 \\ 4 & -1 & -1 & -1 & -1 \\ -1 & 2 & -1 & 0 & 0 \\ -1 & -1 & 3 & -1 & 0 \\ -1 & 0 & -1 & 3 & -1 \\ -1 & 0 & 0 & -1 & 2 \end{pmatrix}$,

对应的拉普拉斯多项式为 $L(G_{枫叶}, x) = x^5 + c_1 x^4 + c_2 x^3 + c_3 x^2 + c_4 x = x^5 - 14x^4 + 70x^3 - 146x^2 + 105x$,可见其系数正负号交替出现,最高次数项的系数为 1,$c_1 = -2|E(G_{枫叶})| = -14$,$|c_{n-1}| = |c_4| = 105 = 5t(G_{枫叶}) \Rightarrow t(G_{枫叶}) = 21$,用定理 4.1.3来验证该结果:$L(G_{枫叶}, x) = (x^2 - 6x + 7)(x - 5)(x - 3)x$,得 $t(D) = \frac{1}{5} \times 3 \times 5 \times (3 - \sqrt{2})(3 + \sqrt{2}) = 21$,故图生成树用系数计算正确.

(2) 图 5.2.1的拉普拉斯矩阵为

$$L\left(2C_1 \bigcup P_2\right) = \begin{array}{c} \\ v_1 \\ v_2 \\ v_3 \\ v_4 \\ v_5 \\ v_6 \\ v_7 \\ v_8 \end{array} \begin{pmatrix} v_1 & v_2 & v_3 & v_4 & v_5 & v_6 & v_7 & v_8 \\ 2 & -1 & -1 & 0 & 0 & 0 & 0 & 0 \\ -1 & 2 & -1 & 0 & 0 & 0 & 0 & 0 \\ -1 & -1 & 2 & 0 & 0 & 0 & 0 & 0 \\ 0 & 0 & 0 & 2 & -1 & -1 & 0 & 0 \\ 0 & 0 & 0 & -1 & 2 & -1 & 0 & 0 \\ 0 & 0 & 0 & -1 & -1 & 2 & 0 & 0 \\ 0 & 0 & 0 & 0 & 0 & 0 & 1 & -1 \\ 0 & 0 & 0 & 0 & 0 & 0 & -1 & 1 \end{pmatrix}$$

对应的拉普拉斯多项式为 $L(2C_1 \cup P_2, x) = x^8 - 14x^7 + 78x^6 - 216x^5 + 297x^4 - 162x^3$,可见其系数正负号交替出现,最高次数项系数为 1,$c_1 = -2|E(2C_1 \cup P_2)| = -14$,$|c_{n-1}| = $

$|c_7| = 0 = 8 \cdot t(2C_1 \cup P_2) \Rightarrow t(2C_1 \cup P_2) = 0$, 显然其由于不连通, 故无生成树, 符合定理 5.2.1. □

定理 5.2.1 只是给出了几个拉普拉斯多项式系数的意义, 其余系数可以用 G 的生成森林计算出来. 如果生成子图 F 是一个森林且 $V(F) = V(G)$, 则称 F 是的一个**生成森林**.

定理 5.2.2[20] 令 F 是简单无向图 G 的生成森林, 有 k 个连通分支 $T_1, T_2, \cdots, T_k$, 其中 T_i 有 $n_i (i = 1, 2, \cdots, k)$ 个顶点, 定义 F 的权重为

$$\gamma(F) = \prod_{i=1}^{k} |V(T_i)|$$

对一般连通图 G, 它的拉普拉斯多项式系数 $c_{n-k}(G)$ 可以表示为

$$|c_{n-k}(G)| = \sum_{F \in \mathscr{F}_k} \gamma(F)$$

其中 $\mathscr{F}_k$ 是 G 的恰含 k 个分支的生成森林的集合.

例 5.2.2 以图 5.2.1 为例, 利用定理 5.2.1, 求 $G_\text{枫叶}$ 的所有拉普拉斯多项式系数.

解 (1) 对于 $k = 1$ 意思是含有一个分支的生成森林作为子图, 即 $G_\text{枫叶}$ 的生成树, 由于 $G_\text{枫叶}$ 的任意生成树都有 5 个顶点, 故 $\mathscr{F}_1$ 中任意生成树 F 的权重为 $\gamma(F) = \prod_{i=1}^{1} |V(T_i)| = |V(T_1)| = |V(G_\text{枫叶})| = 5$, 而 $\mathscr{F}_1$ 中有 21 个生成树, 故 $|c_{5-1}(G)| = |c_4(G)| = \sum_{F \in \mathscr{F}_1} \gamma(F) = 21 \times \gamma(F) = 21 \times 5 = 105$. 也可以看出定理的正确性.

(2) 对于 $k = 2$ 略.

(3) 对于 $k = 3$ 意思是含有三个分支的生成森林:

① $\mathscr{F}_3$ 中生成树可先找到两条相邻的边, 剩下的两个点与之可以得到权重为

$$\gamma(F) = \prod_{i=1}^{3} |V(T_i)| = |V(T_1)||V(T_2)||V(T_3)| = 1 \times 1 \times 3$$

的生成森林, 如图 5.2.2 所示, 但是这样每种情况会计算两次, 所以要除以 2. 所以该种情况获得的权和为

$$(1 \times 1 \times 3) \times \frac{4+3+4+3+4+5+5}{2} = 42 = |c_{5-3}(G)|$$

② $\mathscr{F}_3$ 中生成树可先找到两条不相邻的边, 剩下的一个点与之可以得到权重为

$$\gamma(F) = \prod_{i=1}^{3} |V(T_i)| = |V(T_1)||V(T_2)||V(T_3)| = 2 \times 2 \times 1$$

的生成森林, 如图 5.2.3 所示, 但是这样每种情况会计算两次, 所以要除以 2. 故该种情况获得的权和为

$$(1 \times 2 \times 2) \times \frac{2+3+2+3+2+1+1}{2} = 28$$

故 $|c_{n-3}| = |c_2| = 42 + 28 = 70$;

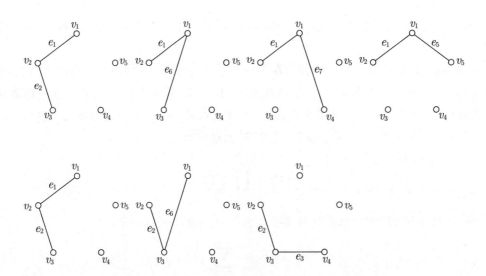

图 5.2.2 $G_{枫叶}$ 的拉普拉斯多项式系数 C_3 的情形 1

(4) 对于 $k = 4$ 意思是含有四个分支的生成森林, $\mathscr{F}_4$ 中生成树可先找到一条边, 剩下的四个点与之可以得到权重为

$$\gamma(F) = \prod_{i=1}^{3} |V(T_i)| = |V(T_1)||V(T_2)||V(T_3)||V(T_4)| = 2 \times 1 \times 1 \times 1$$

的生成森林, 一共有 7 条边, 故 $|c_{5-4}(G)| = |c_1(G)| = \sum_{F \in \mathscr{F}_4} \gamma(F) = 7 \times \gamma(F) = 7 \times 2 = 14.$

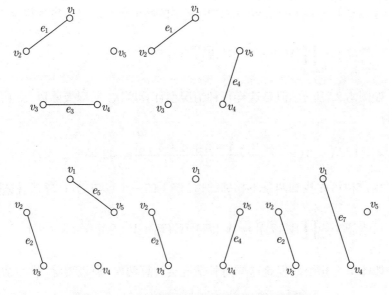

图 5.2.3 $G_{枫叶}$ 拉普拉斯多项式系数 C_3 的情形 2

特别地, 对于树还有如下定理可以确定拉普拉斯多项式的系数.

推论 5.2.1[21] 设图 G 的拉普拉斯多项式为 $x^n + c_1 x^{n-1} + \cdots + c_{n-1}x + c_n$, 并且其度序列为 $d_1, d_2, \cdots, d_n, |V(G)| = n, |E(G)| = m$, 则

$$c_1 = -2m = -\sum_{i=1}^{n} d_i, \quad c_2 = 2m^2 - m - \frac{1}{2}\sum_{i=1}^{n} d_i^2$$

$$c_3 = \frac{4}{3}m^3 - 2m^2 - (m-1)\sum_{i=1}^{n} d_i^2 + \frac{1}{3}\sum_{i=1}^{n} d_i^3 - 2N(G, C_3)$$

其中 m 是 G 的边数, $N(G, C_3)$ 是 G 导出子图为 C_3 的个数.

例 5.2.3 以图 5.2.1为例, 利用推论 5.2.1求出拉普拉斯多项式的 c_2 与 c_3.

解 $c_2(G_{枫叶}) = 70 = 2 \times (7)^2 - 7 - \frac{1}{2}(4^2 + 2^2 + 3^2 + 3^2 + 2^2), c_3(G_{枫叶}) = \frac{4}{3} \times 7^3 - 2 \times 7^2 - 6 \times 42 + \frac{1}{3} \times 134 - 2 \times 3 = 146.$

定理 5.2.3[22] 对一个 n 个顶点的图 G, 令 $m(G, k)$ 是 G 中的 k 匹配的数目, 令 $S(G)$ 是 G 的剖分图, 对任意的 n 个顶点的树, 有

$$|c_i(T)| = m(S(G), i) \quad (0 \leqslant i \leqslant n)$$

例 5.2.4 以图 5.2.1为例, 利用定理 5.2.3, 求 $T_{工形}$ 的拉普拉斯多项式系数.

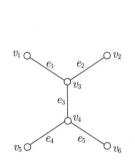

图 5.2.4 树 $T_{工形}$ 验证拉普拉斯多项式系数

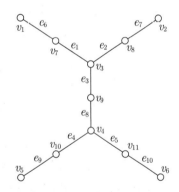

图 5.2.5 树 $T_{工形}$ 的剖分图 $S(T_{工形})$

解 图 $T_{工形}$ 的拉普拉斯多项式为 $L(T_{工形}, x) = x^6 + c_1 x^5 + c_2 x^4 + c_3 x^3 + c_4 x^2 + c_5 x = x^6 - 10x^5 + 34x^4 - 48x^3 + 29x^2 - 6x$, 对于 $i = 1, |c_1(T_{工形})| = m(S(T_{工形}), 1) = |-10| = 2|E(T_{工形})|$, 就是 1 匹配个数为 10, 显然成立. 对于 $i = 2, |c_2(T_{工形})| = m(S(T_{工形}), 2)$, 就是 2 匹配个数, 依次去数为 $e_6 e_2, e_6 e_7, e_6 e_3, e_6 e_8, e_6 e_4, e_6 e_5, e_6 e_9, e_6 e_{10}, e_1 e_7, e_1 e_8, e_1 e_4, e_1 e_9, e_1 e_5, e_1 e_{10}, \cdots$, 共有 $8 + 6 + 6 + 5 + 4 + 2 + 1 + 1 + 1 + 0 = 34$, 与系数刚好吻合. 其余略. □

5.3 图的无符号拉普拉斯多项式系数

对于图的无符号拉普拉斯多项式的系数也有比较好的图关系意义,先来看看一个定义. 如果图 G 的生成子图的每个分支是树或者是奇单圈图, 则该子图称为 G 的 **TU 子图**.

定理 5.3.1[16] 设 $\bar{L}(G, x) = x^n + c_1 x^{n-1} + \cdots + c_{n-1} x + c_n = \sum_{i=0}^{n} (-1)^i c_i^\circ(G) x^{n-i}$ 是简单无向图 G 的无符号拉普拉斯多项式, 其中 $c_i^\circ \in \mathbb{N}$ $(i \in \{1, \cdots, n\})$. 可以见得 c_i 为图 G 的无符号拉普拉斯矩阵多项式的系数, 是正负交替的.

简单无向图 G 的 TU 子图的连通分支仅为树 $T_1, T_2, \cdots, T_s$ 或奇单圈图 $U_1, U_2, \cdots, U_t$. 其中 $T_i (i = 1, 2, \cdots, s)$ 有 n_i 个顶点, 定义 TU 的权重为

$$\Phi(TU) = 4^t \prod_{i=1}^{s} |V(T_i)|$$

对一般连通图 G, 它的无符号拉普拉斯多项式系数 $c_k(G)$ 可以表示为

$$|c_k(G)| = \sum_{TU \in \mathscr{TU}_k} \Phi(TU)$$

其中 $\mathscr{TU}_k$ 是 G 的恰含 k 条边的 TU 子图的集合.

例 5.3.1 以图 5.2.1 为例, 利用定理 5.3.1, 求 $G_{枫叶}$ 的所有无符号拉普拉斯多项式系数.

解 $\bar{L}(G_{枫叶}) = \begin{array}{c} \\ v_1 \\ v_2 \\ v_3 \\ v_4 \\ v_5 \end{array} \begin{pmatrix} v_1 & v_2 & v_3 & v_4 & v_5 \\ 4 & 1 & 1 & 1 & 1 \\ 1 & 2 & 1 & 0 & 0 \\ 1 & 1 & 3 & 1 & 0 \\ 1 & 0 & 1 & 3 & 1 \\ 1 & 0 & 0 & 1 & 2 \end{pmatrix}$ 对应的无符号拉普拉斯多项式为 $\bar{L}(G_{枫叶}, x) =$
$x^5 + c_1 x^4 + c_2 x^3 + c_3 x^2 + c_4 x + c_5 = x^5 - 14x^4 + 70x^3 - 158x^2 + 161x - 60$, 可见其系数正负号交替出现, 最高次数项系数为 1, 对于 $k = 1$ 意思是含有一条边的 TU 子图, 即由 1 条边和 4 个点组成, 故 $\mathscr{TU}_1$ 中任意 TU 子图的权重为 $\Phi(TU) = 4^0 \prod_{i=1}^{1} |V(T_i)| = 2$, 而 $\mathscr{TU}_1$ 中有 7 条边, 故 $|c_1(G)| = \sum_{TU \in \mathscr{TU}_1} \Phi(TU) = 7 \times \Phi(TU) = 7 \times 2 = 14$, 可以看出定理 5.3.1 的正确性.

对于 $k = 2$ 意思是含有两条边的 TU 子图, 即由两条边和一个点组成, 故 $\mathscr{TU}_2$ 中的图与上一节 $\mathscr{F}_3$ 中的情形是一样的, 故 $|c_2(G)|$ 也为 70.

对于 $k = 3, 4$ 略.

对于 $k = 5$ 意思是含有 5 条边的 TU 子图, 到了 5 条边, $\mathscr{TU}_5$ 中 TU 子图可只能由单圈图组成, 具体如图 5.3.1 所示.

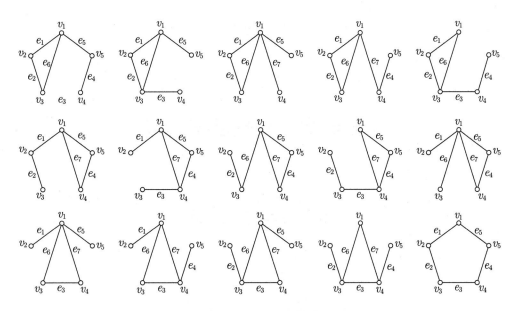

图 5.3.1 $G_{枫叶}$ 的无符号拉普拉斯多项式系数 c_5 的情形

图 5.3.1 中的图提供权重都为 $\Phi(TU) = 4^1 \prod_{i=1}^{0} |V(T_i)| = 4$, 故 $|c_5(G)| = \sum_{TU \in \mathscr{TU}_5} \Phi(TU) = 15 \times \Phi(TU) = 15 \times 4 = 60$.

对于 $k = 6$ 显然不能形成生成树和单圈图, 因为 $k = 6 > |V(G)|$. □

第 6 章 3 种矩阵的谱

6.1 基本认知

在学习邻接矩阵、拉普拉斯矩阵和无符号拉普拉斯矩阵的谱前, 应先有以下基本的认识:

定理 6.1.1 邻接矩阵、拉普拉斯矩阵和无符号拉普拉斯矩阵是实对称矩阵.

定理 6.1.2 邻接矩阵、拉普拉斯矩阵和无符号拉普拉斯矩阵的特征值和顶点标号顺序无关.

例 6.1.1 以图 6.1.1 和图 6.1.2 为例, 证明定理 6.1.2.

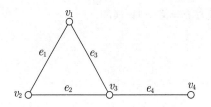 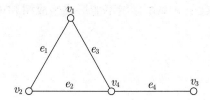

图 6.1.1 单圈图 $U_{3,1}$ 顶点标号顺序 1　　　图 6.1.2 单圈图 $U_{3,1}$ 顶点标号顺序 2

证明 图 6.1.1 的邻接矩阵为 $A(U_{3,1}) = \begin{matrix} & \begin{matrix} v_1 & v_2 & v_3 & v_4 \end{matrix} \\ \begin{matrix} v_1 \\ v_2 \\ v_3 \\ v_4 \end{matrix} & \begin{pmatrix} 0 & 1 & 1 & 0 \\ 1 & 0 & 1 & 0 \\ 1 & 1 & 0 & 1 \\ 0 & 0 & 1 & 0 \end{pmatrix} \end{matrix}$, 其特征值为 $2.17, -1.48,$

$-1, 0.31$, 图 6.1.2 的特征矩阵为 $A(U'_{3,1}) = \begin{matrix} & \begin{matrix} v_1 & v_2 & v_3 & v_4 \end{matrix} \\ \begin{matrix} v_1 \\ v_2 \\ v_3 \\ v_4 \end{matrix} & \begin{pmatrix} 0 & 1 & 0 & 1 \\ 1 & 0 & 0 & 1 \\ 0 & 0 & 0 & 1 \\ 1 & 1 & 1 & 0 \end{pmatrix} \end{matrix}$, 其特征值为 $2.17, -1.48, -1, 0.31,$

虽然矩阵形式不同但是特征值相同. 是由于

$$\begin{pmatrix} 1 & 0 & 0 & 0 \\ 0 & 1 & 0 & 0 \\ 0 & 0 & 0 & 1 \\ 0 & 0 & 1 & 0 \end{pmatrix} \begin{pmatrix} 0 & 1 & 1 & 0 \\ 1 & 0 & 1 & 0 \\ 1 & 1 & 0 & 1 \\ 0 & 0 & 1 & 0 \end{pmatrix} \begin{pmatrix} 1 & 0 & 0 & 0 \\ 0 & 1 & 0 & 0 \\ 0 & 0 & 0 & 1 \\ 0 & 0 & 1 & 0 \end{pmatrix} = \begin{pmatrix} 0 & 1 & 0 & 1 \\ 1 & 0 & 0 & 1 \\ 0 & 0 & 0 & 1 \\ 1 & 1 & 1 & 0 \end{pmatrix}$$

即存在 $T = \begin{pmatrix} 0 & 1 & 1 & 0 \\ 1 & 0 & 1 & 0 \\ 1 & 1 & 0 & 1 \\ 0 & 0 & 1 & 0 \end{pmatrix}$, 使得 $TA(U_{3,1})T^{-1} = A(U'_{3,1})$, 两个矩阵 $A(U_{3,1})$, $A(U'_{3,1})$ 相似, 故特征值一样. 对于图矩阵只要是实对称矩阵都有这样一个 T, 所以特征值与图的标号顺序无关. □

定理 6.1.3 若 X 是实对称矩阵, X 有两个不同的特征值 ρ_1, ρ_2, 对应特征向量为 x_1, x_2, 则该特征向量彼此正交 $x_1^T x_2 = 0$.

证明 由于 $Xx_1 = \rho_1 x_1$, 两边同时取转置, $x_1^T X^T = x_1^T \rho_1^T$, 由于 X 是对称矩阵, 且数的转置为其本身, $x_1^T X = x_1^T \rho_1$, 两端同右乘以 x_2, 得到

$$x_1^T X x_2 = x_1^T \rho_1 x_2 \tag{6.1.1}$$

将 $Xx_2 = \rho_2 x_2$, 两端同左乘以 x_1^T, 得到

$$x_1^T X x_2 = x_1^T \rho_2 x_2 \tag{6.1.2}$$

式 (6.1.2)−式 (6.1.1), 得 $0 = (\rho_2 - \rho_1)x_1^T x_2$. 由于是两个不同的特征值, 故 $\rho_2 \neq \rho_1$, 所以特征向量 x_1 与特征向量 x_2 相互正交, 故得证. □

例 6.1.2 以图 6.1.1为例, 求其特征值, 并说明不同特征值对应的特征向量彼此正交.

解 对于 $U_{3,1}$ 的特征值 2.17009, 其特征值向量为 $(1.85464, 1.85464, 2.17009, 1)^T$, $U_{3,1}$ 的特征值 2.17009, 其特征值向量为 $(-1, 1, 0, 0)^T$, 可见彼此正交. □

定理 6.1.4 实对称矩阵的特征值都是实数.

由于实对称矩阵的特征值都是实数, 因此其特征值才可以从大到小排序.

设 A 是 n 阶实对称矩阵, x 是 n 维非零列向量, 则称

$$R(A, x) = \frac{x^T A x}{x^T x}$$

为瑞利商.

定理 6.1.5(瑞利定理) 瑞利商有如下性质: 记 $\lambda_{\max}$ 和 $\lambda_{\min}$ 分别是 A 的最大特征值和最小特征值, 则

$$\max_{x \neq \vec{0}} R(A, x) = \lambda_{\max}, \quad \min_{x \neq \vec{0}} R(A, x) = \lambda_{\min}$$

证明 可以先看下面例 6.1.3再理解本证明. 设 A 最大特征值为 $\lambda_{\max} = \lambda_1$, 其余特征值为 $\lambda_2, \lambda_3, \cdots, \lambda_n$, 由于 A 是实对称矩阵, 存在正交矩阵 $T_{n \times n}$, 且 T 的第一列为 λ_1 的特征向量 α_1, 有 $x^T A x \xrightarrow{x=TY} \lambda_1 y_1^2 + \lambda_2 y_2^2 + \cdots + \lambda_n y_n^2$, $x^T x \xrightarrow{x=TY} (TY)^T ATY = Y^T T^T TY = Y^T Y = y_1^2 + y_2^2 + \cdots + y_n^2$ 则

$$R(A, x) = \frac{x^T A x}{x^T x} = \frac{\lambda_1 y_1^2 + \lambda_2 y_2^2 + \cdots + \lambda_n y_n^2}{y_1^2 + y_2^2 + \cdots + y_n^2} \leqslant \frac{\lambda_1(y_1^2 + y_2^2 + \cdots + y_n^2)}{y_1^2 + y_2^2 + \cdots + y_n^2} = \lambda_1$$

当 $\lambda_1 = 1, \lambda_2 = \lambda_3 = \cdots = \lambda_n = 0$ 时，其成立. 在二次型中变量 x 都为 0，则瑞利商分母为 0，无意义. 同理可以得到最小值. □

推论 6.1.1 若在范数 $x^T x = k$ 条件下，

$$\max_{x^T x=k} x^T A x = k\lambda_{\max}, \quad \min_{x^T x=k} x^T A x = k\lambda_{\min}$$

若记 α_1 和 α_2 分别是 $\lambda_{\max}$ 和 $\lambda_{\min}$ 的特征向量，则当 $x = \sqrt{k}\alpha_1$ 时，可取到 $x^T A x$ 的最大值 $k\lambda_{\max}$；当 $x = \sqrt{k}\alpha_2$ 时，可取到 $x^T A x$ 的最小值 $k\lambda_{\min}$.

证明 根据瑞利定理 $\max x^T A x = \lambda_{\max}$ 可以看作瑞利商 $\max \dfrac{x^T A x}{x^T x} = \lambda_{\max}$ 当 $x^T x = 1$ 时的结论，此推论可以看作 $\max \dfrac{x^T A x}{x^T x} = \lambda_{\max}$ 当 $x^T x = k$ 时的结论. 在原本 $x^T x = 1$ 条件下 λ_1 的特征向量 α_1 满足：当 $x = \alpha_1$，$\alpha_1^T \alpha_1 = k$；现在 λ_1 的特征向量 $\sqrt{k}\alpha_1$ 满足：当 $x = \sqrt{k}\alpha_1$，$x^T x = k \Rightarrow (\sqrt{k}\alpha_1)^T \sqrt{k}\alpha_1 = k$. 同理可以得到最小值. □

例 6.1.3 求三元函数 $f(x_1, x_2, x_3) = x_1^2 + x_2^2 + x_3^2 - 2x_1 x_2 - 2x_1 x_3 - 2x_2 x_3$ 在 $x_1^2 + x_2^2 + x_3^2 = 4$ 条件下的最值.

解 方法 1: 令 $x = (x_1, x_2, x_3)^T$，则 $f = x^T A x$，其中二次型矩阵

$$A = \begin{pmatrix} 1 & -1 & -1 \\ -1 & 1 & -1 \\ -1 & -1 & 1 \end{pmatrix}$$

A 的特征值为 $2, 2, -1$，对应的特征向量为 $\alpha_1 = (-1, 0, 1)^T, \alpha_2 = (-1, 1, 0)^T, \alpha_3 = (1, 1, 1)^T$. 不同特征值对应的特征向量正交，史密斯正交化后 $\alpha_2 = \left(-\dfrac{1}{2}, 1, -\dfrac{1}{2}\right)^T$，单位化后为 $\beta_1 = \dfrac{1}{\sqrt{2}}(-1, 0, 1)^T, \beta_2 = \sqrt{\dfrac{2}{3}}\left(-\dfrac{1}{2}, 1, -\dfrac{1}{2}\right)^T, \beta_3 = \dfrac{1}{\sqrt{3}}(1, 1, 1)^T$，存在

$$T = \begin{pmatrix} -\dfrac{1}{\sqrt{2}} & -\dfrac{\sqrt{\tfrac{2}{3}}}{2} & \dfrac{1}{\sqrt{3}} \\ 0 & \sqrt{\dfrac{2}{3}} & \dfrac{1}{\sqrt{3}} \\ \dfrac{1}{\sqrt{2}} & -\dfrac{\sqrt{\tfrac{2}{3}}}{2} & \dfrac{1}{\sqrt{3}} \end{pmatrix}$$

使得 $T^T A T = \begin{pmatrix} 2 & 0 & 0 \\ 0 & 2 & 0 \\ 0 & 0 & -1 \end{pmatrix}$.

故 f 经过正交变换 $x = Ty$ 化为标准形 $f = 2y_1^2 + 2y_2^2 - y_3^3$，则

$$2y_1^2 + 2y_2^2 - y_3^3 \leqslant 2\left(y_1^2 + y_2^2 + y_3^3\right) = 8$$
$$2y_1^2 + 2y_2^2 - y_3^3 \geqslant -\left(y_1^2 + y_2^2 + y_3^3\right) = -4$$

通过联立 $8=2y_1^2+2y_2^2-y_3^3, x=Ty, x_1^2+x_2^2+x_3^2=4$, 确实能找到一个 $x_1=\dfrac{2}{\sqrt{3}}, x_2=\dfrac{2}{\sqrt{3}}, x_3=\dfrac{2}{\sqrt{3}}$ 使第一个不等式等号成立, 同样找到 $x_1=\sqrt{3}, x_2=-\sqrt{2}, x_3=0$ 使第二个不等式等号成立, 故得到结果.

可见方法 1 比较麻烦, 计算量大. 下面利用瑞利商来解决本题.

方法 2: 求出矩阵 A 后, 根据推论 6.1.1, $f_{\min}=4\lambda_{\min}=-4$, 当 $x=\sqrt{4}\alpha_1=\dfrac{2}{\sqrt{3}}(1,1,1)^{\mathrm{T}}$ 时, 取到最小值; $f_{\max}=4\lambda_{\max}=8$, 当 $x=\sqrt{4}\alpha_2=\sqrt{2}(1,-1,0)^{\mathrm{T}}$ 时, 取到最大值, 故得到结果. □

那么瑞利商和图论有什么关系? 我们将推论 6.1.1 进行变形得到下面的推论.

推论 6.1.2 设 X 是 n 阶实对称矩阵, 则有特征值

$$\rho_1(X)=\max_{x\in\mathbb{R}^n}\dfrac{x^{\mathrm{T}}Xx}{x^{\mathrm{T}}x}, \quad \rho_n(X)=\min_{x\in\mathbb{R}^n}\dfrac{x^{\mathrm{T}}Xx}{x^{\mathrm{T}}x}$$

如果 $x\in\mathbb{R}^n$ 满足 $\rho_1(X)=\dfrac{x^{\mathrm{T}}Xx}{x^{\mathrm{T}}x}$, 则 x 是 $\rho_1(X)$ 对应的特征向量. 如果 $x\in\mathbb{R}^n$ 满足 $\rho_n(X)=\dfrac{x^{\mathrm{T}}Xx}{x^{\mathrm{T}}x}$, 则 x 是 $\rho_n(X)$ 对应的特征向量. □

例 6.1.4 以图完全图 K_4 为例, 利用瑞利商求最小特征值.

解 设 $x=(x_1,x_2,x_3,x_4)^{\mathrm{T}}$, 当 $X=A(K_4)=\begin{pmatrix}0&1&1&1\\1&0&1&1\\1&1&0&1\\1&1&1&0\end{pmatrix}$, 则

$$\begin{aligned}R(A(K_4),x)&=\dfrac{x^{\mathrm{T}}Ax}{x^{\mathrm{T}}x}=\dfrac{2x_1x_2+2x_1x_3+2x_1x_4+2x_2x_3+2x_2x_4+2x_3x_4}{x_1^2+x_2^2+x_3^2+x_4^2}\\&=\dfrac{(x_1+x_2+x_3+x_4)^2-(x_1^2+x_2^2+x_3^2+x_4^2)}{x_1^2+x_2^2+x_3^2+x_4^2}\\&=\dfrac{(x_1+x_2+x_3+x_4)^2}{x_1^2+x_2^2+x_3^2+x_4^2}-1\geqslant -1\end{aligned}$$

当 $x_1=-1, x_2=1, x_3=0, x_4=0$ 时成立, 根据推论 6.1.2, $(-1,1,0,0)^{\mathrm{T}}$ 是其特征向量, 且 -1 是完全图 K_4 的最小特征值. □

一般利用瑞利定理最值反而变难了, 故不用其去解图的特征值, 但是可以判断特征值的范围, 这在下一节介绍.

厄米特矩阵(Hermitian matrix), 指的是自共轭矩阵, 即矩阵中每一个第 i 行第 j 列的元素都与第 j 行第 i 列的元素的共轭. 由定义可知, 厄米特矩阵主对角线上的元素都是实数的, 其特征值也是实数. 实对称矩阵是特殊的厄米特矩阵.

A 是 $n\times n$ 的矩阵, i **阶主子阵**是从 a_{11} 到 a_{ii} 之间的所有元素组成的方阵.

定理 6.1.6(柯西交错定理) 设 A 是 n 阶厄米特矩阵. B 为 A 的 m 阶主子矩阵, A 的特征值为 $\lambda_1\leqslant\lambda_2\leqslant\cdots\leqslant\lambda_n$, B 的特征值为 $\beta_1\leqslant\beta_2\leqslant\cdots\leqslant\beta_m$, 则

$$\lambda_{n-m+i}\leqslant\beta_i\leqslant\lambda_i \quad (i=1,\cdots,m)$$

特别地, 当 $m = n - 1$ 时, 有

$$\lambda_1 \leqslant \beta_1 \leqslant \lambda_2 \leqslant \beta_2 \leqslant \cdots \leqslant \beta_{n-1} \leqslant \lambda_n$$

例 6.1.5 $A = \begin{pmatrix} 1 & 2+i & -1 \\ 2-i & 1 & -i \\ -1 & i & 2 \end{pmatrix}$ 是厄米特矩阵, $B = \begin{pmatrix} 1 & 2+i \\ 2-i & 1 \end{pmatrix}$ 是其顺序主子式, 验证柯西交错定理.

解 A 的特征值为 $1+\sqrt{7}, 2, 1-\sqrt{7}$, B 的特征值为 $1+\sqrt{5}, 1-\sqrt{5}$, $\lambda_1 = 1+\sqrt{7} \geqslant \beta_1 = 1+\sqrt{5} \geqslant \lambda_{3-2+1} = \lambda_2 = 2$, $\lambda_2 = 2 \geqslant \beta_2 = 1-\sqrt{5} \geqslant \lambda_{3-2+2} = \lambda_3 = 1-\sqrt{7}$. □

6.2 交错定理

定理 6.2.1 (邻接矩阵删点子集的交错定理) 设 V' 是图 $G = (V(G), E(G))$ 的一个 k 顶点子集, $G - V'$ 表示从 G 中删去 V' 的点以及关联这些点的边后得到的 G 的子图, 则

$$\lambda_i(G) \geqslant \lambda_i(G - V') \geqslant \lambda_{k+i}(G) \quad (i = 1, 2, \cdots, k)$$

特别地, 当 V' 中只有一个点时, 有

$$\lambda_1(G) \geqslant \lambda_1(G-v) \geqslant \lambda_2(G) \geqslant \lambda_2(G-v) \geqslant \cdots \geqslant \lambda_n(G) \geqslant \lambda_n(G-v)$$

证明 由定理 6.1.2 知, 邻接矩阵的特征值和顶点标号顺序无关, 经过适当排序, 可以将要删除点的标号排在矩阵第 $|V| - |V'| + 1$ 行到 $|V|$ 行. 由于 $A(G - V')$ 是从 $A(G)$ 中删去 V' 对应的行和列而得到的 $n - k$ 阶主子阵, 由柯西交错定理知该结论成立. □

由于拉普拉斯矩阵和无符号拉普拉斯矩阵对角元素有值, 不像邻接矩阵的对角线始终为 0, 当删去点子集时, 该矩阵对角元素的值变小 (除非 G' 是 G 的一个连通分支), 故删点得到矩阵与原矩阵的主子阵不同, 不能用柯西交错定理.

同时也可以拿例子去验证, 拉普拉斯矩阵和无符号拉普拉斯矩阵没有删点的交错定理.

例 6.2.1 路 $P_3 = v_1 v_2 v_3$, 验证 $\bar{L}(P_3 - v_3)$ 不是 $\bar{L}(P_3)$ 的主子阵, 且无符号拉普拉斯矩阵不满足删点的交错定理.

解 $\bar{L}(P_3) = \begin{pmatrix} 1 & 1 & 0 \\ 1 & 2 & 1 \\ 0 & 1 & 1 \end{pmatrix}$, 对应的特征值为 $-\sqrt{2}, \sqrt{2}, 0$, $\bar{L}(P_3 - v_3) = \begin{pmatrix} 1 & 1 \\ 1 & 1 \end{pmatrix}$ 对应的特征值为 $2, 0$, 而 $\sqrt{2}$ 并不大于 2, 故不满足删点的交错定理. □

但是由于拉普拉斯矩阵和关联矩阵有良好的关系, 通过删边可以得到下面的定理.

定理 6.2.2 设 A 和 B 分别是 $m \times n$ 矩阵和 $n \times m$ 矩阵, 则 BA 的 n 个特征值是 AB 的 m 个特征值加上 $n - m$ 个零, 即

$$\det(xE_m - AB) = x^{m-n} \det(xE_n - BA)$$

特别地, 若 $m = n$ 且 A, B 中至少有一个非奇异, 那么 AB 与 BA 相似.

证明 令 $C = \begin{pmatrix} O_m & O \\ B & BA \end{pmatrix}, D = \begin{pmatrix} AB & O \\ B & O_n \end{pmatrix}, \begin{pmatrix} E_m & -A \\ O & E_n \end{pmatrix} D \begin{pmatrix} E_m & A \\ O & E_n \end{pmatrix} = C$. 因此 C 和 D 相似, 可以得到 $\det(xE_m - C) = x^{m-n} \det(xE_n - D)$, 即

$$\begin{vmatrix} xE_m & O \\ -B & xE - BA \end{vmatrix} = \begin{vmatrix} xE - AB & O \\ -B & xE_n \end{vmatrix}$$

于是 AB 的特征值加上 n 个 0 与 BA 的特征值加上 m 个 0 相同, 从而 BA 的 n 个特征值是 AB 的 m 个特征值加上 $n - m$ 个 0. □

下面给出图 G 和它的补图的拉普拉斯特征值之间的关系.

定理 6.2.3 (拉普拉斯矩阵的谱删边交错定理) G 是有 n 个顶点的图并且 e 是 G 的一条边, 则

$$\mu_1(G) \geqslant \mu_1(G - e) \geqslant \mu_2(G) \geqslant \mu_2(G - e) \geqslant \cdots \geqslant \mu_n(G) = \mu_n(G - e) = 0$$

证明 将图 G 要删除的边 e 标号移到关联矩阵最后一列, 并对图 G 定向得到关联矩阵 $M_{定向}$, $M_{定向}(G-e)$ 是 G 和 $G - e$ 的关联矩阵, 则

$$L(G) = M_{定向} M_{定向}^{\mathrm{T}}$$

$$L(G-e) = M_{定向}(G-e) M_{定向}^{\mathrm{T}}(G-e)$$

由于 $M_{定向}^{\mathrm{T}}(G-e) M_{定向}(G-e)$ 是 $M_{定向}^{\mathrm{T}}$ 的主子阵. 根据柯西交错定理 6.1.6, 其特征值有交错性质, 根据定理 6.2.2 知, $M_{定向} M_{定向}^{\mathrm{T}}$ 比 $M_{定向}^{\mathrm{T}}(G-e) M_{定向}(G-e)$ 除多一个 0 以外其他都一样, $L(G-e) = M_{定向}(G-e) M_{定向}^{\mathrm{T}}(G-e)$ 与 $M_{定向} M_{定向}^{\mathrm{T}}$ 的特征值完全一样, 故拉普拉斯矩阵删除边后也满足交错定理. □

例 6.2.2 以图 4.1.1 和其定向图 4.1.2 为例, 解释 6.2.3 证明过程.

解 我们将要删除的边 a_1 放置矩阵的最后并对图 G 定向得到

$$M'_{定向}(G_{有重边不连通}) = M'_{定向} = \begin{array}{c} \\ v_1 \\ v_2 \\ v_3 \\ v_4 \\ v_5 \end{array} \begin{pmatrix} a_2 & a_3 & a_4 & a_5 & a_6 & a_1 \\ -1 & -1 & -1 & 0 & 0 & 1 \\ 1 & 1 & 0 & -1 & 0 & -1 \\ 0 & 0 & 1 & 1 & 0 & 0 \\ 0 & 0 & 0 & 0 & 1 & 0 \\ 0 & 0 & 0 & 0 & -1 & 0 \end{pmatrix}$$

$$L(G_{\text{有重边不连通}}) = M'_{\text{定向}} M'^{\text{T}}_{\text{定向}} = \begin{array}{c} \\ v_1 \\ v_2 \\ v_3 \\ v_4 \\ v_5 \end{array} \begin{pmatrix} v_1 & v_2 & v_3 & v_4 & v_5 \\ 4 & -3 & -1 & 0 & 0 \\ -3 & 4 & -1 & 0 & 0 \\ -1 & -1 & 2 & 0 & 0 \\ 0 & 0 & 0 & 1 & -1 \\ 0 & 0 & 0 & -1 & 1 \end{pmatrix}$$

而 $M'^{\text{T}}_{\text{定向}} M'_{\text{定向}} = \begin{pmatrix} 2 & 2 & 1 & -1 & 0 & -2 \\ 2 & 2 & 1 & -1 & 0 & -2 \\ 1 & 1 & 2 & 1 & 0 & -1 \\ -1 & -1 & 1 & 2 & 0 & 1 \\ 0 & 0 & 0 & 0 & 2 & 0 \\ -2 & -2 & -1 & 1 & 0 & 2 \end{pmatrix}$，现在删除边 e_1 得到

$$M'_{\text{定向}}(G_{\text{有重边不连通}} - e_1) = \begin{array}{c} \\ v_1 \\ v_2 \\ v_3 \\ v_4 \\ v_5 \end{array} \begin{pmatrix} a_2 & a_3 & a_4 & a_5 & a_6 \\ -1 & -1 & -1 & 0 & 0 \\ 1 & 1 & 0 & -1 & 0 \\ 0 & 0 & 1 & 1 & 0 \\ 0 & 0 & 0 & 0 & 1 \\ 0 & 0 & 0 & 0 & -1 \end{pmatrix}$$

$$M'^{\text{T}}_{\text{定向}}(G_{\text{有重边不连通}} - e_1) M'_{\text{定向}}(G_{\text{有重边不连通}} - e_1) = \begin{pmatrix} 2 & 2 & 1 & -1 & 0 \\ 2 & 2 & 1 & -1 & 0 \\ 1 & 1 & 2 & 1 & 0 \\ -1 & -1 & 1 & 2 & 0 \\ 0 & 0 & 0 & 0 & 2 \end{pmatrix}$$

其恰为 $M'^{\text{T}}_{\text{定向}} M'_{\text{定向}}$ 的主子阵. 由柯西交错定理 6.1.6 知, $M'^{\text{T}}_{\text{定向}} M'_{\text{定向}}$ 的特征值 7,3,2,0,0,0 与其主子阵 $M'^{\text{T}}_{\text{定向}}(G_{\text{有重边不连通}} - e_1) M'_{\text{定向}}(G_{\text{有重边不连通}} - e_1)$ 的特征值 5,3,2,0,0 满足交错性质.

由于定理 6.2.2 知, $L(G_{\text{有重边不连通}}) = M'_{\text{定向}} M'^{\text{T}}_{\text{定向}}$ 的特征值为 7,3,2,0,0, $L(G_{\text{有重边不连通}} - e_1) = M'_{\text{定向}}(G_{\text{有重边不连通}} - e_1) M'^{\text{T}}_{\text{定向}}(G_{\text{有重边不连通}} - e_1)$ 的特征值为 5,3,2,0,0, 满足交错定理. 这里可以看出删除边的拉普拉斯矩阵特征值个数与原来应该是一样的, 这与邻接矩阵的删除点不同, 邻接矩阵删除点后, 特征值减少. 所以删边交错定理只有一个不等式. □

例 6.2.3 以枫叶图 5.2.1为例, 逐步删除 e_1, e_2 得到图 6.2.1 和图 6.2.3, 计算拉普拉斯特征值, 观察其在删除过程中, 特征值逐步减小, 验证定理 6.2.3.

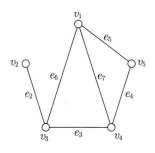

图 6.2.1 图 $G_{枫叶} - e_1$

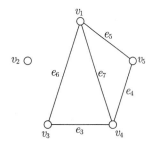

图 6.2.2 图 $G_{枫叶} - e_1 - e_2$

证明 $\operatorname{Spec}(L, G_{枫叶}) = \begin{pmatrix} \mu_1 & \mu_2 & \mu_3 & \mu_4 & \mu_5 \\ 5 & 4.42 & 3 & 1.59 & 0 \end{pmatrix}$ 删除 e_1 得到的拉普拉斯谱为

$$\operatorname{Spec}(L, G_{枫叶} - e_1) = \begin{pmatrix} \mu_1 & \mu_2 & \mu_3 & \mu_4 & \mu_5 \\ 4.48 & 4 & 2.69 & 0.82 & 0 \end{pmatrix}$$

删除 e_1 和 e_2 得到的拉普拉斯矩阵的谱为

$$\operatorname{Spec}(L, G_{枫叶} - e_1 - e_2) = \begin{pmatrix} \mu_1 & \mu_2 & \mu_3 & \mu_4 & \mu_5 \\ 4.34 & 4 & 2.47 & 0.19 & 0 \end{pmatrix} \qquad \Box$$

在证明定理 6.2.3 拉普拉斯矩阵的谱删边交错定理时, 我们容易想到, 对于无符号拉普拉斯矩阵有定理 4.1.2, 即有 $\bar{L}(G) = MM^{\mathrm{T}}$, 那么也可以得到关于无符号拉普拉斯矩阵的谱的删边交错定理. 对于 n 个顶点的图 G, 令 $q_1(G) \geqslant q_2(G) \geqslant \cdots \geqslant q_n(G)$ 表示图 G 的无符号拉普拉斯特征值. 下面是关于无符号拉普拉斯特征值的交错定理.

定理 6.2.4[11](无符号拉普拉斯矩阵的谱删边交错定理) 设 G 是有 n 个顶点的图并且 e 是 G 的一条边, 则

$$q_1(G) \geqslant q_1(G-e) \geqslant q_2(G) \geqslant q_2(G-e) \geqslant \cdots \geqslant q_n(G) \geqslant q_n(G-e) \geqslant 0$$

例 6.2.4 以图 5.2.1 为例, 逐步删除 e_1, e_2, 计算拉普拉斯特征值, 观察其在删除过程中, 特征值逐步减小, 验证定理 6.2.4.

证明 $\operatorname{Spec}(\bar{L}, G_{枫叶}) = \begin{pmatrix} q_1 & q_2 & q_3 & q_4 & q_5 \\ 6.12 & 3 & 2.64 & 1.24 & 1 \end{pmatrix}$, 删除得到的拉普拉斯矩阵的谱为

$$\operatorname{Spec}(\bar{L}, G_{枫叶} - e_1) = \begin{pmatrix} q_1 & q_2 & q_3 & q_4 & q_5 \\ 5.47 & 2.91 & 2 & 1.2 & 0.42 \end{pmatrix}$$

删除和得到的拉普拉斯矩阵的谱为 $\operatorname{Spec}(\bar{L}, G_{枫叶} - e_1 - e_2) = \begin{pmatrix} q_1 & q_2 & q_3 & q_4 & q_5 \\ 5.41 & 2.59 & 2 & 1 & 0 \end{pmatrix}$
$\Box$

从删点交错定理 6.2.1、拉普拉斯删边定理 6.2.3 和无符号拉普拉斯删边定理 6.2.4 可以看出, 图的特征值的大小反映了图的复杂程度, 于是可以定义图的能量.

最基本地, 图能量是指 $\sum_{i=1}^{n} |\lambda_i|$, 然而图的拉普拉斯矩阵的特征值非负且 $\sum_{i=1}^{n} \mu_i = \sum_{i=1}^{n} q_i = \operatorname{tr}(L) = \operatorname{tr}(\bar{L}) = 2m$ 始终是边数的两倍, 因此没有将**拉普拉斯能量**定义成拉普拉斯矩阵的

特征值之和或绝对值之和, 而是将它定义成 $LE(G) = \sum_{i=1}^{n} \left| \mu_i - \frac{2m}{n} \right|$. 定义**无符号拉普拉斯能量** $\bar{L}E(G) = \sum_{i=1}^{n} \left| q_i - \frac{2m}{n} \right|$.

6.3 二 部 图

定理 6.3.1(二部图与邻接矩阵的谱) 对于任意图 G, 以下命题等价:
(1) 图 G 是二部图;
(2) 图 G 的邻接矩阵的谱在实数轴上关于原点对称分布;
(3) 图 G 的所有奇数阶谱矩 $S_{2k+1}(A,G) = 0$, 其中 $k = 1, 2, \cdots$.
本定理证明将在定理 6.6.1 后给出.

定理 5.1.3 也可以用定理 6.3.1 证明, 如果 (1)⇔(3) 成立, 那么将 $A(G,x)$ 中的 x 替换为 $-x$, 则 $A(G,x)$ 这下特征多项式保持不变. 换言之, 该特征多项式为一个偶函数, 表明那些奇系数 $c_1, c_3, \cdots$ 都为零, 因此定理 5.1.3 成立.

定理 6.3.2(二部图的谱等) 一个图是二部图当且仅当拉普拉斯矩阵和无符号拉普拉斯矩阵有相同的谱.

证明 由定理 4.3.3 知, 二部图 G 的拉普拉斯矩阵和无符号拉普拉斯矩阵可分别表示为

$$L(G) = \begin{pmatrix} D_{p \times p} & B_{p \times q} \\ B_{p \times q}^{\mathrm{T}} & D_{q \times q} \end{pmatrix}, \quad \bar{L}(G) = \begin{pmatrix} D_{p \times p} & -B_{p \times q} \\ -B_{p \times q}^{\mathrm{T}} & D_{q \times q} \end{pmatrix}$$

由于

$$\begin{pmatrix} E_{p \times p} & 0 \\ 0 & -E_{q \times q} \end{pmatrix} L(G) \begin{pmatrix} E_{p \times p} & 0 \\ 0 & -E_{q \times q} \end{pmatrix} = \bar{L}(G)$$

因此 $L(G)$ 和 $\bar{L}(G)$ 相似, 于是有相同的谱. □

图的最小无符号拉普拉斯特征值和二部性有如下关系:

定理 6.3.3(二部图与无符号拉普拉斯的最小特征值) 设 G 是有 n 个顶点的连通图, 则 $q_n(G) = 0$ 当且仅当 G 是二部图 (如果 G 是二部连通图, 则 $q_n(G) = 0$ 是单特征值).

证明 "⇒": 如果 G 是二部连通图, 拉普拉斯的最小特征值 $\mu_n(G) = 0$ 是一重特征值当且仅当 G 连通 (参见定理 8.2.6). 再由定理 6.3.2 可以得到, $q_n(G) = 0$ 并且 0 是一个单特征值.

"⇐": $G = (V, E)$ 是一个简单图, 其中 $V = \{v_1, \cdots, v_n\}$ 为点集, $E = \{e_1, \cdots, e_m\}$ 为边集. 令 M 为 G 的点边关联知阵, 则 $\bar{L}(G) = MM^{\mathrm{T}}$. 设 x 是 $q_n(G) = 0$ 对应的特征向量. 由于

$$x^{\mathrm{T}} \bar{L}(G) x = \sum_{i<j, v_i v_j \in E} (x_i - x_j)^2 = \left\| M^{\mathrm{T}} x \right\|^2$$

其中 $\|\cdot\|$ 表示向量的模, 因此 $\bar{L}(G)x = 0$ 等价于 $M^{\mathrm{T}}x = 0$, 即 $x_i = -x_j$ 如果 $v_iv_j \in E(G)$. 由于 G 连通, 因此根据 x 分量的符号可以得到 G 的一个 2 着色, 即 G 是二部图. □

由于拉普拉斯矩阵始终有 0 作为其特征值, 只不过其重数为连通度 (参见定理 8.2.9), 无论是否是二部图, 只要是连通图, 拉普拉斯矩阵的最小特征值都为 0 且为单根, 所以虽然有二部图的"谱等定理"6.3.2, 拉普拉斯矩阵无法得到类似于定理 6.3.3 的定理, 对于无符号拉普拉斯矩阵仅可得到推论 6.3.1.

推论 6.3.1(二部性与无符号拉普拉斯矩阵的最小特征值重数) 一个图的无符号拉普拉斯特征值 0 的重数等于它的二部连通分支的个数.

例 6.3.1 以图 5.1.1 为例, 验证推论 6.3.1.

解 图 5.1.1 的无符号拉普拉斯矩阵的谱为 $\mathrm{Spec}\,(\bar{L}, G_1) = \begin{pmatrix} 4 & 2 & 1 & 0 \\ 2 & 1 & 4 & 1 \end{pmatrix}$, 由于 0 的重数为 1, 故二部连通分支的个数也为 1. □

6.4 正 则 图

定理 6.4.1(正则度为谱半径) 设 G 是一个 k 正则图当且仅当 λ_1 等于 k, 对应的特征向量为全一向量 e, 该特征值的代数重数是图的连通分支个数 $w(G)$.

证明 首先正则度为正则图邻接矩阵的特征值, 这是因为 $Ae = ke$, 其中 e 为全 1 向量. 现在证明它就是最大特征值, 进一步可以得到 $e^{\mathrm{T}}A = ke^{\mathrm{T}}$. 根据 Perron-Frobenius 定理 (具体内容参见定理 8.3.1), 邻接矩阵的最大特征值必然存在且唯一, 同时可设 $Ax = \lambda_1 x$ $(x > 0)$, $e^{\mathrm{T}}A = ke^{\mathrm{T}}$ 等式右边乘以 x, 得到 $(e^{\mathrm{T}}A)x = (ke^{\mathrm{T}})x$, 于是 $(e^{\mathrm{T}}A)x = k(e^{\mathrm{T}}x)$. $Ax = \lambda_1 x$ 左边同乘以 e^{T}, 可以得到 $e^{\mathrm{T}}(Ax) = e^{\mathrm{T}}(\lambda_1 x)$, 于是 $(e^{\mathrm{T}}A)x = \lambda_1(e^{\mathrm{T}}x)$, 这说明 $\lambda_1 = k$. 对于定理的后半句的证明, 出现在文献 [5] 中. □

定理 6.4.2(谱半径与其他特征值关系) 设 G 是 n 个顶点的图, 则图 G 是正则的当且仅当

$$\lambda_1(G) = \frac{\sum\limits_{i=1}^{n} \lambda_i^2(G)}{n}$$

定理 6.4.2 的证明在定理 8.3.5 后给出.

定理 6.4.3 对于 k 正则图 G, 则可以得到

$$A(G, x) = \bar{L}(G, x + k)$$

证明 令 $A(G,x) = |xE - A| = \begin{vmatrix} x & -a_{12} & \cdots & -a_{1n} \\ -a_{12} & x & \cdots & \vdots \\ \vdots & \cdots & \ddots & -a_{(n-1)n} \\ -a_{1n} & \cdots & -a_{(n-1)n} & x \end{vmatrix}$,由于 G 为正则图 $\bar{L} = A + kE$, $\bar{L}(G,y) = |yE - \bar{L}| = \begin{vmatrix} y-k & -a_{12} & \cdots & -a_{1n} \\ -a_{12} & y-k & \cdots & -a_{2n} \\ \vdots & \cdots & \ddots & \vdots \\ -a_{1n} & \cdots & -a_{(n-1)n} & y-k \end{vmatrix}$,令 $y - k = x \Rightarrow y = x + k$,则可以得到 $\bar{L}(G,y) = \bar{L}(G, x+k) = A(G,x)$. □

定理 6.4.4 设 G 是一个 k 正则图,如果其邻接矩阵的特征值为 $k = \lambda_1 \geqslant \lambda_2 \geqslant \cdots \geqslant \lambda_n$,则其拉普拉斯矩阵的特征值为 $0 = k - \lambda_1 \leqslant k - \lambda_2 \leqslant \cdots \leqslant k - \lambda_n$.

定理 6.4.5 (正则图邻接矩阵的谱与无符号拉普拉斯矩阵的谱) 设 G 是一个 k 正则图,如果其邻接矩阵的特征值为 $k = \lambda_1 \geqslant \lambda_2 \geqslant \cdots \geqslant \lambda_n$,则其无符号拉普拉斯矩阵的特征值为 $2k = k + \lambda_1 \geqslant k + \lambda_2 \geqslant \cdots \geqslant k + \lambda_n$.

后面将介绍的第 9 章的定理 9.1.4 和定理 9.1.5 就是定理 6.4.4 和定理 6.4.5 的推论.

6.5 强正则图

设 G 是一个有 n 个顶点的 k 正则图. 如果满足:
(1) G 的任意两个相邻顶点有 a 个共同的相邻顶点;
(2) G 的任意两个不相邻的顶点有 b 个共同的相邻顶点;
(3) G 既不是完全图 (所有点互为邻点) 也不是空图 (无邻点).

那么就称图 G 是参数为 (n, k, a, b) 的**强正则图** (strongly regular graph),用符号 $\mathrm{srg}(n, k, a, b)$ 表示.

强正则图的示例:

(1) C_4 是参数为 $(4, 2, 0, 2)$ 的强正则图; C_5 是 $\mathrm{srg}(5, 2, 0, 1)$; 彼得森图是 $\mathrm{srg}(10, 3, 0, 1)$.

(2) $m \times m$ (**格子图** (lattice graph) $L_2(m) = K_m \square K_m$,也叫**车图** (rook graph)) 格子图是 $\mathrm{srg}(m^2, 2m - 2, m - 2, 2)$.

(3) **完全 a 多部图 $K_{m \times a}$**,其顶点集被分成大小为 a 的 m 个组,当两个点来自不同组时是相邻的,否则不相邻. 完全 a 多部图是 $\mathrm{srg}(ma, (m-1)a, (m-2)a, (m-1)a)$.

(4) 完全图 $K_n (n \geqslant 4)$ 和完全二部图 $K_{n,n} (n \geqslant 2)$ 的线图都是强正则图, $\mathrm{line}(K_n)$ 是 $\mathrm{srg}(n(n-1)/2, 2n-4, n-2, 4)$,而 $\mathrm{line}(K_{n,n})$ 是 $\mathrm{srg}(n^2, 2n-2, n-2, 2)$.

(5) 一个强正则图 G 称为**本原的** (primitive),如果 G 和它的补图 $\bar{G}$ 都是连通的;否则称 G 为**非本原的** (imprimitive). 然而,只有一类非本原的强正则图,即 $c(c > 1)$ 个完全图的不交并 cK_m,是 $\mathrm{srg}(cm, m-1, m-2, 0)$. 其邻接矩阵的谱为 $\mathrm{Spec}(a, cK_m) =$

$$\begin{pmatrix} m-1 & -1 \\ c & c(m-1) \end{pmatrix}.$$

(6) 连通图 G 称为**距离正则图** (distance-regular graph), 如果对 G 的任意两个顶点 v_i 和 v_j 以及整数 $0 \leqslant N_1, N_2 \leqslant d$ (d 是图 G 的直径), 到 v_i 的距离为 N_1 且到 N_2 的距离为 N_2 的顶点的个数只依赖于 N_1, N_2 的取值以及 v_i 与 v_j 之间的距离, 而与 v_i 和 v_j 的选取无关 (如完全图、圈、超立方体), 直径为 2 的距离正则图是强正则图, 如 $C_4 = Q_2$.

(7) **拉丁方阵**(latin square) 是一个 $n \times n$ 方阵, 将 1 到 n 的正整数放入此方阵中, 使得每行和每列没有相同的元素出现. 例如: $\begin{pmatrix} 1 & 2 & 3 \\ 2 & 3 & 1 \\ 3 & 1 & 2 \end{pmatrix}$. 拉丁方阵的数目随着 n 变大而增长得非常快. 至少也有 $2 \cdots n!(n-1)!!$ 这么快.[12] 用拉丁方阵建构**拉丁方阵图**: 如果两个数字相同, 或在同行或同列, 则连边. 拉丁方阵图总有 $k = 3(n-1), a = n$, 如图 6.5.1 所示为 $\mathrm{srg}(9,6,3,6)$.

(8) 对于一个正整数 n, **三角图** T_n 可以被定义成一个 n 阶完全图的线图. 更具体地说, 其点是 $\{1, \cdots, n\}$ 的所有大小为 2 的子集, 如果有共同元素的则连边. 三角形是 T_3, 八面体 (octahedron) 是 T_4, 如图 6.5.2 所示都是三角形拼成的图, T_4 是 $\mathrm{srg}(6,2,2,4)$, 彼得森图的补图是 T_5. 三角图 $T_n (n \geqslant 4)$ 是 $\mathrm{srg}(n(n-1)/2, 2(n-2), n-2, 4)$.[12]

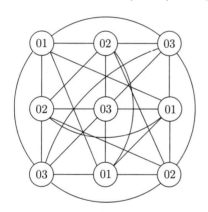

图 6.5.1　一个拉丁方阵图是 **srg(9, 6, 3, 6)**

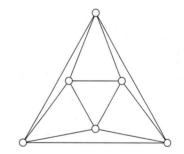

图 6.5.2　八面体图 T_4 是 **srg(6, 2, 2, 4)**

定理 6.5.1(强正则图恒等式)　设 G 是一个参数为 (n, k, a, b) 的强正则图, 那么
$$k(k-1-a) = b(n-1-k)$$

证明　由于 G 是一个参数为 (n, k, a, b) 的强正则图, 则图 G 中某个点 v_i 有 k 个邻点, 对于这 k 个邻点, 每个又有 k 个邻点, 考虑 v_i 的某个邻点 v_{i+1}. v_{i+1} 的邻点中必有一个是 v_i, 另外还有 a 个邻点也是 v_i 的邻点. 自然 v_{i+1} 的邻点中有 $k-1-a$ 个邻点不是 v_i 的邻点, 且到 v_i 的距离是 2.

另一方面, v_i 有 k 个邻点, 则图中有 $n-k-1$ 个点不是 v_i 的邻点. 而这 $n-k-1$ 个点到 v_i 的距离都是 2, 一共有 b 个这样的点, 所以总共有 $n-k-1$ 个点到 v_i 的距离是 2.

综上, $k(k-1-a)$ 和 $b(n-k-1)$ 都是到 v_i 距离为 2 的点的个数, 故相等. □

定理 6.5.2(强正则图的补图也是强正则图) 设 G 是一个参数为 (n,k,a,b) 的强正则图, 那么 $\bar{G}$ 是一个参数为 $(n, n-k-1, n-2-2k+b, n-2k+a)$ 的强正则图

定理 6.5.3[2](强正则图的邻接矩阵) 设 G 是一个参数为 (n,k,a,b) 的强正则图, 且 A 是 G 的邻接矩阵. 那么

$$A^2(G) = kE + aA(G) + b(J - E - A)$$

定理 6.5.3 表明: A^2 为一般邻接矩阵 $(a-b, b, 0, k-b) - U$, 广义邻接矩阵的定义见第 12.3 节, 可见一个广义邻接矩阵 $(k,a,b) - GA$ 可以转化为一个强正则图的邻接矩阵的平方.

以下定理 6.5.4 实质上是定理 6.5.3 的逆命题:

定理 6.5.4[5] 设 G 既不是完全图也不是空图, 并令 A 是 G 的邻接矩阵. 如果 A^2 是 A, E 和 J 的线性组合, 那么 G 是强正则图.

由定理 6.5.3 知下面的定理:

定理 6.5.5[2](强正则图的特征值) 设 G 是一个参数为 (n,k,a,b) 的强正则图, 令 $\Delta = (a-b)^2 + 4(k-b)$. 那么

$$\text{Spec}(A, \text{srg}(n,k,a,b))$$
$$= \begin{pmatrix} k & \frac{1}{2}(a-b+\sqrt{\Delta}) & \frac{1}{2}(a-b-\sqrt{\Delta}) \\ 1 & \frac{1}{2}\left(n-1+\frac{(n-1)(b-a)-2k}{\sqrt{\Delta}}\right) & \frac{1}{2}\left(n-1-\frac{(n-1)(b-a)-2k}{\sqrt{\Delta}}\right) \end{pmatrix}$$

例 6.5.1 求出彼得森图的谱, 验证定理 6.5.5.

彼得森图是 $\text{srg}(10,3,0,1)$ 的强正则图, 其 A 谱为 $\text{Spec}(A, \text{Petersen}) = \begin{pmatrix} 3 & 1 & -2 \\ 1 & 5 & 4 \end{pmatrix}$, 根据定理 6.5.5, $\Delta = (0-1)^2 + 4(3-1) = 9$, 特征值 $\frac{1}{2}(0-1+\sqrt{9}) = 1$ 的重数为 $\frac{1}{2}\left(\frac{1}{3}(9 \times 1 - 2 \times 3) + 10 - 1\right) = 5$; 特征值 $\frac{1}{2}\left(-\sqrt{9}+0-1\right) = -2$ 的重数为 $\frac{1}{2}\left(-\frac{1}{3}(9 \times 1 - 2 \times 3) + 10 - 1\right) = 4$, 吻合.

定理 6.5.6[2](3 个相异特征值) 设 G 是恰好有 3 个相异特征值的连通正则图, 那么 G 是强正则的.

定理 6.5.7[2](友谊定理) **友谊图** (friendship graph)是指 p 个 P_2 的两个顶点连接一个顶点 O_1 的图, 记为 F_p, 即 G 由若干个三角形在公共顶点处黏接而成.

根据定理 6.5.7 知, 如果一个聚会上, 任意夫妇中一位认识主办方, 则主办方认识所有人. 定理 6.5.5 对定理 6.5.7 的证明 (反证法) 有帮助.

一个不是强正则图的正则图称为**弱正则图** (weakly regular graph). 这时参数 a, b 就会有很多选择, 如超立方体 Q_3 不是强正则图, 所以参数为 $(8, 3, (0, 2))$.

6.6 谱 矩

对于 n 个顶点的图 G, 令 $\lambda_1(G) \geqslant \lambda_2(G) \geqslant \cdots \geqslant \lambda_n(G)$ 表示 G 的全体特征值. 对于整数 $k \geqslant 0$, 所有特征值的 k 次幂的和 $\sum_{i=1}^{n} \lambda_i^k(G)$ 称为图 G 的 k 阶**邻接矩阵的谱矩**, 记为 $S_k(A,G)$. 图的谱矩与闭通路个数有如下关系:

定理 6.6.1 对任意图 G, $S_k(A,G)$ 等于 G 中长度为 k 的闭通路个数.

证明 由于 $S_k(A,G)$ 等于迹 $\text{tr}(A_G^k)$, 再根据邻接矩阵幂的含义, 即由定理 2.1.3 可知, $S_k(A,G)$ 等于图中长度为 k 的闭通路个数. □

定理 6.3.1 的证明 $(1) \Rightarrow (2)$: 如果 G 是二部图, 由定理 4.3.3, 它的邻接矩阵可表示为

$$A(G) = \begin{pmatrix} O_{p \times p} & B_{p \times q} \\ B_{p \times q}^\top & O_{q \times q} \end{pmatrix}$$

因此

$$\begin{pmatrix} E_{p \times p} & O_{p \times q} \\ O_{p \times q} & -E_{q \times q} \end{pmatrix} A(G) \begin{pmatrix} E_{p \times p} & O_{p \times q} \\ O_{p \times q} & -E_{q \times q} \end{pmatrix} = -A(G)$$

故 $A(G)$ 和 $-A(G)$ 相似, 有相同的谱, 即 G 的谱在实数轴上关于原点对称分布.

$(2) \Rightarrow (3)$: 如果 G 的谱在实数轴上关于原点对称分布, 则

$$S_{2k+1}(A,G) = 0 \quad (k = 1, 2, \cdots)$$

$(3) \Rightarrow (1)$: 如果 $S_{2k+1}(A,G) = 0$, 其中 $k = 1, 2, \cdots$, 则由定理 6.6.1 可知, G 中没有长度为奇数的闭通路, 此时 G 不含奇圈, 即 G 是二部图. □

定理 6.6.2[1] 如果图 H 满足 $V(H) \subseteq V(G), E(H) \subseteq E(G)$, 则称 H 是 G 的子图. 令 $N(H,G)$ 表示图 G 中同构于图 H 的子图数量, $w_k(F)$ 表示包含图 F 的所有边且长度为 k 的闭通路个数, 并且定义集合 $\mathcal{S}_k = \{F | w_k(F) > 0\}$. 由于 G 的一个长度为 k 的闭通路覆盖的子图一定属于集合 $\mathcal{S}_k$, 因此 G 的闭通路个数可表示为

$$S_k(A,G) = \sum_{H \in \mathcal{S}_k} w_k(H) N(H,G)$$

推论 6.6.1[1] 对于任意图 G, 我们有

$$S_0(A,G) = |V(G)|$$
$$S_1(A,G) = 0$$
$$S_2(A,G) = 2|E(G)|$$
$$S_3(A,G) = 6N(C_3, G)$$
$$S_4(A,G) = 2N(P_2, G) + 4N(P_3, G) + 8N(C_4, G)$$

$$S_5(A,G) = 30N(C_3,G) + 10N(U_{3,1},G) + 102N(C_5,G)$$
$$S_6(A,G) = 2N(P_2,G) + 12N(P_3,G) + 24N(C_3,G) + 48N(C_4,G) + 6N(P_4,G)$$
$$+ 12N(K_{1,3},G) + 36N(G_{钻石},G) + 24N(G_{蝴蝶},G) + 12N(U_{4,1},G)$$
$$+ 12N(C_6,G)$$

其中 $U_{3,1}$ 是单圈图 (图 2.1.2), $U_{4,1}$ 是圈 C_4 黏接 P_1 的单圈图, $G_{钻石}$ 如图 4.1.3所示, $G_{蝴蝶}$ 如后面的图 8.3.1所示, $N(H,G)$ 是图 G 中子图 H 的数目.

例 6.6.1 以图 5.2.1为例, 利用推论 6.6.1, 求出 $S_3(A,G_{枫叶}), S_5(A,G)$, 利用该结论求出图 5.2.1中有几条 P_3 路, 有几条 P_4 路.

解 经计算

$$\mathrm{Spec}(A,G_{枫叶}) = \begin{pmatrix} \mu_1 & \mu_2 & \mu_3 & \mu_4 & \mu_5 \\ 2.935 & -1.618 & -1.473 & 0.618 & -0.463 \end{pmatrix}$$

图 5.2.1中 C_3 子图为 3 个, 可以得到 $S_3(A,G_{枫叶}) = 6 \times 3 = 18 \approx 2.935^3 + (-1.618)^3 + (-1.473)^3 + 0.618^3 + (-0.463)^3$.

图 5.2.1中 P_2 子图为 7 个, C_5 子图为 1 个, 可以得到 $2.935^4 + (-1.618)^4 + (-1.473)^4 + 0.618^4 + (-0.463)^4 \approx 86 = S_4(A,G_{枫叶}) = 2 \times 7 + 4 \times N(P_3,G_{枫叶}) + 8 \times 2$, 故 $N(P_3,G_{枫叶}) = 14$, P_3 作为子图有 14 个. 分别为 $e_1e_2, e_1e_5, e_1e_6, e_1e_7, e_2e_3, e_2e_6, e_3e_4, e_3e_6, e_3e_7, e_4e_5, e_4e_7, e_5e_6, e_5e_7, e_6e_7$.

图 5.2.1中 C_3 子图为 3 个, U_4 子图为 10 个, C_5 子图为 1 个, 可以得到 $S_5(A,G_{枫叶}) = 30 \times 3 + 10 \times 10 + 10 \times 1 = 200 \approx 2.935^5 + (-1.618)^5 + (-1.473)^5 + 0.618^5 + (-0.463)^5$.

图 5.2.1中 P_2 子图为 7 个, P_3 子图为 14 个, C_3 子图为 3 个, C_4 子图为 2 个, $K_{1,3}$ 子图为 6 个, P_4 子图为 10 个, B_4 子图为 2 个, B_5 子图为 1 个, U_5 子图为 4 个, 可以得到 $2.935^6 + (-1.618)^6 + (-1.4738)^6 + 0.618^6 + (-0.4625)^6 \approx 668 = S_6(A,G_{枫叶}) = 2 \times 7 + 12 \times 16 + 24 \times 3 + 48 \times 2 + 6 \times N(P_4,G_{枫叶}) + 12 \times 4 + 36 \times 2 + 24 \times 1 + 12 \times 4 + 12 \times 0$ 故 $N(P_4,G_{枫叶}) = 17$, P_4 作为子图有 17 个. 分别为 $e_1e_2e_3, e_1e_2e_6, e_1e_5e_4, e_1e_6e_3, e_1e_7e_3, e_1e_7e_4, e_2e_3e_4, e_2e_3e_7, e_2e_6e_5, e_2e_6e_7, e_3e_4e_5, e_3e_6e_5, e_3e_6e_7, e_3e_7e_5, e_4e_5e_6, e_4e_7e_6, e_5e_7e_4$. □

从例 6.6.1中可以看出, 推论 6.6.1是十分有用的, 因为即使是简单的 $G_{枫叶}$, 想要不重不漏地去数 P_3 作为子图的个数也是挺麻烦的, 推论 6.6.1提供了一种可以通过谱去解决该计数问题的思路. 如果直接利用定理 2.1.3计数, 则

$$A^3(G_{枫叶}) = \begin{pmatrix} 6 & 6 & 7 & 7 & 6 \\ 6 & 2 & 5 & 3 & 3 \\ 7 & 5 & 4 & 7 & 3 \\ 7 & 3 & 7 & 4 & 5 \\ 6 & 3 & 3 & 5 & 2 \end{pmatrix}$$

是比较难区分哪块的计数是 P_3 的.

下面的定理十分有意思, 将拉普拉斯矩阵一阶谱矩和"比度数小的点"联系到一起, 且结果比较精确, 可以通过例题来理解.

定理 6.6.3[23](Grone-Merris) 对任意简单图 G, 我们有

$$S_1(X,G) = \sum_{i=1}^{t} \mu_i(G) \leqslant \sum_{i=1}^{t} |\{v|v \in V(G), d(v) \geqslant i\}| \quad (t=1,\cdots,|V(G)|)$$

例 6.6.2 以图 6.2.1为例, 验证定理 6.6.3.

解 $S_1(X,G_{枫叶}-e_1) = \sum_{i=1}^{t} \mu_i(G_{枫叶}-e_1) = 4.48119+4+2.68889+0.829914+0 = 12$, 如果取 $t = |V(G_{枫叶}-e_1)| = 5$, 当 $i=1$, $d(v) \geqslant 1$ 的点集为 $V(G_{枫叶}-e_1)$, 共有 5 个点; 当 $i=2$ 时, $d(v) \geqslant 2$ 的点集为 $\{v_1,v_3,v_4,v_5\}$, 共有 4 个点; 当 $i=3$, $d(v) \geqslant 3$ 的点集为 $\{v_1,v_3,v_4\}$, 共有 3 个点; 当 $i=4$ 时, $d(v) \geqslant 4$ 的点集为 $\emptyset$, 共有 0 个点; 当 $i=4,5$ 时, 共有 0 个点. 将这些点的个数加起来为 12, 故 $S_1(X,G_{枫叶}-e_1) = 12 \leqslant |\{v|v \in V(G_{枫叶}-e_1), d(v) \geqslant i\}| = 12$. □

猜想 6.6.1[5](Brouwer 猜想)

$$\sum_{i=1}^{t} \mu_i(G) \leqslant m + \frac{t(t+1)}{2} \quad (t=1,\cdots,n)$$

由半边路定理 4.2.1 可得到如下推论:

定理 6.6.4[16,6] 设 $\bar{L}(G,x)$ 是简单无向图 G 的无符号拉普拉斯多项式, 其特征值为 $q_1,q_2,\cdots,q_n$, 设图 G 是有 $|V(G)| = n$ 个顶点和 $|E(G)| = m$ 条边的图, 其子图有 $N(C_3,G)$ 个三角形, 并且其度序列为 $d_1,d_2,\cdots,d_n$. 令无符号拉普拉斯谱矩为 $S_k(\bar{L},G) = \sum_{i=1}^{n} q_i(G)^k$, 则

$$S_k(\bar{L},G) = \operatorname{tr} \bar{L}^k$$
$$S_0(\bar{L},G) = n$$
$$S_1(\bar{L},G) = \sum_{i=1}^{n} d_i = 2m$$
$$S_2(\bar{L},G) = 2m + \sum_{i=1}^{n} d_i^2$$
$$S_3(\bar{L},G) = 6N(C_3,G) + 3\sum_{i=1}^{n} d_i^2 + \sum_{i=1}^{n} d_i^3$$

例 6.6.3 以图 5.2.1为例, 验证定理 6.6.4, 并利用定理 6.6.4求出图中子图为 C_3 的个数.

解 $\bar{L}(G_{枫叶},x) = x^5 - 14x^4 + 70x^3 - 158x^2 + 161x - 60$, 特征值为 $q_1 = 1, q_2 = 3, q_3 \approx 1.24, q_4 \approx 2.64, q_5 \approx 6.12$. $T_0 = (1)^0 + (3)^0 + (1.24)^0 + (2.64)^0 + (6.12)^0 = 5$, $S_1(\bar{L},G_{枫叶}) = (1)^1 + (3)^1 + (1.24)^1 + (2.64)^1 + (6.12)^1 = 14$, $S_2(\bar{L},G_{枫叶}) = (1)^1 + (3)^1 + (1.24)^1 + (2.64)^1 + (6.12)^1 \approx 56 = 14 + 4^2 + 2^2 + 3^2 + 3^2 + 2^2$, $S_3(\bar{L},G_{枫叶}) = (1)^3 + (3)^3 + (1.24)^3 + (2.64)^3 + (6.12)^3 \approx 278 = 6 \times N(C_3,G_{枫叶}) + 3 \times 42 + 4^3 + 2^3 + 3^3 + 3^3 + 2^3 \Rightarrow N(C_3,G_{枫叶}) = 3$, 可

证明 图 G 是 k 正则图, 其线图 $\text{line}(G)$ 为 $2k-2$ 的正则图, 则根据定理 6.4.3 有

$$A(\text{line}(G), x) = \bar{L}(\text{line}(G), x + 2k - 2)$$

则

$$A(\text{line}(G), x - 2k + 2) = \bar{L}(\text{line}(G), x)$$

根据定理 7.1.2 其成立. □

7.2 补图的拉氏结论

定理 7.2.1 A, L 和 $\bar{L}$ 分别表示图的邻接矩阵、拉普拉斯矩阵和无符号拉普拉斯矩阵, $\bar{G}$ 为图 G 的补图, 则有

(1) $A(G) + A(\bar{G}) = J - E$;
(2) $L(G) + L(\bar{G}) = nE - J$;
(3) $\bar{L}(G) + \bar{L}(\bar{G}) = J + (n-2)E$.

例 7.2.1 以 C_4 及其补图 $2P_2$ 为例, 验证定理 7.2.1.

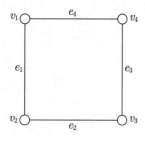

图 7.2.1 C_4

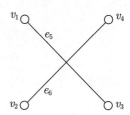

图 7.2.2

解 经计算

$$A(C_4) = \begin{pmatrix} 0 & 1 & 0 & 1 \\ 1 & 0 & 1 & 0 \\ 0 & 1 & 0 & 1 \\ 1 & 0 & 1 & 0 \end{pmatrix}, \quad A(\bar{C}_4) = \begin{pmatrix} 0 & 0 & 1 & 0 \\ 0 & 0 & 0 & 1 \\ 1 & 0 & 0 & 0 \\ 0 & 1 & 0 & 0 \end{pmatrix}$$

$$L(C_4) = \begin{pmatrix} 2 & -1 & 0 & -1 \\ -1 & 2 & -1 & 0 \\ 0 & -1 & 2 & -1 \\ -1 & 0 & -1 & 2 \end{pmatrix}, \quad L(\bar{C}_4) = \begin{pmatrix} 2 & 0 & -1 & 0 \\ 0 & 2 & 0 & -1 \\ -1 & 0 & 2 & 0 \\ 0 & -1 & 0 & 2 \end{pmatrix}$$

$$\bar{L}(C_4) = \begin{pmatrix} 2 & 1 & 0 & 1 \\ 1 & 2 & 1 & 0 \\ 0 & 1 & 2 & 1 \\ 1 & 0 & 1 & 2 \end{pmatrix}, \quad \bar{L}(\bar{C}_4) = \begin{pmatrix} 2 & 0 & 1 & 0 \\ 0 & 2 & 0 & 1 \\ 1 & 0 & 2 & 0 \\ 0 & 1 & 0 & 2 \end{pmatrix}$$

可以直观看出定理 7.2.1成立.

定理 7.2.2 设 G 是有 n 个顶点的图, 则

$$\mu_i(G) + \mu_{n-i}(\bar{G}) = n \quad (i=1,\cdots,n-1)$$

证明 根据定理 7.2.1, 有 $L(\bar{G}) = nE - L(G) - J$, 设 $x_1, \cdots, x_n$ 分别是 $\mu_1(G), \cdots, \mu_n(G)$ 的特征向量, 则

$$L(\bar{G})x_i = (n - \mu_i(G))x_i \quad (i=1,\cdots,n-1)$$

特征向量 x_n 是全 1 向量并且这 n 个向量两两正交. 所以我们有

$$\mu_i(G) + \mu_{n-i}(\bar{G}) = n \quad (i=1,\cdots,n-1)$$

定理 7.2.3 设 G 是一个有 n 个顶点的简单图, $\bar{G}$ 是其补图. 则有

$$\mu_1(G) \leqslant n$$

证明 由定理 7.2.2知

$$n - \mu_{n-1}(G) \geqslant n - \mu_{n-2}(G) \geqslant \cdots \geqslant n - \mu_1(G) \geqslant 0$$

例 7.2.2 以图 5.2.1为例, 求出其补图, 验证定理 7.2.2.

解 图 5.2.1的拉普拉斯矩阵的谱为 $\mathrm{Spec}(L, G_{枫叶}) = \begin{pmatrix} \mu_1 & \mu_2 & \mu_3 & \mu_4 & \mu_5 \\ 5 & 3+\sqrt{2} & 3 & 3-\sqrt{2} & 0 \end{pmatrix}$, 图 5.2.1的补图为图 7.2.3, 其拉普拉斯矩阵为

$$L(\bar{G}_{枫叶}) = \begin{matrix} & \begin{matrix} v_1 & v_2 & v_3 & v_4 & v_5 \end{matrix} \\ \begin{matrix} v_1 \\ v_2 \\ v_3 \\ v_4 \\ v_5 \end{matrix} & \begin{pmatrix} 0 & 0 & 0 & 0 & 0 \\ 0 & 2 & 0 & -1 & -1 \\ 0 & 0 & 1 & 0 & -1 \\ 0 & -1 & 0 & 1 & 0 \\ 0 & -1 & -1 & 0 & 2 \end{pmatrix} \end{matrix}$$

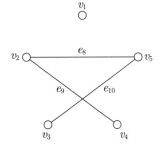

图 7.2.3 $G_{枫叶}$ 的补图 $\bar{G}_{枫叶}$

其谱为 $\mathrm{Spec}(L, \bar{G}_{枫叶}) = \begin{pmatrix} \mu_1 & \mu_2 & \mu_3 & \mu_4 & \mu_5 \\ 2+\sqrt{2} & 2 & 2-\sqrt{2} & 0 & 0 \end{pmatrix}$, 可见除了 $n=5$, 交叉对应相加都为 5.

定理 7.2.4[6] 设 G 是 n 个顶点的 k 正则图, 则

$$A(\bar{G},x) = (-1)^n \frac{x-n+k+1}{x+k+1} A(G,-x-1)$$

即补图 $\bar{G}$ 的特征值为

$$n-k-1, -\lambda_2(G)-1, -\lambda_3(G)-1, \cdots, -\lambda_n(G)-1$$

7.3 删点、删边和图的交与并

7.3.1 删点

定理 7.3.1[6](删点的导数) $A'(G,x) = \sum_{v \in V(G)} A(G-v,x)$, 其中 $A'(G,x)$ 是图 G 特征多项式的导数.

定理 7.3.2[6](删点与删邻点、圈) 设 u 是图 G 的一个顶点, $N(u)$ 是 u 的所有邻点的集合, $\mathscr{C}(u)$ 是包含点 u 的所有圈的集合, 则

$$A(G,x) = xA(G-u,x) - \sum_{v \in N(u)} A(G-u-v,x) - 2\sum_{C \in \mathscr{C}(u)} A(G-V(C),x)$$

其中 $V(C)$ 是圈 C 的顶点集.

例 7.3.1 以图 7.3.1中 $G_{甲鱼}$ 为例, 通过去除点 v_1 来验证定理 7.3.2.

解 图 7.3.2是删除 v_1 的图, 其多项式为 $A(G_{甲鱼}-v_1,x) = x^9 - 10x^7 + 32x^5 - 40x^3 + 16x$, 图 7.3.3至图 7.3.5是删除 v_1 和其一个邻点的图, 对应的特征多项式, $A(_{甲鱼-v_1-v_i},x) = x^8 - 8x^6 + 18x^4 - 12x^2 (i=2,8,10)$, 图 7.3.6是删除 v_1 所在圈的图, 对应的特征多项式有 $A(S_4,x) = x^4 - 3x^2$ 和 $A(O_2,x) = x^2$, 将其代入定理 7.3.2中的公式可以得到 $x(x^9 - 9x^7 + 24x^5 - 20x^3) - 2(x^8 - 8x^6 + 18x^4 - 12x^2) - (x^8 - 8x^6 + 18x^4 - 12x^2) - 2x^2 - 6(x^4 - 3x^2) - 4x^2$, 即 $A(G_{甲鱼}) = x^{10} - 12x^8 + 48x^6 - 80x^4 + 48x^2$. □

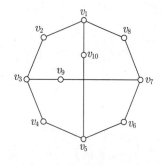

图 7.3.1 $G_{甲鱼}$

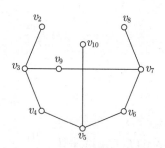

图 7.3.2 $G_{甲鱼} - v_1$

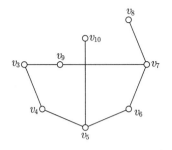

图 7.3.3　$G_{甲鱼} - v_1 - v_2$

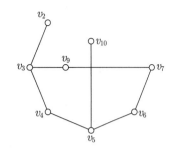

图 7.3.4　$G_{甲鱼} - v_1 - v_8$

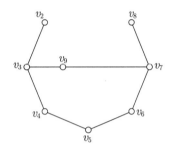

图 7.3.5　$G_{甲鱼} - v_1 - v_{10}$

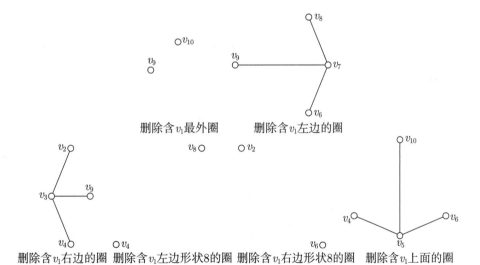

删除含v_1最外圈　　删除含v_1左边的圈

删除含v_1右边的圈　删除含v_1左边形状8的圈　删除含v_1右边形状8的圈　　删除含v_1上面的圈

图 7.3.6　$G_{甲鱼} - C, C \in \mathscr{C}(v_1)$

推论 7.3.1(加点)　设 $G_v + e$ 是在图 G 的顶点 v 上加一个悬挂边得到的图, 则

$$A(G_v + e, x) = xA(G, x) - A(G - v, x)$$

7.3.2 删边

定理 7.3.3[6](删边) 一个图 G 有一条割边 uv,删除割边后得到两个图 G_1 和 G_2,则

$$A(G,x) = A(G_1,x)A(G_2,x) - A(G_1-u,x)A(G_2-v,x)$$

推论 7.3.2(邻接特征多项式不交并) 设图 G 有 k 个连通分支 $G_1, G_2, \cdots, G_k$,则

$$A(G,x) = A(G_1,x)A(G_2,x)\cdots A(G_k,x)$$

定理 7.3.4[6](删边与删邻点、圈) 设 uv 是图 G 的一条边,$\mathscr{C}(uv)$ 是包含边 uv 的所有圈的集合,则

$$A(G,x) = A(G-uv,x) - A(G-u-v,x) - 2\sum_{C \in \mathscr{C}(uv)} A(G-V(C),x)$$

其中 $V(C)$ 是圈 C 的顶点集.

推论 7.3.3[1](树删点) 设 w 是树 T 的一个顶点,uv 是树 T 的一条边,则

$$A(G,x) = xA(G-w,x) - \sum_{w_0 \in N(w)} A(G-w-w_0,x)$$
$$= A(G-uv,x) - A(G-u-v,x)$$

定理 7.3.5[6](加边) 设 $G+e$ 是在图 G 的顶点 v 上加一个悬挂边得到的图,则

$$A(G+e,x) = xA(G,x) - A(G-v,x)$$

除了上面对邻接矩阵的特征值成立,还有下面的结论.

定理 7.3.6[30, 31](拉氏特征多式的不交并) 设图 G 有 k 个连通分支 $G_1, G_2, \cdots, G_k$,则

$$L(G,x) = L(G_1,x)L(G_2,x)\cdots L(G_k,x)$$
$$\bar{L}(G,x) = \bar{L}(G_1,x)\bar{L}(G_2,x)\cdots \bar{L}(G_k,x)$$

推论 7.3.1 和定理 7.3.6 为第 11 章介绍的定理 11.2.3 提供了"连通分支的谱并组成谱"另一种证明思路,也反映了数学的美.

7.4 矩阵运算与图操作

7.4.1 张量积

设 G_1 和 G_2 为简单连通图,其顶点集分别为 $V(G_1) = \{v_1, v_2, \ldots, v_m\}$,$V(G_2) = \{u_1, u_2, \ldots, u_n\}$,则图 G_1 和 G_2 的**张量积**(**克罗内克积**)图 $G \otimes H$ 定义如下:

(1) $V(G_1 \otimes G_2) = V(G_1) \otimes V(G_2) = \{v(i,j) \mid v_i \in V(G_1), u_j \in V(G_2)\}$;

(2) $E(G_1 \otimes G_2) = \{v(i,j)v(p,q) \mid v_iv_p \in E(G_1) \text{ 且 } u_ju_q \in E(G_2)\}$.

图 7.4.1 是路 P_2 和圈 C_3, 它们的张量积如图 7.4.2 所示.

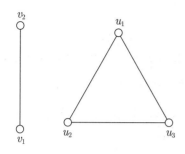

图 7.4.1　路 P_2 和圈 C_3

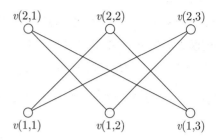

图 7.4.2　$C_6 = P_2 \otimes C_3$

设矩阵 $A \in \mathbb{C}_{m \times n}$, 矩阵 $B \in \mathbb{C}_{p \times q}$, A 和 B 的克罗内克积 $A \otimes B$ 的矩阵形式为

$$A \otimes B = \begin{pmatrix} a_{11}B & a_{12}B & \cdots & a_{1n}B \\ a_{21}B & a_{22}B & \cdots & a_{2n}B \\ \vdots & \vdots & & \vdots \\ a_{m1}B & a_{m2}B & \cdots & a_{mn}B \end{pmatrix}$$

定理 7.4.1[5]　$G_1 \otimes G_2$ 的邻接矩阵 $A(G_1 \otimes G_2) = A(G_1) \otimes A(G_2)$.

例 7.4.1　利用定理 7.4.1, 求 C_6 的邻接矩阵.

证明　$C_6 = P_2 \otimes C_3 = \begin{pmatrix} 0 & 1 \\ 1 & 0 \end{pmatrix} \otimes \begin{pmatrix} 0 & 1 & 1 \\ 1 & 0 & 1 \\ 1 & 1 & 0 \end{pmatrix} = \begin{pmatrix} 0 & 0 & 0 & 0 & 1 & 1 \\ 0 & 0 & 0 & 1 & 0 & 1 \\ 0 & 0 & 0 & 1 & 1 & 0 \\ 0 & 1 & 1 & 0 & 0 & 0 \\ 1 & 0 & 1 & 0 & 0 & 0 \\ 1 & 1 & 0 & 0 & 0 & 0 \end{pmatrix}$, 易知其为 C_6

的邻接矩阵. 在矩阵论中张量积没有交换律, 但是对于图的张量积却是有的, 例如

$$\begin{pmatrix} 0 & 1 & 1 \\ 1 & 0 & 1 \\ 1 & 1 & 0 \end{pmatrix} \otimes \begin{pmatrix} 0 & 1 \\ 1 & 0 \end{pmatrix} = \begin{pmatrix} 0 & 0 & 0 & 1 & 0 & 1 \\ 0 & 0 & 1 & 0 & 1 & 0 \\ 0 & 1 & 0 & 0 & 0 & 1 \\ 1 & 0 & 0 & 0 & 1 & 0 \\ 0 & 1 & 0 & 1 & 0 & 0 \\ 1 & 0 & 1 & 0 & 0 & 0 \end{pmatrix}$$

虽然得到的矩阵不同, 但是得到了同样的图 C_6.　□

定理 7.4.2[5]　设 λ 与 μ 分别是 m 阶矩阵 G_1 与 n 阶矩阵 G_2 的特征值, x 与 y 分别是对应的特征向量, 则 $\lambda\mu$ 是 $G_1 \otimes G_2$ 的特征值, $x \otimes y$ 是其特征向量.

例 7.4.2　解释一下为什么圈 C_6 的特征值包含 C_3 的特征值.

解 可知 $\text{Spec}(A, P_2) = \begin{pmatrix} 1 & -1 \\ 1 & 1 \end{pmatrix}$, $\text{Spec}(A, C_3) = \begin{pmatrix} 1 & -2 \\ 2 & 1 \end{pmatrix}$, 而 $C_6 = P_2 \otimes C_3$ 且 $\text{Spec}(A, C_6) = \begin{pmatrix} 2 & 1 & -1 & -2 \\ 1 & 2 & 2 & 1 \end{pmatrix}$, 这是因为 $\{-1,1\}$ 与 $\{-2,1\}$ 积的范围 $\{-2,-1,1,2\}$ 恰包含 $\{-2,1\}$. □

此例类似于后面将介绍的定理 7.5.2"二部图必然是一个图的剖分图".

定理 7.4.3 如果图是二部图, 则它的充分必要条件是存在一个图 H, 使得 $H \otimes P_2 = G$, 同时可以知道如果 H 的谱是 $\text{Spec}(H)$, 那么 G 的谱是 $\text{Spec}(H) \cup -\text{Spec}(H)$.

证明 根据定理 7.4.1 知, 图的张量积等价于其邻接矩阵的张量积, 故

$$A(G) \otimes A(P_2) = \begin{pmatrix} O & A(G) \\ A(G) & O \end{pmatrix}$$

又由于 A 是实对称矩阵, 则 $A^T = A$. 根据定理 4.3.3 知, G 是二部图. 而路的特征值为 $1, -1$, 根据定理 7.4.2 知, G 的谱是 $\text{Spec}(H) \cup -\text{Spec}(H)$. □

7.4.2 笛卡儿积

设 G_1 和 G_2 为简单连通图, 其顶点集分别为 $V(G_1) = \{v_1, v_2, \ldots, v_m\}$, $V(G_2) = \{u_1, u_2, \ldots, u_n\}$, 则图 G_1 和 G_2 的**笛卡儿积图**$G \square H$ 定义如下:

(1) $V(G_1 \square G_2) = V(G_1) \otimes V(G_2) = \{v(i,j) \mid v_i \in V(G_1), u_j \in V(G_2)\}$;

(2) $E(G_1 \square G_2) = \{v(i,j)v(p,q) \mid v_i = u_p$ 且 $v_j u_q \in E(G_1)$, 或 $v_j = u_q$ 且 $v_i u_p \in E(G_2)\}$.

定理 7.4.4[5] $A(G_1 \square G_2) = A(G_1) \oplus A(G_2) = A(G_1) \otimes E_{|V(G_2)|} + E_{|V(G_1)|} \otimes A(G_2)$.

推论 7.4.1[5] 设 λ 与 μ 分别是 m 阶矩阵 G_1 与 n 阶矩阵 G_2 的特征值 (或拉普拉斯特矩阵的特征值), x 与 y 分别是对应的特征向量 (或拉普拉斯特矩阵的特征值向量), 则 $\lambda + \mu$ 是 $G_1 \square G_2$ 的特征值 (或拉普拉斯特矩阵的特征值), $x + y$ 是相应的特征向量 (或拉普拉斯特矩阵的特征值向量).

除了定义 7.1.1, 如图 7.4.3 和图 7.4.4所示, n 维超立方体 Q_n 还可以利用图的笛卡儿积运算给出的递归定义.

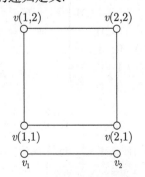

图 7.4.3 路 P_2 与正方形 $P_2 \square P_2$

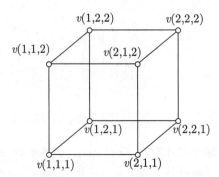

图 7.4.4 立方体 $P_2 \square P_2 \square P_2$

定义 7.4.1 n 维超立方体的笛卡儿积递归定义：

$$Q_n = \begin{cases} K_2 & (n=1) \\ Q_{n-1} \Box K_2 & (n>1) \end{cases}$$

其中运算 $\Box$ 为笛卡儿积.

定理 7.4.5 设 n 维超立方体 Q_n 的谱为

$$\text{Spec}(A, Q_n) = \begin{pmatrix} n & n-2i & \cdots & -n+2 & \cdots & -n \\ C_n^n & C_n^i & \cdots & C_n^1 & \cdots & C_n^0 \end{pmatrix}$$

其中 $n - 2i\,(i = 0, 1, 2, \cdots, n)$ 为 $A(Q_n)$ 的 $n+1$ 个不同的特征值，且其重数为二项式系数 C_n^i.

证明 根据定义 7.4.1 知，超立方体是 n 个 P_2 的笛卡儿积. 而 P_2 的谱是 $1, -1$，根据定理 7.4.1 知，超立方的谱必定是从 $\{-1, 1\}$ 中抽取 n 个元素再相加的结果. □

定理 7.4.6 设 n 维超立方体 Q_n 拉普拉斯谱为

$$\text{Spec}(L, Q_n) = \begin{pmatrix} 2n & 2i & \cdots & 2 & \cdots & 0 \\ C_n^n & C_n^i & \cdots & C_n^1 & \cdots & C_n^0 \end{pmatrix}$$

其中 $2i\,(i = 0, 1, 2, \cdots, n)$ 为 $L(Q_n)$ 的 $n+1$ 个不同的特征值，且其重数为二项式系数 C_n^i.

证明 根据定义 7.4.1 知，超立方体是 n 个 P_2 的笛卡儿积. 而 P_2 的邻接矩阵特征值是 $2, 0$，根据定理 7.4.1 知，超立方谱必定是从 $\{2, 0\}$ 中抽取 n 个元素再相加的结果. □

定理 7.1.3 的证明 由定理 7.1.2 可知，若 G 的 $\bar{L}$ 的特征值为 $q_1 \geqslant q_2 \geqslant \cdots \geqslant q_n$，则 $q_1 - 2, q_2 - 2, \cdots, q_n - 2, |E(G)| - |V(G)|$ 个 (-2) 是图 G 的线图 $\text{line}(G)$ 的邻接矩阵的特征值 (注意必须有 $|E(G)| \geqslant |V(G)|$). 由定理 7.4.6 和定理 6.3.2，可以得到该结论. □

7.4.3 强积

设 G_1 和 G_2 为简单连通图，其顶点集分别为 $V(G_1) = \{v_1, v_2, \ldots, v_m\}$，$V(G_2) = \{u_1, u_2, \ldots, u_n\}$，则图 G_1 和 G_2 的**强积图** $G \boxtimes H$ 定义如下：

(1) $V(G_1 \boxtimes G_2) = V(G_1) \otimes V(G_2) = \{v(i,j) \mid v_i \in V(G_1), u_j \in V(G_j)\}$；

(2) $E(G_1 \boxtimes G_2) = \{v(i,j)v(p,q) \mid v_i = u_p 且 v_j u_q \in E(G_1)$，或 $v_j = u_q 且 v_i u_p \in E(G_2)$，或 $v_i u_p \in E(G_1) 且 v_j u_q \in E(G_2)\}$.

定理 7.4.7[5] $A(G_1 \boxtimes G_2) = \big(A(G_1) + E_{|V(G_1)|}\big) \boxtimes \big(A(G_2) + E_{|V(G_2)|}\big) - E_{|V(G_1)| \times |V(G_2)|}$.

推论 7.4.2[5] 设 λ 与 μ 分别是 m 阶矩阵 G_1 与 n 阶矩阵 G_2 的特征值，x 与 y 分别是对应的特征向量，则 $(\lambda + 1)(\mu + 1) - 1$ 是 $G_1 \boxtimes G_2$ 的特征值.

7.5 矩阵的分块

以下几个图操作可以转化为邻接矩阵的分块,类似这种图操作还有待开发.

7.5.1 剖分图

回顾一下图 G 的剖分图, $S(G)$ 是通过在 G 的每条边中插入一个新顶点而获得的图, 如果 $S(G)$ 是图 G 的剖分图, 图 G 每条边新加上的点称为**剖分点**, 易知, 每个剖分点对应着原图的一条边. 关于剖分图除了树的拉普拉斯多项式系数定理 5.2.3, 下面将详细地再给出一些剖分图的性质. 本节对 An introduction to the theory of graph spectra[6] 一书中矩阵构造的合理性和语言叙述进行了改进.

定理 7.5.1 (剖分图的矩阵形式) 剖分图是一个二部图, 其邻接矩阵的形式如下:

$$A(S(G)) = \begin{pmatrix} O_n & M(G) \\ M^{\mathrm{T}}(G) & O_m \end{pmatrix}$$

其中 M 是 G 的关联矩阵, $|V(G)| = n, |E(G)| = m$.

例 7.5.1 用非二部图 $G_{钻石}$(图 4.1.3), 根据定理 7.5.1 写出 $S(G_{钻石})$(图 7.5.1) 的邻接矩阵, 并判断其是否是二部图.

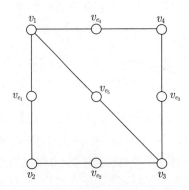

图 7.5.1 钻石图 $G_{钻石}$ 的剖分图 $S(G_{钻石})$

解 易知 $M^{\mathrm{T}}(G_{钻石}) = \begin{array}{c} \\ v_1 \\ v_2 \\ v_3 \\ v_4 \end{array} \begin{array}{c} v_{e_1}\ v_{e_2}\ v_{e_3}\ v_{e_4}\ v_{e_5} \\ \begin{pmatrix} 1 & 0 & 0 & 1 & 1 \\ 1 & 1 & 0 & 0 & 0 \\ 0 & 1 & 1 & 0 & 1 \\ 0 & 0 & 1 & 1 & 0 \end{pmatrix} \end{array}$, 根据定理 7.5.1, 知

$$A\left(S\left(G_{钻石}\right)\right) = \begin{pmatrix} O_n & M\left(G_{钻石}\right) \\ M^{\mathrm{T}}\left(G_{钻石}\right) & O_m \end{pmatrix} = \begin{matrix} & \begin{matrix} v_1 & v_2 & v_3 & v_4 & v_{e_1} & v_{e_2} & v_{e_3} & v_{e_4} & v_{e_5} \end{matrix} \\ \begin{matrix} v_1 \\ v_2 \\ v_3 \\ v_4 \\ v_{e_1} \\ v_{e_2} \\ v_{e_3} \\ v_{e_4} \\ v_{e_5} \end{matrix} & \begin{pmatrix} 0 & 0 & 0 & 0 & 1 & 0 & 0 & 1 & 1 \\ 0 & 0 & 0 & 0 & 1 & 1 & 0 & 0 & 0 \\ 0 & 0 & 0 & 0 & 0 & 1 & 1 & 0 & 1 \\ 0 & 0 & 0 & 0 & 0 & 0 & 1 & 1 & 0 \\ 1 & 1 & 0 & 0 & 0 & 0 & 0 & 0 & 0 \\ 0 & 1 & 1 & 0 & 0 & 0 & 0 & 0 & 0 \\ 0 & 0 & 1 & 1 & 0 & 0 & 0 & 0 & 0 \\ 1 & 0 & 0 & 1 & 0 & 0 & 0 & 0 & 0 \\ 1 & 0 & 1 & 0 & 0 & 0 & 0 & 0 & 0 \end{pmatrix} \end{matrix}$$

首先看矩阵符合定理 4.3.3, 自然地, 剖分点和原来的点形成两个划分. □

其实, 写到这里, 笔者想到 "二部图是不是一定是一个图的剖分呢?" 比如 C_4 就是带有两个重边的 P_2 剖分出来的, P_5 就是的 P_3 剖分出来的, 所以研究剖分图对二部图具有很大的帮助. 这是树作为二部图经常和剖分图扯上关系的原因, 如定理 5.2.3.

定理 7.5.2 一个二部图 (除了 P_2) 当且仅当其是一个图的剖分图.

证明 由定理 7.5.1知, 特别地, P_2 可以视作由一个点剖分出来的图. □

定理 7.5.3 设 G 是有 $|V(G)| = n$ 个顶点和 $|E(G)| = m$ 条边的图, $S(G)$ 图 G 的剖分图, 则

$$A\left(S(G), x\right) = x^{m-n}\bar{L}\left(G, x^2\right)$$

证明 由定理 7.5.1、定理 7.1.1和定理 7.1.2知

$$A\left(S(G), x\right) = \det\begin{pmatrix} xE_m & -M^{\mathrm{T}} \\ -M & xE_n \end{pmatrix} = x^m \det\left(xE_n - x^{-1}M^{\mathrm{T}}M\right)$$
$$= x^{m-n}\det\left(x^2 E_n - \bar{L}_G\right) = x^{m-n}\bar{L}\left(G, x^2\right) \quad \square$$

例 7.5.2 求出 C_4 的特征多项式和其剖分图 $S(C_4) = C_8$, 如图 7.5.2所示, 验证定理 7.5.3, 即无符号拉普拉斯多项式的剖分性质.

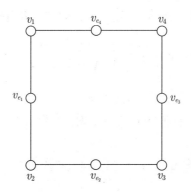

图 7.5.2 圈 C_4 的剖分图 $S(C_4)$

经计算, 其是 $L(T(C_4), x)$. □

定理 7.5.10[3](正则图的全图的特征多项式) G 是一个有 m 条边和 n 个顶点的 k 正则简单图. 若 λ_i 是 $A(G,x)$ 的根, 则对于 G 的全图 $T(G)$, 有

$$A(T(G),x) = (x+2)^{m-n} \prod_{i=1}^{n} \left(x^2 - (2\lambda_i + k - 2)x + \lambda_i^2 + (k-3)\lambda_i - k\right)$$

由定理 7.5.10 和定理 7.1.2 知, 当 $k>1$, 全图 $T(G)$ 的特征多项式和线图的特征多项式一样也有 $m-n$ 重特征值 -2, 除此之外对于 k 正则全图还有下列 $2n$ 个特征值:

$$\frac{1}{2}\left(2\lambda_i + k - 2 \pm \sqrt{4\lambda_i + k^2 + 4}\right) \quad (i=1,\cdots,n)$$

例 7.5.5 以圈 C_4 的全图 7.5.8 为例, 验证 C_4 的外剖分图的特征多项式与 C_4 的特征值的关系.

解 圈 C_4 邻接矩阵的特征值是 $-2, 2, (0)^2$, 根据定理 1.5.12 知

$$(x^2-2)^2(x^2-4)(x^2+4x+4)$$
$$= x^8 - 16x^6 - 16x^5 + 52x^4 + 64x^3 - 48x^2 - 64x$$

经计算, 其是 $A(T(C_4), x)$. □

第 8 章 重要特征值

8.1 图的最小特征值

从以往的例子可以看出,邻接矩阵的特征值是有正有负的,而拉普拉斯矩阵和无符号拉普拉斯矩阵的最小特征值是 0, 那么这是为什么呢?

定理 8.1.1 邻接矩阵的特征值、拉普拉斯矩阵和无符号拉普拉斯矩阵相应的特征值分别表示为

$$\lambda_1 \geqslant \lambda_2 \geqslant \cdots \geqslant \lambda_n, \quad \mu_1 \geqslant \mu_2 \geqslant \cdots \geqslant \mu_n = 0, \quad q_1 \geqslant q_2 \geqslant \cdots \geqslant q_n \geqslant 0$$

其中 $\lambda_i, \mu_i, q_i \in \mathbb{R}(i \in \{1, \cdots, n\})$.

证明 由于这三个矩阵都是实对称矩阵, 故特征值都是实数. 接下来一起解决为什么拉普拉斯矩阵和无符号拉普拉斯矩阵的特征值大于等于 0. 如果证明其是半正定矩阵, 则其特征值就会大于等于 0.

利用半正定矩阵的定义, 对于任意不全为 0 的实数 $x_1, x_2, \cdots x_n$ 组成的向量 x, 有实二次型 $f = x^\mathrm{T} L x \geqslant 0$, 则称 f 为正定二次型, 设邻接矩阵 $A(G) = (a_{ij})_{n \times n}$, 对应的度矩阵 $D(G)$ 对角元素为 v_i 的度为 d_i 则

$$\begin{aligned} x^\mathrm{T} L x &= x^\mathrm{T} D x - x^\mathrm{T} A x = \sum_{i=1}^n d_i x_i^2 - \sum_{i,j=1}^n a_{ij} x_i x_j \\ &= \frac{1}{2} \left(\sum_{i=1}^n d_i x_i^2 - 2 \sum_{i,j=1}^n a_{ij} x_i x_j + \sum_{i=1}^n d_j x_j^2 \right) \\ &= \frac{1}{2} \sum_{i,j=1}^n a_{ij} (x_i - x_j)^2 \geqslant 0 \end{aligned}$$

由此知 L 是半正定的, 特征值大于等于 0, 同理无符号拉普拉斯矩阵 $\bar{L}$ 也是半正定的, 特征值大于等于 0.

对于拉普拉斯矩阵特征值必然有一个 0, 那是因为其行列式必定为 0, 故其秩始终小于等于 n, 且必有 0 作为特征值. □

对于无符号拉普拉斯矩阵的最小特征值 0 的用处和二部图有关, 见定理 6.3.3和推论 6.3.1, 既然由定理 6.3.2知二部图的拉普拉斯谱和无符号拉普拉斯的谱相等, 那么用拉普拉斯的矩阵的最小特征值 0 能不能判断二部图分支的个数呢? 由定理 8.1.1知, 任意图的拉普拉斯矩阵的特征值都有 0 作为最小特征值, 且定理 6.3.2不是充要条件, 故无法成为桥梁.

8.1.1 无符号拉普拉斯矩阵的最小特征值

定理 8.1.2[32] 设 G 是有 $n \geqslant 2$ 个顶点的连通图, δ 是 G 的最小度, 则 $q_n(G) < \delta$.

例 8.1.1 以图 8.1.1 为例, 比较无符号拉普拉斯矩阵的最小特征值与最小度, 验证定理 8.1.2.

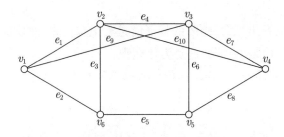

图 8.1.1 连通度与代数连通度的关系示例 $G_{蝙蝠}$

解 图 8.1.1 的无符号拉普拉斯矩阵的谱为

$$\mathrm{Spec}\,(\bar{L}, G_{蝙蝠}) = \begin{pmatrix} q_1 & q_2 & q_3 & q_4 & q_5 & q_6 \\ 6.89511 & 4 & 3.3973 & 3 & 1.7076 & 1 \end{pmatrix}$$

其中 $q_n(G_{蝙蝠}) = q_6(G_{蝙蝠}) = 1 < \delta = 3$. □

可见该上界还是比较大的.

定理 8.1.3[33] 对于点数 $n \geqslant 6$ 的图 G, 则

$$q_n(G) \geqslant \frac{2m}{n-2} - n + 1$$

定理 8.1.4[34] 图 G 的顶点数为 n 时, 则

$$q_n(G) \leqslant n - 2$$

当且仅当 G 是完全图 K_n 等式成立.

定理 8.1.5[35] 如果 G 是一个顶点数为 n, 边数为 m 的图, 则

$$q_n(G) \leqslant \frac{2m}{n} - 1$$

当且仅当 G 是完全图 K_n 等式成立.

8.1.2 邻接矩阵的最小特征值

由定理 8.1.1 知, 拉普拉斯矩阵是半正定的, 由定理 7.1.1 和定理 7.1.2 可以得到下面定理:

我们知道许多图都是另一个图的线图, 故定理 8.1.7 告诉我们有大量图的最小特征值都大于等于 -2. 所以最小特征值小于 -2 的图才难能可贵. 对于该理论的研究可以参照书 *Spectral generalizations of line graphs* : *On graphs with least eigenvalue* -2[7], 本书不再拓展.

定理 8.1.6 设 G 是有 n 个顶点 m 条边的连通图, 则

(1) 如果 G 是二部图, 则 -2 是线图 line(G) 的重数为 $m-n+1$ 的特征值;

(2) 如果 G 是非二部图, 则 -2 是线图 line(G) 的重数为 $m-n$ 的特征值.

证明 由定理 7.1.1 和定理 3.5.1 可得到. □

定理 8.1.7 线图的最小特征值大于等于 -2.

证明 由定理 8.1.6 知. □

例 8.1.2 从超立方体线图的谱, 即定理 7.4.6, 验证定理 8.1.7、定理 8.1.6(2) 的正确性.

解 根据实现定理 7.1.3 超立方体 line(Q_n) 的线图的谱为

$$\text{Spec}(A, \text{line}(Q_n)) = \begin{pmatrix} -2 & 0 & \cdots & 2i-2 & \cdots & 2n-2 & -2 \\ C_n^0 & C_n^1 & \cdots & C_n^i & \cdots & C_n^n & |E(Q_n)|-|V(Q_n)| \end{pmatrix}$$

其中 $i=0,1,2,\cdots,n$, $|V(Q_n)|=2^n$, $|E(Q_n)|=2^{n-1}\times n$. 可以看出线图的最小特征值大于等于 -2, 由于超立方体的线图不是谱对称的, 根据定理 6.3.1, 知超立方体的线图不是二部图, 可以验证超立方体的线图的最小特征值 -2 的重数为 $m-n$. □

定理 8.1.8[6] 设 G 是一个连通图, 则线图 $L(G)$ 的最小特征值大于 -2 当且仅当 G 是树或者奇单圈图.

例 8.1.3 以图 8.1.2 和图 2.1.2 为例, 验证它们的线图最小特征值大于 -2.

解 四星 $K_{1,3}$ 的线图为 P_3 即图 8.1.3, 则有

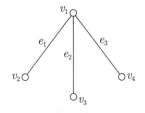

图 8.1.2 四星 $K_{1,3}$

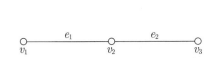

图 8.1.3 四星 $K_{1,3}$ 的线图 P_3

$$\text{Spec}(L, \text{line}(K_{1,3})) = \text{Spec}(L, P_3) = \begin{pmatrix} \mu_1 & \mu_2 & \mu_3 \\ 3 & 1 & 0 \end{pmatrix}$$

图 2.1.2 中 $U_{3,1}$ 的线图为图 5.1.4, 则有

$$\text{Spec}\left(L, \text{line}\left(U_{3,1}\right)\right) = \text{Spec}\left(L, G_{钻石}\right) = \begin{pmatrix} \mu_1 & \mu_2 & \mu_3 & \mu_4 \\ 4 & 4 & 3 & 0 \end{pmatrix}$$

可以看出特征值大于 -2. □

8.1.3 拉普拉斯矩阵的最小特征值就是连通度

拉普拉斯矩阵的最小特征值就是连通度，是因为有如下定理：

定理 8.1.9 (拉普拉斯矩阵的最小特征值就是连通度) 拉普拉斯的最小特征值 $\mu_n(G) = 0$ 的重数等于图连通分支个数 $w(G)$.

该证明在带权图的拉普拉斯矩阵中再一起给予证明，具体参看定理 11.2.4.

结合定理 6.3.2 可以得到推论 6.3.1, 判断连通分支个数的定理还有定理 6.4.1.

学图论和机器学习的经常又会听到代数连通度, 这又是什么回事？请看第 8.2 节和关于谱聚类的第 11.2 节.

8.2 代数连通度

我们知道对于不连通的图，根据"拉普拉斯矩阵的最小特征值就是连通度"定理 8.1.9, 可以用最小拉普拉斯特征值直接求出，但是对于连通图怎么判读其连通性的好坏，Fiedler 证明出图的拉普拉斯的第二小特征值和连通性有关，因此被称为**代数连通度**. 该知识体系可以运用到图的划分中, 可以用来近似图的最小边连通度. 这在后面的第 11.2 节将细讲. 按捺不住的读者可以试着先去看看. 下面给出次小特征值或者说代数连通度的一些范围, 从这些范围也可看出, 其与图的切割有密切关系.

一个连通图 G 的**点割集**是 $V(G)$ 的一个子集 V', 使得 $G - V'$ 不连通, 称 $\kappa(G)$ 为图 G 的**点连通度**:

$$\kappa(G) = \min\left\{|V'| \mid V' \text{ 是 } G \text{ 的点割集或} G - V' \text{ 是单点图}\right\}$$

G 的**边割集** 是 $E(G)$ 的一个子集 E', 使得 $G - E'$ 不连通. 令 $\kappa'(G)$ 为**边连通度**:

$$\kappa'(G) = \min\left\{|E'| \mid E' \text{ 是 } G \text{ 的边割集}\right\}$$

定理 8.2.1[36] 令 G 为一个阶数为 n 的非完全图的简单图, 且其点连通度为 $\kappa(G)$, 边连通度为 $\kappa'(G)$, 代数连通度 $\mu(G)$ 则有以下不等式成立：

$$2\kappa'(G)\left(1 - \cos\left(\frac{\pi}{n}\right)\right) \leqslant \mu_{n-1}(G) \leqslant \kappa(G) \leqslant \kappa'(G)$$

例 8.2.1 以图 8.1.1 为例，根据定理 8.2.1，比较代数连通度、边连通度与点连通度的关系.

解
$$\text{Spec}(L, G_{蝙蝠}) = \begin{pmatrix} \mu_1 & \mu_2 & \mu_3 & \mu_4 & \mu_5 & \mu_6 \\ 4+\sqrt{3} & 5 & 4 & 3 & 4-\sqrt{3} & 0 \end{pmatrix}$$

可以看出 $2\kappa'(G_{蝙蝠})(1-\cos(\pi/6)) = 2(1-\frac{\sqrt{3}}{2}) \approx 0.26795 \leqslant \mu_{6-1}(G_{蝙蝠}) = 4-\sqrt{3} \approx 2.26795 \leqslant \kappa(G_{蝙蝠}) = 2 \leqslant \kappa'(G_{蝙蝠}) = 3$. □

定理 8.2.2 设 G 是有 n 个顶点的连通图，δ 是 G 的最小度，则 $\mu_{n-1} \leqslant \frac{n}{n-1}\delta$.

例 8.2.2 以图 8.1.1为例，比较拉普拉斯矩阵的最小特征值与最小度，验证定理 8.2.2.

解 可以看出 $\mu_{6-1}(G_{蝙蝠}) = 4-\sqrt{3} = 2.26795 \leqslant \frac{n}{n-1}\delta = \frac{6}{5} \times 3 = 3.6$. □

定理 8.2.3[37] 设 G 是一个 n 个顶点的图，d 是其直径，那么
$$\mu_{n-1}(G) \geqslant \frac{4}{nd}$$

定理 8.2.4[38] 设 G 是一个 n 个顶点的图且有 k 个割点，若 $2 \leqslant k \leqslant \frac{n}{2}$，则
$$\mu_{n-1}(G) \leqslant \frac{2(n-k)}{n-k+2+\sqrt{(n-k)^2+4}}$$

例 8.2.3 以图 8.2.1为例，比较定理 8.2.3与定理 8.2.4得到的下界谁更精确.

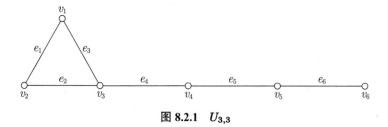

图 8.2.1 $U_{3,3}$

解 $\mu_{n-1} = 0.324869$，由定理 8.2.3知，$\mu_1(U_{3,3}) \geqslant \frac{4}{nd} = \frac{4}{6\times 4} = \frac{1}{6} \approx 0.166667$，由定理 8.2.4知，$\mu_1(U_{3,3}) \leqslant \frac{2(6-3)}{6-3+2+\sqrt{(6-3)^2+4}} \approx 0.697224$. 对于图 8.2.1，定理 8.2.3得到的下界更为贴切. □

有些论文用下面作为定理解释为什么次小特征值是代数连通度，但是笔者认为这只是强调拉普拉斯矩阵的次小特征值 $\mu_{n-1}(G)$ 与图不连通的关系，没有揭示次小特征值与代数连通度的作用，所以定理 8.1.9更为全面.

定理 8.2.5[36](次小特征值与连通度) 拉普拉斯矩阵的第二小特征值 $\mu_{n-1}(G) \neq 0$ 当且仅当 G 连通.

定理 8.2.6(最小特征值与连通度)　拉普拉斯矩阵的最小特征值 $\mu_n(G) = 0$ 是一重特征值当且仅当 G 连通.

证明　这不就是定理 8.1.9 的简单推论吗?　□

$L(G)$ 中与 $\mu_{n-1}(G)$ 对应的特征向量被称为**菲德勒特征向量** (Fiedler eigenvector).

如果一个图是二部图, 根据定理 6.3.2 知, 拉普拉斯多项式和无符号拉普拉斯多项式相等, 再根据定理 6.3.3 恰好验证了该定理 8.2.6, 且根据推论 6.3.1 还可以得到"对于二部图, 0 有几重就有几个连通分支".

例 8.2.4　用拉普拉斯矩阵的谱判断图 5.1.1 的连通性.

解　图 5.1.1 的拉普拉斯矩阵的谱为 $\text{Spec}(L, 2C_3 \cup P_2) = \begin{pmatrix} 3 & 2 & 0 \\ 4 & 1 & 3 \end{pmatrix}$, 由于 0 的重数不为 1, 故不连通.　□

拉普拉斯矩阵的最小特征值可以反映图的连通性, 无符号拉普拉斯矩阵的最小特征值可以计算图的二部分支数, 如例 5.1.1 可以看出其二部图连通分支为 1.

拉普拉斯矩阵的第二小特征值之所以叫连通"度", 主要是因为他不光能判断一个图连不连通, 还能给出一个图的连通分支个数. 如例 8.2.4, 可以看出 0 的重数恰恰是图 5.1.1 的连通分支个数.

真正想要了解代数连通度的作用需要去学图的切割, 也就是本书后面的定理 11.2.2 的相关内容.

8.3　图的最大特征值 (谱半径)

8.3.1　邻接矩阵的最大特征值

图矩阵的最大特征值称为**谱半径**, 不可约非负矩阵的最大特征值又称为**佩龙** (Perron) **特征值**, 对应的向量为**佩龙特征向量**, 这是由于下面的定理.

定理 8.3.1[6](Perron-Frobenius 定理)　设 G 是一个有 $n \geqslant 2$ 个顶点的连通图, 并 A 是 G 的邻接矩阵, 则

(1) A 的最大特征值 $\lambda_1 > 0$ 为单根, 并且其对应的特征向量非负;

(2) 对于 A 的任意其他特征值, 都有 $|\lambda_i| < \lambda_1 (i = 2, \cdots, n)$.

1907 年, 德国数学家奥斯卡·佩龙 (Oskar Perron) 证明了如果 A 是一个正方阵, 上述定理结论成立, 格奥尔格·弗罗贝尼乌斯 (Ferdinand Georg Frobenius) 则将其推广到非负矩阵的情形. 即:

定理 8.3.2(矩阵论中的 Perron-Frobenius 定理)　设 $A \geqslant 0$ 有谱半径 $\lambda_1(A)$, 那么 $\lambda_1(A)$ 是 A 的一个特征值, 而且 A 有一个非负特征向量 x 对应着 $\lambda_1(A)$. 另外, 如果 A 是不可约的, 那么 $\lambda_1(A)$ 是一个单特征值且对应着一个正特征向量 x.

其实在计算许多示例后也能发现会有定理 8.3.1 的规律. 但其证明过程还是挺复杂的.

例 8.3.1 以图 8.3.1 为例, 验证 Perron-Frobenius 定理 8.3.1.

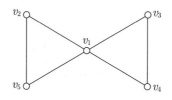

图 8.3.1 $G_{蝴蝶}$

解 图 $G_{蝴蝶}$ 的邻接矩阵的谱为

$$\operatorname{Spec}(A, G_{蝴蝶}) = \begin{pmatrix} \lambda_1 & \lambda_2 & \lambda_3 & \lambda_4 & \lambda_5 \\ \frac{1}{2}\left(1+\sqrt{17}\right) & 1 & -1 & -1 & \frac{1}{2}\left(1-\sqrt{17}\right) \end{pmatrix}$$

对应的特征向量为 $\left(\frac{1}{2}\left(-1+\sqrt{17}\right)\ 1\ 1\ 1\ 1\right)^{\mathrm{T}}$, $(0\ -1\ -1\ 1\ 1)^{\mathrm{T}}$, $(0\ -1\ 1\ 0\ 0)^{\mathrm{T}}$, $\left(\frac{1}{2}\left(-1-\sqrt{17}\right)\ 1\ 1\ 1\ 1\right)^{\mathrm{T}}$ 和 $(0\ 0\ 0\ -1\ 1)^{\mathrm{T}}$. 可见其谱半径 $\lambda_1 > 0$, 且比最小值的绝对值都大, 对应的特征向量里的值都大于 0. □

定理 8.3.3[2](子图谱半径小) 设 G 是一个具有 n 个顶点的连通图, 并令 H 是 G 的一个真子图, 那么 $\lambda_1(G) > \lambda_1(H)$.

证明 简单说明思路, 先证 H 是 G 的一个连通的生成真子图, 有 $\lambda_1(G) > \lambda_1(H)$, 这里用到 Perron-Frobenius 定理 8.3.1; 再证明 H 是 G 的一个顶点导出真子图, 有 $\lambda_1(G) > \lambda_1(H)$, 这里笔者认为利用邻接矩阵删点子集的交错定理 6.2.1 可以直接得到. □

注 注意要辨析什么是子图, 如易误认为立方体 Q_4 是图 8.3.6 的真子图, 如果认为是, 则 $\lambda_1(Q_4) > \lambda_1(\text{ArayaWienerGraph88})$, 但是根据"正则度为谱半径"定理 6.4.1 知, 其谱半径应该是相等的, 似乎矛盾了. 注意**真子图**的定义是导出真子图或边导出真子图. 而不是简单的 "$V(H) \subset V(G)$ 或 $E(H) \subset E(G)$".

定理 8.3.4(最大特征值的瑞利界) 设 G 是一个具有 n 个顶点的连通图, 且 A 是 G 的邻接矩阵, 那么对于任意的 $x, y \in \mathbb{R}^n, x \neq 0, y > 0$, 有

$$\frac{x^{\mathrm{T}} A x}{x^{\mathrm{T}} x} \leqslant \lambda_1(G) \leqslant \max_i \left\{ \frac{(Ay)_i}{z_i} \right\}$$

当且仅当 x 是 A 的 $\lambda_1(G)$ 的特征向量时, 上式的两个不等号成立.

证明 第一个不等号可以由瑞利定理 6.1.5 直接得到. 对于第二个不等号, 用反证法, 设 $y > 0, \lambda_1(G) > \max_i \left\{ \frac{(Ay)_i}{y_i} \right\} (i = 1, \cdots, n)$, 则 $Ay < \lambda_1(G)y$. 令 $x > 0$ 是 A 的最大特征值对应的向量, 使得 $Ax = \lambda_1(G)x$. 由此可得 $\lambda_1(G)y^{\mathrm{T}}x = y^{\mathrm{T}}Ax = x^{\mathrm{T}}Ay < \lambda_1(G)x^{\mathrm{T}}y$, 显然这是矛盾的. 此外, 关于等号的命题是很容易证明的. □

推论 8.3.1 设 G 是一个具有 n 个顶点和 m 条边的连通图, 度序列分别为 $\Delta(G) = d_1 \geqslant d_2 \geqslant \cdots \geqslant d_n$, 则

(1) $\dfrac{2m}{n} \leqslant \lambda_1(G) \leqslant \Delta(G)$;

(2) $\dfrac{1}{m} \sum\limits_{i=1}^{n} \sum\limits_{i<j, v_j \sim v_i} \sqrt{d_i d_j} \leqslant \rho(G) \leqslant \max\limits_{i} \left\{ \dfrac{1}{d_i} \sum\limits_{v_j \sim v_i} \sqrt{d_i d_j} \right\}$,

当且仅当 G 是正则图时上述任一不等式中的等号才成立.

证明 (1) 令最大特征值的瑞利界定理 8.3.4 中的 $x = y = e$;

(2) 令最大特征值的瑞利界定理 8.3.4 中的 $x = y = \begin{pmatrix} \sqrt{d_1} & \sqrt{d_2} & \cdots & \sqrt{d_n} \end{pmatrix}^{\mathrm{T}}$. □

定理 8.3.5(谱半径与平均度) 设图 G 的平均度为 $\bar{d}$, 则

$$\lambda_1(G) \geqslant \bar{d}$$

取等号当且仅当 G 正则.

证明 令 e 为全 1 列向量, 由定理 8.3.4 可得

$$\lambda_1(G) \geqslant \frac{e^{\mathrm{T}} A(G) e}{e^{\mathrm{T}} e} = \frac{2|E(G)|}{|V(G)|} = \bar{d}$$

等号当且仅当 e 是 $\lambda_1(G)$ 的特征向量, 故 $\lambda_1(G) = \bar{d}$ 当且仅当 G 正则. □

定理 6.4.2 的证明 设 A 是 G 的邻接矩阵, $d_1 \geqslant \cdots \geqslant d_n$ 是 G 的度序列, 根据推论 6.6.3, 有

$$\sum_{i=1}^{n} \lambda_i^2(G) = \sum_{i=1}^{n} d_i$$

由于 $\lambda_1(G) \geqslant \bar{d}$, 根据定理 8.3.5 可得

$$\sum_{i=1}^{n} \lambda_i(G)^2 \leqslant n \lambda_1(G)$$

等号成立当且仅当 G 正则.

定理 8.3.6[39] 对任意一个简单图 G, 我们有

$$\sqrt{\Delta(G)} \leqslant \lambda_1(G) \leqslant \Delta(G)$$

定理 8.3.7[40] 对任意一个树 T, 我们有

$$\lambda_1(T) \leqslant 2\sqrt{\Delta(T) - 1}$$

定理 8.3.8[41] 设 G 是一个边集非空的图, 则

$$\lambda_1(G) \leqslant \max\{\sqrt{d(u)d(v)} \mid uv \in E(G)\}$$

如果 G 是连通图, 当且仅当 G 是正则图或半正则二部图时等号成立.

例 8.3.2 以图 8.3.2为例, 验证定理 8.3.8中半正则二部图邻接矩阵的最大特征值为边的两端点度积再开方的最大值.

解 半正则二部图 $SK_{2,3}$ 的邻接矩阵的谱为

$$\text{Spec}(A, SK_{2,3}) = \begin{pmatrix} \sqrt{6} & \sqrt{2} & 0 & -\sqrt{2} & -\sqrt{6} \\ 1 & 3 & 2 & 3 & 1 \end{pmatrix}$$

可以看出图 $SK_{2,3}$ 的任意边上两端点度为2,3, 则 $\sqrt{2 \times 3}$ 等于邻接矩阵的最大特征值. □

定理 8.3.9[42] 如果 G 是一个具有 n 个点和 m 条边的简单连通图, 那么

$$\lambda_1(G) \leqslant \sqrt{2m - n + 1}$$

等式成立当且仅当 G 是星图 $K_{1,n-1}$ 或完全图 K_n.

定理 8.3.10[43] 如果 G 是一个具有 n 个点和 m 条边的简单连通图, 那么

$$\lambda_1(G) \leqslant \sqrt{2m - (n-1)\delta + (\delta - 1)\Delta}$$

等式成立当且仅当 G 是正则图或星图 S_n.

8.3.2 拉普拉斯矩阵的最大特征值

P_3 和 $P_3 \cup P_3$ 是较为简单的半正则二部图, 图 8.3.2(或图 8.3.3) 给出了一个 $SK_{2,3}$ 半正则二部图.

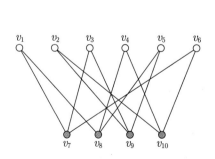

图 8.3.2 半正则二部图 $SK_{2,3}$

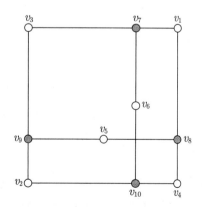

图 8.3.3 半正则二部图 $SK_{2,3}$ 另一种表达

注意半正则二部图前提必须是二部图, 图 8.3.4(或图 8.3.5) 给出了一个反例.

以看出图中的三角形恰好有三个, 分别为 $v_1v_2v_3, v_1v_3v_4, v_1v_4v_5$, 且

$$\bar{L}^3(G_{枫叶}) = \begin{pmatrix} & v_1 & v_2 & v_3 & v_4 & v_5 \\ v_1 & 112 & 43 & 63 & 63 & 43 \\ v_2 & 43 & 25 & 33 & 20 & 11 \\ v_3 & 63 & 33 & 58 & 44 & 20 \\ v_4 & 63 & 20 & 44 & 58 & 33 \\ v_5 & 43 & 11 & 20 & 33 & 25 \end{pmatrix}$$

其迹为 278. □

6.7 度 序 列

定理 6.7.1[24-25] 设图 G 的度序列为 $d_1 \geqslant d_2 \geqslant \cdots \geqslant d_n$. 如果 $1 \leqslant i \leqslant n$ 且 $G \neq K_i \cup (n-i)K_1$, 则

$$\mu_i(G) \geqslant d_i - i + 2$$

例 6.7.1 以图 6.2.1为例, 验证定理 6.7.1.

解 图 $G_{枫叶}$ 的度序列为 $d_1 = 3 \geqslant d_2 = 3 \geqslant d_3 = 3 \geqslant d_4 = 2 \geqslant d_5 = 1$, $\mu_1 = 4.48 \geqslant d_1 - 1 + 2 = 4, \mu_2 = 4 \geqslant d_2 - 2 + 2 = 3, \mu_3 = 2.69 \geqslant d_3 - 3 + 2 = 2, \mu_4 = 0.82 \geqslant d_4 - 4 + 2 = 0, \mu_5 = 0 \geqslant d_5 - 5 + 2 = -2$. □

定理 6.7.2[26-27](度序列与谱半径) 设图 G 的度序列为 $d_1 \geqslant d_2 \geqslant \cdots \geqslant d_n$, $\lambda_1(G)$ 是 G 的邻接矩阵最大特征值, 则

$$\lambda_1(G) \leqslant \frac{\sum_{i=1}^n d_i}{n}$$

等式成立当且仅当 G 是正则图.

定理 6.7.3(度序列与拉普拉斯矩阵的特征值) 如果 G 是连通的, 具有拉普拉斯矩阵的特征值 $\mu_1 \geqslant \mu_2 \geqslant \ldots \geqslant \mu_n = 0$ 和顶点度数 $d_1 \geqslant d_2 \geqslant \ldots \geqslant d_n > 0$, 那么对于 $1 \leqslant j \leqslant n-1$, 我们有

$$1 + \sum_{i=1}^j d_i \leqslant \sum_{i=1}^j \mu_i$$

第 7 章 图操作的拉氏矩阵、多项式与谱

7.1 线图的拉氏结论

图 G 的**线图** $\mathrm{line}(G)$ 中的顶点集为图 G 的边集，两个顶点在线图中相邻当且仅当其对应的两条边在图 G 中相邻.

定理 7.1.1 简单无向图 G 的关联矩阵 $M = (m_{ij})_{|V(G)| \times |E(G)|}$, $A(\mathrm{line}(G))$ 是线图 $\mathrm{line}(G)$ 的邻接矩阵, 有
$$M^\mathrm{T} M = 2E + A(\mathrm{line}(G))$$

证明 对比定理 4.1.2, 这里是 $M^\mathrm{T} M$, 对角线上是 2, 那是因为在做矩阵相乘时, M^T 的行对应边, M^T 的列也对应边, 由于每边连接两个点, 相乘时必然会产生 "$1 \times 1 + 1 \times 1 = 2$", 相乘后得到矩阵的其他元素, 如果图 G 两个边相邻, 则 $M^\mathrm{T} M$ 对应必然会产生 1, 否则 M^T、M 对应的位置至少有一个为 0, 对应必然会产生 0. □

例 7.1.1 以 P_4 为例, 其线图为 P_3, 验证 7.1.1.

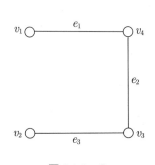

图 7.1.1 P_4

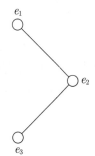

图 7.1.2 P_4 的线图 P_3

解

$$\begin{array}{c} \begin{array}{cccc} v_1 & v_2 & v_3 & v_4 \end{array} \\ \begin{array}{c} e_1 \\ e_2 \\ e_3 \end{array}\!\!\begin{pmatrix} 1 & 1 & 0 & 0 \\ 0 & 1 & 1 & 0 \\ 0 & 0 & 1 & 1 \end{pmatrix} \end{array} \cdot \begin{array}{c} \begin{array}{ccc} e_1 & e_2 & e_3 \end{array} \\ \begin{array}{c} v_1 \\ v_1 \\ v_1 \\ v_1 \end{array}\!\!\begin{pmatrix} 1 & 0 & 0 \\ 1 & 1 & 0 \\ 0 & 1 & 1 \\ 0 & 0 & 1 \end{pmatrix} \end{array} = \begin{array}{c} \begin{array}{ccc} e_1 & e_2 & e_3 \end{array} \\ \begin{array}{c} e_1 \\ e_2 \\ e_3 \end{array}\!\!\begin{pmatrix} 2 & 1 & 0 \\ 1 & 2 & 1 \\ 0 & 1 & 2 \end{pmatrix} \end{array}$$

□

定理 7.1.2 简单无向图 G 的线图为 $\text{line}(G)$, G 的无符号拉普拉斯多项式与 $\text{line}(G)$ 的邻接矩阵多项式有

$$A(\text{line}(G), x) = (x+2)^{|E(G)|-|V(G)|} \bar{L}(G, x+2)$$

证明 设图 G 为 n 个顶点, m 条边的图, 由定理 7.1.1知, 我们有以下关系成立:

$$M^{\mathrm{T}} M = 2E + A(\text{line}(G))$$

其中 $A(\text{line}(G))$ 是线图 $\text{line}(G)$ 的邻接矩阵. 由定理 4.1.2知, $D(G) + A(G) = MM^{\mathrm{T}}$. 根据矩阵论的定理 6.2.2"若 A, B 是 n 阶矩阵, AB 与 BA 具有相同的特征值", 知 MM^{T} 和 $M^{\mathrm{T}} M$ 的非零特征值是一样的, 所以我们可以得到该结论. □

利用二进制序列给出的定义给出**超立方体的二进制定义**:

定义 7.1.1 n 维超立方体 Q_n $(n \geqslant 1)$ 是 2^n 阶的简单无向图, 其中

$$V(Q_n) = \{x_1 x_2 \cdots x_n \mid x_i \in \{0,1\} (i=1,2,\cdots,n)\}$$

任意 $x = x_1 x_2 \cdots x_n, y = y_1 y_2 \cdots y_n \in V(Q_n)$ 相邻当且仅当 n 位二进制数 $x_1 x_2 \cdots x_n$ 与 $y_1 y_2 \cdots y_n$ 恰恰差一位, 即

$$\sum_{i=1}^{n} |x_i - y_i| = 1$$

定理 7.1.3 超立方体 $\text{line}(Q_n)$ 的线图的谱为

$$\text{Spec}(A, \text{line}(Q_n)) = \begin{pmatrix} -2 & 0 & \cdots & 2i-2 & \cdots & 2n-2 & -2 \\ C_n^0 & C_n^1 & \cdots & C_n^i & \cdots & C_n^n & |E(Q_n)| - |V(Q_n)| \end{pmatrix}$$

其中 $i = 0, 1, 2, \cdots, n$, $|V(Q_n)| = 2^n$, $|E(Q_n)| = 2^{n-1} \times n$.

本定理证明将在 7.4.6 后给出.

例 7.1.2 图 7.1.3中 $\text{line}(Q_3)$ 的谱符合定理 7.1.3.

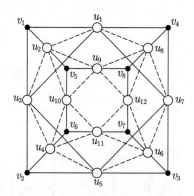

图 7.1.3 实线为 Q_3 的平面图, 虚线为 $\text{line}(Q_3)$

解 经计算得 $\mathrm{Spec}\,(A,\mathrm{line}\,(Q_3)) = \begin{pmatrix} -2 & 0 & 2 & 4 \\ 5 & 3 & 3 & 1 \end{pmatrix}$. 而根据定理 7.1.3 的结论可得

$$\mathrm{Spec}\,(A,\mathrm{line}\,(Q_3)) = \begin{pmatrix} -2 & 0 & 2 & 4 & -2 \\ \mathrm{C}_3^0 & \mathrm{C}_3^1 & \mathrm{C}_3^2 & \mathrm{C}_3^3 & 12-8 \end{pmatrix} = \begin{pmatrix} -2 & 0 & 2 & 4 & -2 \\ 1 & 3 & 3 & 1 & 4 \end{pmatrix}$$

$$= \begin{pmatrix} -2 & 0 & 2 & 4 \\ 5 & 3 & 3 & 1 \end{pmatrix} \qquad \square$$

定理 7.1.4[28, 3] 设 k 正则图 G 的特征多项式为 $A(G,x)$, 则其线图 $\mathrm{line}(G)$ 的特征多项式为

$$A(\mathrm{line}(G),x) = (x+2)^{|E(G)|-|V(G)|} A(G, x+2-k)$$

推论 7.1.1[29] 超立方体 $\mathrm{line}(Q_n)$ 的线图的特征多项式为

$$A\,(\mathrm{line}\,(Q_n),x)$$

$$= \begin{cases} (x+2)^{2^{i-1}(i-2)} \prod\limits_{j=0}^{\frac{i-1}{2}} \left((x+2-i)^2 - (i-2j)^2\right)^{\mathrm{C}_i^j} & \text{（当 } i \text{ 为奇数）} \\ (x+2)^{2^{i-1}(i-2)} (x+2-i)^{\mathrm{C}_i^{\frac{i}{2}}} \prod\limits_{j=0}^{\frac{i-2}{2}} \left((x+2-i)^2 - (i-2j)^2\right)^{\mathrm{C}_i^j} & \text{（当 } i \text{ 为偶数）} \end{cases}$$

定理 7.1.5 对于 k 正则图 G, 则可以得到

$$L(G,x) = (-1)^n \bar{L}(G, 2k-x)$$

证明 类似于定理 6.4.3 的证明, 由于 G 为正则图, 则 $L = A + kE$,

$$L(G,z) = |zE - L| = \begin{vmatrix} z-k & a_{12} & \cdots & a_{1n} \\ a_{12} & z-k & \cdots & a_{2n} \\ \vdots & \cdots & \ddots & \vdots \\ a_{1n} & \cdots & a_{(n-1)n} & z-k \end{vmatrix}$$

$$= (-1)^n \begin{vmatrix} k-z & -a_{12} & \cdots & -a_{1n} \\ -a_{12} & k-z & \cdots & -a_{2n} \\ \vdots & \cdots & \ddots & \vdots \\ -a_{1n} & \cdots & -a_{(n-1)n} & k-z \end{vmatrix}$$

令 $k-z = y-k \Rightarrow z = 2k-y$, 则可以得到 $L(G,z) = L(G, 2k-y) = (-1)^n \bar{L}(G, 2k-y)$.
$\square$

定理 7.1.6 设 k 度正则图 G 的无符号拉普拉斯多项式为 $\bar{L}(G,x)$, 则其线图 $\mathrm{line}(G)$ 的无符号拉普拉斯多项式 $\bar{L}(\mathrm{line}(G),x)$ 为

$$\bar{L}(\mathrm{line}(G),x) = (x-2k+4)^{|E(G)|-|V(G)|} \bar{L}(G, x-2k+4)$$

解 经计算可知 $\bar{L}(C_4,x) = x^4 - 8x^3 + 20x^2 - 16x$, $x^{4-4}\bar{L}(C_4,x^2) = x^8 - 8x^6 + 20x^4 - 16x^2$, $A(S(C_4),x) = x^8 - 8x^6 + 20x^4 - 16x^2$, 该定理得到验证. □

推论 7.5.1 如果 G 是 k 正则的, 则

$$A(S(G),x) = x^{m-n}A(G,x^2-k)$$

证明 那么 $MM^{\mathrm{T}} = A + kE$, 换元可以得到. □

定理 7.5.4[30](正则剖分图的拉普拉斯多项式) G 是一个有 m 条边和 n 个顶点的 k 正则简单图. 则

$$L(S(G),x) = (-1)^m(2-x)^{m-n}L(G,x(k+2-x))$$

7.5.2 外剖分图

将图 G 的每条边增加一条重边, 并且剖分一个重边, 得到的图为**外剖分图**, 记为 $\mathrm{SR}(G)$. 图 7.5.3 为钻石图 $G_{\text{钻石}}$ 的外剖分图 $\mathrm{SR}(G_{\text{钻石}})$.

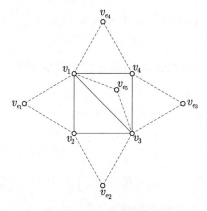

图 7.5.3 钻石图 $G_{\text{钻石}}$ 的外剖分图 $\mathrm{SR}(G_{\text{钻石}})$

定理 7.5.5(外剖分图的矩阵形式) 外剖分图的邻接矩阵的形式如下:

$$A(\mathrm{SR}(G)) = \begin{pmatrix} A(G) & M^{\mathrm{T}}(G) \\ M(G) & O_m \end{pmatrix}$$

其中 M 是 G 的关联矩阵, A 是 G 的邻接矩阵.

定理 7.5.6 如果 G 是一个度为 k 的正则图, 具有 n 个顶点和 $m = \frac{1}{2}nk$ 条边, 则

$$A(\mathrm{SR}(G),x) = x^{m-n}(x+1)^n A\left(G, \frac{x^2-k}{x+1}\right)$$

证明 $A(\mathrm{SR}(G),x) = \begin{vmatrix} xE_n - A & -M \\ -M^\mathrm{T} & xE_m \end{vmatrix}$,根据分块矩阵的行列式

$$\begin{vmatrix} A & B \\ C & D \end{vmatrix} = |D||A - BD^{-1}C|$$
$$= x^m \cdot \left| xE_n - A - \frac{1}{x}MM^\mathrm{T} \right|$$
$$= x^{m-n} \cdot \left| x^2 E_n - xA - A - kE_n \right|$$
$$= x^{m-n} \cdot \left| (x^2 - k)E_n - (x+1)A \right|$$
$$= x^{m-n}(x+1)^n A\left(G, \frac{x^2 - k}{x+1}\right) \qquad \square$$

例 7.5.3 以图 7.2.1 中圈 C_4 的外剖分图 7.5.4为例, 验证其外剖分图的邻接矩阵的特征多项式与原邻接矩阵的特征多项式的关系.

解 $A(\mathrm{SR}(C_4),x) = x^{4-4}(x+1)^4 A\left(C_4, \frac{x^2-2}{x+1}\right)$

$$= (x+1)^4 \left(\frac{x^2-2}{x+1} - 2\right)\left(\frac{x^2-2}{x+1}\right)^2 \left(\frac{x^2-2}{x+1} + 2\right)$$
$$= x^8 - 12x^6 - 8x^5 + 36x^4 + 32x^3 - 32x^2 - 32x. \qquad \square$$

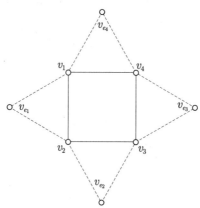

图 7.5.4 圈 C_4 的外剖分图 $\mathrm{SR}(C_4)$

7.5.3 剖分溯源边邻接图

追溯原图 G, 如果 G 的边相邻, 则对应 $S(G)$ 的两剖分点就相连, 得到的图本书定义为**剖分溯源边邻接图**, 记作 $\mathrm{SQ}(G)$.

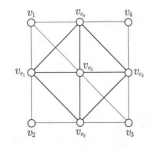
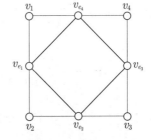

图 7.5.5　钻石图 $G_{钻石}$ 的剖分溯源　　图 7.5.6　圈 C_4 的剖分溯源边邻接图 $\mathrm{SQ}(C_4)$
　　　　点边邻接图 $\mathrm{SQ}(G_{钻石})$

定理 7.5.7 (剖分溯源边邻接图的矩阵形式)　剖分溯源边邻接图的邻接矩阵的形式为

$$A\left(\mathrm{SR}(G)\right) = \begin{pmatrix} O_n & M^{\mathrm{T}}(G) \\ M(G) & A(G) \end{pmatrix}$$

其中 M 是 G 的关联矩阵.

定理 7.5.8[6]　G 具有 n 个顶点和 m 条边, 则

$$A\left(\mathrm{SQ}(G), x\right) = x^{m-n}(x+1)^m A\left(\mathrm{line}(G), \frac{x^2-2}{x+1}\right)$$

根据定理 7.1.2 知下面的推论.

推论 7.5.2[6]　如果 G 是一个度为 k 的正则图, 具有 n 个顶点和 $m = \frac{1}{2}nk$ 条边, 则

$$A\left(\mathrm{SQ}(G), x\right) = (x+2)^{m-n}(x+1)^n A\left(G, \frac{x^2 - (k-2)x - k}{x+1}\right)$$

由于圈 C_4 的剖分溯源边邻接图 $\mathrm{SQ}(C_4)$ 和外剖分图 $\mathrm{SR}(C_4)$ 是一样的, 故例 7.5.3 也符合定理 7.5.8 和推论 7.5.2.

7.5.4　全图

下面定义一个新的图操作, **全图** $T(G)$ 的点集为 $V(G) \cup E(G)$, 若 $T(G)$ 的两个点相连, 需其在原图 G 对应的两点邻接或对应的两条邻接或对应的一个点和一条边关联. 下面给出图 4.1.3 中钻石图的全图 7.5.7 和图 7.2.1 中圈 C_4 的全图 7.5.8.

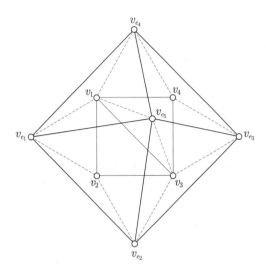

图 7.5.7 钻石图 $G_{钻石}$ 的全图 $T(G_{钻石})$

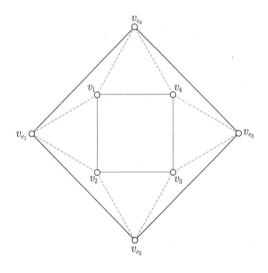

图 7.5.8 圈 C_4 的全图 $T(C_4)$

定理 7.5.9[30](正则图的全图的拉普拉斯多项式) G 是一个有 m 条边和 n 个顶点的 k 正则简单图. 则

$$L(T(G),x) = (-1)^m(k+1-x)^n(2k+2-x)^{m-n}L\left(G,\frac{x(k+2-x)}{k+1-x}\right)$$

例 7.5.4 以圈 C_4 的全图 7.5.8 为例, 根据定理 7.5.9, 验证全图的拉普拉斯多项式与其拉普拉斯多项式的关系.

解 $L(T(C_4),x) = (-1)^4(2+1-x)^4\left(\frac{x(4-x)}{3-x}-4\right)\left(\frac{x(4-x)}{3-x}-2\right)^2\left(\frac{x(4-x)}{3-x}\right)$
$= x^8 - 24x^7 + 236x^6 - 1224x^5 + 3588x^4 - 5904x^3 + 5040x^2 - 1728x.$

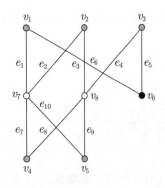 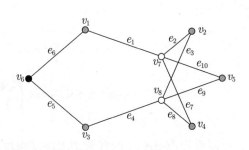

图 8.3.4 鱼图 $G_\text{鱼}$ 图 8.3.5 鱼图 $G_\text{鱼}$ 另一种表达

定理 8.3.11 [2, 5, 44]   对于 $n(n \geqslant 2)$ 阶图且至少一条边的图 G, 有

$$\mu_1 \leqslant q_1 \leqslant \max\{d(v_i) + d(v_j) | v_i v_j \in E(G)\}$$

等号成立当且仅当 G 是连通的正则图或半正则二部图.

例 8.3.3   以图 8.3.2为例, 验证半正则二部图的拉普拉斯矩阵的最大特征值为边上两端点度和的最大值.

解   半正则二部图 $\text{SK}_{2,3}$ 的拉普拉斯矩阵的谱为

$$\text{Spec}(L, \text{SK}_{2,3}) = \begin{pmatrix} 5 & 4 & 2 & 1 & 0 \\ 1 & 3 & 2 & 3 & 1 \end{pmatrix}$$

可以看出图 $\text{SK}_{2,3}$ 的任意边上两端点度和都为 5, 等于拉普拉斯矩阵的最大特征值.   □

定理 8.3.12 [45-46]   设 G 是一个简单图, 记 $r = \max\{d(u) + d(v) \mid uv \in E(G)\}$, $s = \max\{d(u) + d(v) \mid uv \in E(G) - xy\}$, 则有

$$\mu_1 \leqslant 2 + \sqrt{(r-2)(s-2)}$$

等号成立的充要条件为 $d(x) + d(y) = r$, 其中 $xy \in E(G)$, 或说 G 是正则二部图, 半正则二部图或 P_4.

例 8.3.4   以图 8.3.2为例, 验证定理 8.3.12.

解   图 $\text{SK}_{1,3}$ 的任意边上两端点度和都为 5, 故 $r = 2+3$, 由于是半正则二部图, 故删除一边后不影响最大度的值, 故 $s = 2+3$, 则 $2 + \sqrt{(2+3-2)(2+3-2)} = 5$ 等于拉普拉斯矩阵的最大特征值.   □

实际上, 这个结果还可以进一步改进. 我们可以陈述如下:

定理 8.3.13 [45-46]   设 G 是一个简单连通图, $uv, uw \in E(G)$, 则有

$$\mu_1 \leqslant 2 + \max\{\sqrt{(d(u)+d(v)-2)(d(u)+d(w)-2)}\}$$

等式成立当且仅当 G 是正则二部图, 半正则二部图或 P_4.

易知 $\mu_1(G) \leqslant 2 + \sqrt{(d_1+d_2-2)(d_1+d_3-2)}$ 可以作为定理 8.3.13 另一种表达.

定理 8.3.14[47] 设图 G 为一个 n 阶的二部图, 其度序列分别为 $d_1, d_2, \cdots, d_n$, 则有

$$\mu_1(G) \geqslant 2\sqrt{\frac{1}{n}\sum_{i=1}^{n}d_i^2}$$

等号成立的充要条件为 G 是正则的.

记 $m(v)$ 为与 v 相邻的顶点度数的平均值, $d(v)m(v)$ 是顶点 v 的"第 2 度".

定理 8.3.15[48] 设 G 是一个简单图. 则有

$$\mu_1(G) \leqslant \max\{d(v) + m(v) \mid v \in V(G)\}$$

我们注意到定理 8.3.15 的上界仅涉及一个顶点和其邻点的平均度, 而定理 8.3.13 中的上界涉及所有边上点的度及删除一条边后的所有边上点的度. 比较定理 8.3.15, 下面定理的优势在于刻画了等式成立的条件且还和相邻的顶点度数的平均值相关.

定理 8.3.16[49, 46] 设 G 是一个简单图. 则有

$$\mu_1(G) \leqslant \max\left\{\frac{d(u)(d(u)+m(u)) + d(v)(d(v)+m(v))}{d(u)+d(v)} \,\middle|\, (u,v) \in E(G)\right\}$$

如果 G 是连通的, 则等式成立当且仅当 G 是正则二部图或半正则二部图.

例 8.3.5 以图 P_4 为例, 验证定理 8.3.16.

解 $\mu_1(G) \leqslant \max\left\{\dfrac{2\times(2+1.5)+2\times(2+1.5)}{2+2}=3.5, \dfrac{1\times(1+1)+2\times(2+1.5)}{1+2}=3\right\}$
$= 3.5$, 而 $\mathrm{Spec}(L, P_4) = \begin{pmatrix} \mu_1 & \mu_2 & \mu_3 & \mu_4 \\ 2+\sqrt{2}\approx 3.4142 & 2 & 2-\sqrt{2} & 0 \end{pmatrix}$, 故定理 8.3.16 得以验证.
$\square$

下面的表达式相比于定理 8.3.15 更为简洁, 同时知道了等式成立的条件.

定理 8.3.17[50] 设 G 是一个简单连通图. 则有

$$\mu_1(G) \leqslant \max\{\sqrt{2d(u)(d(u)+m(u))} \mid u \in V(G)\}$$

等式成立当且仅当 G 是正则二部图.

Zhang 遵循了 Li 和 Pan 的方法, 并改进了上述结果.

定理 8.3.18[51] 设 G 是一个简单连通图. 则有

$$\mu_1(G) \leqslant \max\{d(u) + \sqrt{d(u)m(u)} \mid u \in V(G)\}$$

等式成立当且仅当 G 是正则二分图或半正则二部图.

定理 8.3.19[52] 设连通图 G 是 n 阶树, 则有

$$\mu_1(G) \leqslant \Delta(G) + 2\sqrt{\Delta(G)-1}$$

定理 8.3.20[53]　对于 $n(n \geqslant 2)$ 个点的图 G, 有
$$\mu_1 \geqslant \Delta(G) + 1$$
等号成立当且仅当 G 是连通的且 $\Delta = n - 1$.

定理 8.3.21[54]　对于 $n(n \geqslant 2)$ 个点的图 G, 有
$$\mu_1 \leqslant \sqrt{2m - (n-1)\delta + (\delta - 1)\Delta}$$
等号成立当且仅当 G 是正则的二部图.

8.3.3　无符号拉普拉斯矩阵的最大特征值

图的最大无符号拉普拉斯矩阵的特征值与图的顶点数、边数有如下关系:

定理 8.3.22　设图 G 有 n 个顶点和 m 条边, 则
$$q_1(G) \geqslant \frac{4m}{n}$$
取等号当且仅当 G 正则, 如果 G 正则, 则它的度为 $\frac{1}{2}q_1(G)$.

证明　由于正则图的拉普拉斯矩阵必有全一向量作为特征值, 令 e 为全 1 向量, 根据瑞利定理 6.1.5, 则
$$q_1(G) \geqslant \frac{e^T L(G) e}{e^T e} = \frac{4m}{n}$$
取等号当且仅当 $L(G)e = q_1(G)e$, 即 G 是度为 $\frac{1}{2}q_1(G)$ 的正则图. □

圈的无拉普拉斯矩阵的谱半径 $q_1(C_n)=4$(参见定理 9.1.5), 由于圈 $m = n$, 故可以验证 $q_1(G) \geqslant 4$.

例 8.3.6　以图 8.3.6 为例, ArayaWienerGraph88 是 Araya 和 Wiener 在 2011 找到 88 个点的 3 正则哈密顿图, 验证定理 8.3.22.

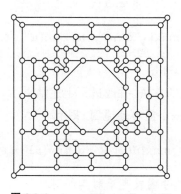

图 8.3.6　ArayaWienerGraph88

解　经过计算 ArayaWienerGraph88 的无符号拉普拉斯矩阵的最大特征值为
$$q_1(\text{ArayaWienerGraph88}) = \frac{4 \times 132}{88} = 6 = 2k$$
□

定理 8.3.23[55] 设 G 是含有 m 条边的 n 阶连通图. 那么 G 的无符号拉普拉斯矩阵的谱半径满足

$$q_1(G) \leqslant \frac{2m}{n-1} + n - 2$$

当且仅当 $G = K_{1,n-1}$ 或 $G = K_n$ 时等号成立.

例 8.3.7 以星图 $S_7 = K_{1,6}$ 为例, 验证定理 8.3.23.

解 星图 S_7 的无拉普拉斯矩阵的谱为

$$\text{Spec}(\bar{L}, S_7) = \begin{pmatrix} 7 & 1 & 0 \\ 1 & 5 & 1 \end{pmatrix}$$

S_7 有 6 条边 7 个点, $\frac{2 \times 6}{6} + 5 = 7$. □

定理 8.3.24[16, 53] n 阶图 G 的最小度, 平均度和最大度分别用 $\delta, \bar{d}, \Delta$ 来表示, 那么

$$2\delta \leqslant 2\bar{d} \leqslant q_1 \leqslant 2\Delta$$

等号成立当且仅当 G 是正则图.

定理 8.3.25 设图 G 是含有 m 条边的 n 阶简单图. 如果 G 的度序列为 $d_1 \leqslant d_2 \leqslant \cdots \leqslant d_n$, 那么

$$q_1(G) \geqslant \frac{1}{m} \sum_{i=1}^{n} d_i^2$$

定理 8.3.26[5] 对于 $n(n \geqslant 2)$ 阶图且至少一条边的图 G, 有

$$q_1 \leqslant \max\{d(v_i) + d(v_j) | v_i v_j \in E(G)\}$$

等号成立当且仅当 G 是连通的正则图或半正则二部图.

下面的定理给出了无符号拉普拉斯矩阵的最大特征值不超过 4 的图的完整刻画.

定理 8.3.27[1] 设 G 是一个图, 对于无符号拉普拉斯矩阵的最大特征值有:
(1) $q_1(G) = 0$ 当且仅当 G 没有边;
(2) $0 < q_1(G) < 4$ 当且仅当 G 的所有连通分支都是路;
(3) 如果 G 连通, 则 $q_1(G) = 4$ 当且仅当 G 是圈或星 $K_{1,3}$.

对于 (1) 可以用边的交错定理 6.2.4 去验证其正确性, 当一条边删去, 特征值自然就会减少, 根据定理 8.1.1 最小特征值最小为 0 可以知道该结论的正确性.

由圈的无符号拉着拉斯矩阵的谱半径 $q_1(C_n) = 4$(参考定理 9.1.5), 可见符合定理 8.3.27(2) 和 (3), 参见定理 9.1.9, 图的无符号拉普拉斯矩阵的谱半径也不会超过 4.

设 $v_0 v_1 \cdots v_k$ 是图 G 的一个道路. 如果 $d(G, v_0) > 2, d(G, v_k) > 2$ 并且 $d_{v_i}(G) = 2(i = 1, \cdots, k-1)$, 则称 $v_0 v_1 \cdots v_k$ 是 G 的**内部道路**, 反之为**外部道路**.

定理 8.3.28[56] 设 uv 是连通图 G 的一条边, G_{uv} 为将 uv 剖分 (在 uv 上插入一个新的顶点) 后得到的图, 则以下命题成立:
(1) 如果 $G = C_n$, 则 $q_1(G_{uv}) = q_1(G) = 4$;

证明 如果直接计算路 P_n 的广义拉普拉斯矩阵的特征多项式

$$L_k(P_n, x) = |xE_n - L_k| = \begin{vmatrix} x-k & 1 & & & & \\ 1 & x-2k & 1 & & & \\ & 1 & x-2k & \ddots & & \\ & & \ddots & \ddots & \ddots & \\ & & & \ddots & x-2k & 1 \\ & & & & 1 & x-k \end{vmatrix} = 0$$

的根, 根据定理 9.2.1 则必须保证对应行列式的对角线上的元素一致, 所以通过广义拉普拉斯矩阵一次算清路的邻接矩阵、拉普拉斯矩阵和无符号拉普拉斯矩阵的谱不行. 只能算邻接矩阵的特征值, 即 $k=0$ 的情况, 下面根据定义直接计算路邻接矩阵的多项式. 根据定理 9.2.2, 有

$$\det(xE - P_n) = \begin{vmatrix} x & -1 & & & & \\ -1 & x & -1 & & & \\ & -1 & x & \ddots & & \\ & & \ddots & \ddots & \ddots & \\ & & & \ddots & x & -1 \\ & & & & -1 & x \end{vmatrix} = \begin{vmatrix} x & 1 & & & & \\ 1 & x & 1 & & & \\ & 1 & x & \ddots & & \\ & & \ddots & \ddots & \ddots & \\ & & & \ddots & x & 1 \\ & & & & 1 & x \end{vmatrix}$$

$$= \begin{cases} \dfrac{p^{n+1} - q^{n+1}}{p-q} & (p \neq q) \\ (n+1)p^n & (p = q) \end{cases}$$

其中 p 和 q 是 $y^2 - xy + 1 = 0$ 的根, 即满足 $1 = p + q$, $x = pq$, 或直接得到

$$p, q = \frac{x \pm \sqrt{x^2 - 4}}{2}$$

特别地, 这里不必要求根号下为正, 即运算中可以出现虚数, 所以看定理 9.2.1 并没有直接写成根的形式:

$$\frac{p^{n+1} - q^{n+1}}{p - q} = \frac{\left(\dfrac{x+\sqrt{x^2-4}}{2}\right)^{n+1} - \left(\dfrac{x-\sqrt{x^2-4}}{2}\right)^{n+1}}{\left(\dfrac{x+\sqrt{x^2-4}}{2}\right) - \left(\dfrac{x-\sqrt{x^2-4}}{2}\right)}$$

$$= \frac{\left(\dfrac{x+\sqrt{x^2-4}}{2}\right)^{n+1} - \left(\dfrac{x-\sqrt{x^2-4}}{2}\right)^{n+1}}{\sqrt{x^2-4}}$$

其特征根为

$$\begin{cases} \dfrac{\left(\dfrac{x+\sqrt{x^2-4}}{2}\right)^{n+1} - \left(\dfrac{x-\sqrt{x^2-4}}{2}\right)^{n+1}}{\sqrt{x^2-4}} & (p \neq q) \\ (n+1)\left(\dfrac{x+\sqrt{x^2-4}}{2}\right)^n & (p = q) \end{cases}$$

$$\begin{cases} \dfrac{\left(\dfrac{x+\sqrt{x^2-4}}{2}\right)^{n+1} - \left(\dfrac{x-\sqrt{x^2-4}}{2}\right)^{n+1}}{\sqrt{x^2-4}} & (x \neq 2, -2) \\ n+1 & (x = 2, -2) \end{cases}$$

显然由于 x 为变量, 不可能恒等于 2 或 -2, 所以路的邻接特征多项式为

$$A(P_n, x) = \dfrac{\left(\dfrac{x+\sqrt{x^2-4}}{2}\right)^{n+1} - \left(\dfrac{x-\sqrt{x^2-4}}{2}\right)^{n+1}}{\sqrt{x^2-4}}$$

其邻接谱为其等于 0 时的根, 其中 $-2 < x < 2$. 上述推导过程也间接证明了路 P_n 的邻接矩阵的特征值的上、下界为 2, 这与 $2\cos\left(\dfrac{k\pi}{n+1}\right)$ $(k = 1, 2, \cdots, n)$ 吻合. □

下面通过 P_5 来验证该结论.

例 9.2.1 求 P_5 的邻接矩阵的特征多项式与其对应的特征根.

解 由于 $A(P_5, x) = \dfrac{\left(\dfrac{x+\sqrt{x^2-4}}{2}\right)^6 - \left(\dfrac{x-\sqrt{x^2-4}}{2}\right)^6}{\sqrt{x^2-4}}$, 则 $A(P_5, x) = 0 \Rightarrow \left(\dfrac{x+\sqrt{x^2-4}}{2}\right)^{n+1} - \left(\dfrac{x-\sqrt{x^2-4}}{2}\right)^{n+1} = 0 \Rightarrow \left(\dfrac{x+\sqrt{x^2-4}}{2}\right)^6 - \left(\dfrac{x-\sqrt{x^2-4}}{2}\right)^6 = 0$, 经过计算机得到根为 $-2, -\sqrt{3}, -1, 0, 1\sqrt{3}, 2$, 删除 ± 2. 即

$$\mathrm{Spec}(A, P_5) = \begin{pmatrix} -\sqrt{3} & -1 & 0 & 1 & \sqrt{3} \\ 1 & 1 & 1 & 1 & 1 \end{pmatrix}$$

这与间接法得到的结果, 即定理 9.1.6 相吻合. □

注 证明本题还有一种方法, 不用定理 9.2.2 直接计算:

$$\begin{vmatrix} x & -1 & & & & \\ -1 & x & -1 & & & \\ & -1 & x & \ddots & & \\ & & \ddots & \ddots & \ddots & \\ & & & \ddots & x & -1 \\ & & & & -1 & x \end{vmatrix} = 0$$

根据定理 9.2.1, p 和 q 是 $y^2 + xy + 1 = 0$ 的根, 即满足 $1 = p + q$, $x = pq$, 所以 $p, q = \dfrac{-x \pm \sqrt{x^2-4}}{2}$, 最后得到

$$A(P_n, x) = \dfrac{\left(\dfrac{-x+\sqrt{x^2-4}}{2}\right)^{n+1} - \left(\dfrac{-x-\sqrt{x^2-4}}{2}\right)^{n+1}}{\sqrt{x^2-4}}$$

此时只需令 $x = -x$ 也可以得到同样结果.

定理 9.2.4[66]　如果由某个 n 阶行列式 H_n 可求出递推关系式
$$H_n = SH_{n-1} + TH_{n-2}$$
其中 S, T 是某些代数式, 则
$$H_n = f_{n-2}(S,T) H_2 + T f_{n-3}(S,T) H_1$$
其中 $f_m(S,T) = S^m + C_{m-1}^1 S^{m-2} T + C_{m-2}^2 S^{m-4} T^2 + C_{m-3}^3 S^{m-6} T^3 + \cdots + M$, 其中 C_n^r 表示从 n 中取 r 个的组合数. 这里 $M = \begin{cases} T^j & (m = 2j) \\ (j+1) S \cdot T^j & (m = 2j+1) \end{cases}$.

定理 9.2.5　当 $n = 2j$ 时,
$$A(P_n, x) = x^{2j} - C_{2j-1}^1 x^{2j-2} + C_{2j-2}^2 x^{2j-4} + \cdots + (-1)^{j-1} C_{2j-(j-1)}^{j-1} x^2 + (-1)^j C_{2j-j}^j x^0$$
当 $n = 2j + 1$ 时,
$$A(P_n, x) = x^{2j+1} - C_{2j}^1 x^{2j-1} + C_{2j-1}^2 x^{2j-3} + \cdots + (-1)^{j-1} C_{2j-(j-2)}^{j-1} x^3 + (-1)^j C_{2j-(j-1)}^j x$$

证明　令 $R_n = \begin{vmatrix} x & 1 & & & & \\ 1 & x & 1 & & & \\ & 1 & x & \ddots & & \\ & & \ddots & \ddots & \ddots & \\ & & & \ddots & x & 1 \\ & & & & 1 & x \end{vmatrix}_n$, 按照第 1 行展开, 得到

$$R_n = x \begin{vmatrix} x & 1 & & & & \\ 1 & x & 1 & & & \\ & 1 & x & \ddots & & \\ & & \ddots & \ddots & \ddots & \\ & & & \ddots & x & 1 \\ & & & & 1 & x \end{vmatrix}_{n-1} - \begin{vmatrix} 1 & 1 & & & & \\ & x & 1 & & & \\ & 1 & x & \ddots & & \\ & & \ddots & \ddots & \ddots & \\ & & & \ddots & x & 1 \\ & & & & 1 & x \end{vmatrix}_{n-1}$$

则 $R_n = x R_{n-1} - R_{n-2}$ 是行列式 R_n 的一个递推关系式, 这时 $S = x, T = -1$; 又因为 $R_1 = |x| = x, R_2 = \begin{vmatrix} x & 1 \\ 1 & x \end{vmatrix} = x^2 - 1$.

(1) 对 $n = 2j$, 由定理 9.2.4, 可得

$$\begin{aligned}
R_{2j} &= f_{2j-2}(x, -1)(x^2 - 1) + (-1) f_{2j-3}(x, -1) x \\
&= \left(x^{2j-2} + C_{2j-3}^1 x^{2j-4}(-1) + C_{2j-4}^2 x^{2j-6}(-1)^2 + \cdots + C_j^{j-2} x^2 (-1)^{j-2} + (-1)^{j-1}\right) \\
&\quad \cdot (x^2 - 1) - \left(x^{2j-3} + C_{2j-4}^1 x^{2j-5}(-1) + C_{2j-5}^2 x^{2j-7}(-1)^2 + \cdots + (j-1) x (-1)^{j-2}\right) x \\
&= x^{2j} - C_{2j-8}^1 x^{2j-2} + C_{2j-4}^2 x^{2j-4} + \cdots + (-1)^{j-1} x^2 - x^{2j-2} + C_{2j-3}^1 x^{2j-4} \\
&\quad + \cdots + (-1)^{j-1} C_j^{j-2} x^2 + (-1)^j - x^{2j-2} + C_{2j-4}^1 x^{2j-4} + \cdots + (-1)^{j-1} (j-1) x^2 \\
&= x^{2j} - C_{2j-1}^1 x^{2j-2} + C_{2j-2}^2 x^{2j-4} + \cdots + (-1)^{j-1} C_{2j-(j-1)}^{j-1} x^2 + (-1)^j
\end{aligned}$$

(2) 对 $n = 2j+1$, 同理可得

$$R_{2j+1} = x^{2j+1} - C_{2j}^1 x^{2j-1} + C_{2j-1}^2 x^{2j-3} + \cdots + (-1)^{j-1} C_{2j-(j-2)}^{j-1} x^3 + (-1)^j C_{2j-(j-1)}^j x$$

该方法刚好对应了推论 9.1.2 中邻接矩阵的特征多项式的展开式. □

例 9.2.2 以 P_4 为例, 利用推论 9.1.2 验证定理 9.2.5 的正确性.

解 利用间接法得到的推论 9.1.2, 可以得到

$$\begin{aligned}A(P_4, x) &= \prod_{k=1}^{4} \left(x - 2\cos\frac{k\pi}{5}\right) \\ &= \left(x - 2\cos\frac{\pi}{5}\right)\left(x - 2\cos\frac{2\pi}{5}\right)\left(x - 2\cos\frac{3\pi}{5}\right)\left(x - 2\cos\frac{4\pi}{5}\right) \\ &= x^4 - 3x^2 + 1\end{aligned}$$

利用直接法得到的定理 9.2.5, 此时 $n = 2j = 4$, 可以得到

$$\begin{aligned}A(P_{2j}, x) &= x^{2j} - C_{2j-1}^1 x^{2j-2} + C_{2j-2}^2 x^{2j-4} + \cdots + (-1)^{j-1} C_{j+1}^{j-1} x^2 + (-1)^j \\ &= x^4 + (-1)^{2-1} \binom{2+1}{2-1} x^2 + (-1)^2 = x^4 - 3x^2 + 1\end{aligned}$$

两种表达方式符合. □

例 9.2.3 以 P_5 为例, 利用推论 9.1.2 验证定理 9.2.5 的正确性.

解 利用间接法得到的推论 9.1.2 的结果如下:

$$\begin{aligned}A(P_5, x) &= \prod_{k=1}^{5} \left(x - 2\cos\frac{k\pi}{6}\right) \\ &= \left(x - 2\cos\frac{\pi}{6}\right)\left(x - 2\cos\frac{2\pi}{6}\right)\left(x - 2\cos\frac{3\pi}{6}\right)\left(x - 2\cos\frac{4\pi}{6}\right)\left(x - 2\cos\frac{5\pi}{6}\right) \\ &= x^5 - 4x^3 + 3x\end{aligned}$$

利用直接法得到的定理 9.2.5 的结果如下: 此时 $n = 2j+1 = 5$,

$$\begin{aligned}A(P_{2j+1}, x) &= x^{2j+1} - C_{2j}^1 x^{2j-1} + C_{2j-1}^2 x^{2j-3} + \cdots + (-1)^{j-1} C_{2j-(j-2)}^{j-1} x^3 \\ &\quad + (-1)^j (j+1) x \\ &= x^{2\times 2+1} + (-1)^{2-1} C_{2\times 2-(2-2)}^{2-1} x^3 + (-1)^2 (2+1) x = x^5 - 4x^3 + 3x\end{aligned}$$

两种表达结果符合. □

推论 9.2.1 令路 P_n 的邻接矩阵的特征值为 λ, 则 P_n 的拉普拉斯矩阵和无符号拉普拉斯矩阵的特征值为 $2 - 2\cos\left(\dfrac{n+1}{n}\arccos\dfrac{\lambda}{2}\right)$.

证明 由定理 9.1.6 可知 P_n 的邻接矩阵的特征值为 $\lambda = 2\cos\dfrac{k}{n+1}$ ($k = 1, \cdots, n$), 则 $k = \dfrac{n+1}{\pi}\arccos\dfrac{2}{\lambda}$, 又 P_n 的拉普拉斯矩阵的特征值, 无符号拉普拉斯矩阵的特征值为 $q = 2 + 2\cos\dfrac{k\pi}{n}$ ($k = 1, \cdots, n$). 因此我们可以获得该结论. □

(2) 如果 $G \neq C_n$ 并且 uv 不在 G 的内部道路中, 则 $q_1(G_{uv}) > q_1(G)$;

(3) 如果 uv 在 G 的内部道路中, 则 $q_1(G_{uv}) < q_1(G)$.

对于 (1), 圈的最大特征值为 4, 因为无论在圈上怎么加点都是圈.

例 8.3.8 以图 6.2.1 为例, 在 v_2v_3 中添加点 v_6 获得图 8.3.7, 在 v_1v_3 中添加点 v_6 获得图 8.3.8, 比较与原图 6.2.1 的拉普拉斯最大的特征值, 通过定理 8.3.28 解释该结论.

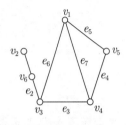 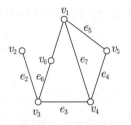

图 8.3.7 外路加点 $G_{v_2v_3}$ 图 8.3.8 内路加点 $G_{v_1v_3}$

解 以图 6.2.1 的无符号拉普拉斯矩阵的谱为

$$\mathrm{Spec}\,(\bar{L}, G_{枫叶} - e_1) = \begin{pmatrix} q_1 & q_2 & q_3 & q_4 & q_5 \\ 5.46793 & 2.91275 & 2 & 1.20112 & 0.418193 \end{pmatrix}$$

如图 8.3.8 所示, 在 v_2v_3 中添加点 v_6, v_2v_3 为内部道路, 因为虽 $d(G_{v_2v_3}, v_3) = 3 > 2$, 但 $d(G_{v_2v_3}, v_2) = 1 < 2$.

图 8.3.7 的无符号拉普拉斯矩阵的谱为

$$\mathrm{Spec}\,(\bar{L}, G_{v_2v_3}) = \begin{pmatrix} q_1 & q_2 & q_3 & q_4 & q_5 & q_6 \\ 5.48929 & 3.28917 & 2 & 2 & 1 & 0.221543 \end{pmatrix}$$

如图 8.3.7 所示, 在 v_1v_3 中添加点 v_6, v_1v_3 为内部道路, 因为 $d(G_{v_2v_3}, v_1) = 3 > 2$, $d(G_{v_2v_3}, v_3) = 3 > 2$.

图 8.3.7 的无符号拉普拉斯矩阵的谱为

$$\mathrm{Spec}\,(\bar{L}, G_{v_1v_3}) = \begin{pmatrix} q_1 & q_2 & q_3 & q_4 & q_5 & q_6 \\ 5.26473 & 3.53781 & 2.64907 & 1.2987 & 1 & 0.249694 \end{pmatrix}$$

从中可以看出外路加点最大特征值变大, 内路加点最大特征值变小. □

定理 8.3.29[57] 对任意图 G, 我们有

$$\min\{d_i + d_j | v_iv_j \in E(G)\} \leqslant q_1(G) \leqslant \max\{d_i + d_j | v_iv_j \in E(G)\}$$

如果 G 是连通的, 那么在这些不等式中, 等号成立当且仅当 G 是正则的或半正则的二部图.

例 8.3.9 以图 8.2.1 为例, 验证定理 8.3.29.

解 $\mathrm{Spec}\,(\bar{L}, U_{3,3}) = \begin{pmatrix} q_1 & q_2 & q_3 & q_4 & q_5 & q_6 \\ 4.65544 & 3.21076 & 2 & 1 & 1 & 0.133802 \end{pmatrix}$, 有

$$\min\{d_i + d_j | v_iv_j \in E(G)\} = d_5 + d_6 = 2 + 1 \leqslant q_1(U_{3,3}) = 4.65544$$
$$\leqslant \max\{d_i + d_j | v_iv_j \in E(G)\} = d_1 + d_3 = 3 + 2 \quad \square$$

定理 8.3.30[57]　对于 $n(n \geqslant 2)$ 阶图 G, 有

$$\min\{d(v)+m(v)\,|\,v \in V(G)\} \leqslant q_1 \leqslant \max\{d(v)+m(v)\,|\,v \in V(G)\}$$

其中 $m(v) = \sum\limits_{u \in N(v)} d(u)/d(v)$ 表示 v 的邻域的平均度数. 等号成立当且仅当 G 是正则图或半正则二部图.

类似和度相关的结论在文献 [58] 有总结:

定理 8.3.31[34]　设 G 是一个阶数为 $n(n \geqslant 4)$ 的连通图, 那么

$$2 + 2\cos\frac{\pi}{n} \leqslant q_1 \leqslant 2n - 2$$

下界的等号成立当且仅当 G 是 P_n; 上界等号成立当且仅当 G 是 K_n.

定理 8.3.32[59]　G 是 n 点 m 边的连通图, 则

$$q_1 \leqslant \sqrt{4m + 2(n-1)(n-2)}$$

等号成立的充要条件是 G 是完全图.

定理 8.3.33[60]　设 G 是一个含有 n 个顶点, m 条边的简单图, 且 G 无孤立点, 则有

$$q_1 \leqslant \sqrt{4m + 2\Delta^2 + 2(\delta-1)\Delta - 2\delta(n-1)}$$

等号成立当且仅当图 G 是一些顶点度相同的正则图的并.

定理 8.3.34[61]　设 G 是一个含有 n 个顶点, m 条边的简单图, 则有

$$q_1 \leqslant \frac{2m + \sqrt{m(n^3 - n^2 - 2mn + 4m)}}{n}$$

等号成立当且仅当图 G 是完全图 K_n.

定理 8.3.35[61]　设 G 是一个含有 n 个顶点, m 条边的简单图, 则有

$$q_1 \leqslant \frac{\delta-1}{2} + \sqrt{2(\Delta^2+\delta) + 2(2m-n\delta) + \frac{(\delta-1)^2}{4}}$$

等号成立当且仅当图 G 是 δ 正则图, 或者 G 的一个连通分量是度数为 Δ 的完全图而其他所有连通分支都是 δ 正则图.

8.3.4　3 种最大特征值的关系

定理 8.3.36[62]　设 G 是有 $n \geqslant 2$ 个顶点的连通图, 则

$$\lambda_1 + \Delta \geqslant q_1(G) \geqslant \mu_1(G) \geqslant \Delta(G) + 1$$

第 1 个等号成立当且仅当 G 是正则的; 第 2 个等号成立当且仅当 G 是二部图, 第 3 个等号成立当且仅当 $\Delta = n - 1$.

定理 8.3.37[57] 对于 n 阶图 G, 有

$$q_1 \geqslant 2\lambda_1$$

其中 λ_1 是图 G 的谱半径. 等号成立, 当且仅当 G 是正则图.

定理 8.3.38[5] 对于 $n(n \geqslant 2)$ 阶图且至少一条边的图 G, 有

$$\mu_1 \leqslant q_1$$

等号成立当且仅当 G 是正则图.

推论 8.3.2[63] 图 G 的所有 X 矩阵的特征值均为整数的图为 X **整图**. 若图 G 为连通 Q 整图且满足:

(1) $q_1(G) = 0$, 则图 G 为 K_1;
(2) $q_1(G) = 1$, 则图不存在;
(3) $q_1(G) = 2$, 则图 G 为 K_2;
(4) $q_1(G) = 3$, 则图 G 为 $K_{1,2}$;
(5) $q_1(G) = 4$, 则图 G 为 $K_{1,3}$ 或 C_3, C_4, C_6;
(6) $q_1(G) = 5$, 则图 G 为 $K_{1,4}$ 或 $K_{2,3}$ 或 $G_{蝴蝶加边图}$(图 8.3.9) 或 $G_{C_6加边图}$(图 8.3.10) 或 $G_{甲鱼}$(图 7.3.1).

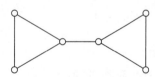

图 8.3.9 $G_{蝴蝶加边图}$

图 8.3.10 $G_{C_6加边图}$

该定理的证明借助了定理 6.2.4、定理 8.3.29、定理 8.3.36 和定理 8.3.22.

8.4 图的第二大特征值

图的第二大无符号拉普拉斯矩阵特征值和第二大度满足如下关系:

定理 8.4.1[32] 设图 G 的最大度和第二大度分别为 d_1 和 d_2, 则

$$q_2(G) \geqslant d_2 - 1$$

如果 $q_2(G) = d_2 - 1$, 则 $d_1 = d_2$.

定理 8.4.2[64] 由定理 6.4.4, n 阶的 k 正则图 G, λ_{n-1} 为其邻接矩阵的第二小特征值, 则

$$\mu_2(G) = k - \lambda_{n-1}$$

以图 8.3.6 为例, 可以知 $\mu_2(\text{ArayaWienerGraph88}) = 5.55778 = k - \lambda_{n-1} = 3 - (-2.55778)$.

第 9 章 求解 3 种谱的一般思路

回顾一下，前面介绍的邻接矩阵、拉普拉斯矩阵和无符号拉普拉斯矩阵可以解决很多实际问题，如邻接矩阵的幂可以计算可达矩阵，无符号拉普拉斯矩阵的幂可以计算半边路个数；三者的特征多项式系数分别可以计算基础子图、生成森林和 TU 子图个数；三者矩阵的谱能解决生成树个数、二部性和连通性等性质. 既然这三种矩阵有这么好的性质，那么一般我们拿到一个图或者一类图自然会想到下面是三个问题：

(1) 这类图的图矩阵形式是怎么样的？

(2) 能不能得到相应图矩阵的特征多项式？

(3) 能不能得到图矩阵特征值 (即图谱)？

在线性 (高等) 代数的学习中，我们求解问题的思路是 (1) $\Rightarrow$ (2) $\Rightarrow$ (3)，本书称为直接法，但是在图论中利用这样的思路往往更为难求，这是因为图类的矩阵是一个 n 阶大矩阵，很难通过解矩阵来求解问题. 往往图论中求解上面三个问题的顺序是 (1) $\Rightarrow$ (3) $\Rightarrow$ (2)，本书称为间接法，图的矩阵形式可通过一般找规律易得到，知道了图的特征值可以得到图的特征多项式，通过因式展开可以得到图的多项式系数，所以一般最难的部分是求解图的谱.

本书将会以圈和路为例，分别用直接法和间接法来说明上面的"经验之谈". 特别地，由于现在计算机的飞速发展，求解谱的思路往往是利用计算机先找到特征值的规律，再找到图特征向量的规律，利用归纳法和定义进行求解. 而古人研究该问题没有计算机，往往利用更系统的矩阵论知识结合归纳法和定义进行求解，其思路更为完整、顺畅和优美，虽然核心思路是一致的，都是通过特征值、特征向量求解，但现代方法显得更为粗暴. 下面我们就一起欣赏一下古人的间接法. 本书的直接法是笔者研究的，虽然求解也十分巧妙，但是结论不如间接法优美.

9.1 圈和路的拉氏矩阵的谱的间接算法

完全图和完全二部图的矩阵 (含星) 形式简单，甚至可以利用广义拉普拉斯矩阵直接算出，参考第 4.3 节. 但是对于路和圈的三种矩阵一起解决比较困难，我们需要逐个击破.

对于一个正整数 $n \geqslant 2$，令 X_n 为一个 n 阶**全圈置换矩阵**(full cycle permutation matrix)，X_n 的第 i 行第 $i+1$ 列的元素为 1，其中 $i = 1, 2, \cdots, n-1$；X_n 的第 n 行第 1 列的

元素为 1; 而 X_n 的其他元素为 0. 即

$$X_n = \begin{pmatrix} 0 & 1 & 0 & 0 & \cdots & 0 & 0 \\ 0 & 0 & 1 & 0 & \cdots & 0 & 0 \\ 0 & 0 & 0 & 1 & \cdots & 0 & 0 \\ 0 & 0 & 0 & 0 & \cdots & 0 & 0 \\ \vdots & \vdots & \vdots & \vdots & \ddots & \vdots & \vdots \\ 0 & 0 & 0 & 0 & \cdots & 0 & 1 \\ 1 & 0 & 0 & 0 & \cdots & 0 & 0 \end{pmatrix}$$

定义 9.1.1 方程 $x^n - 1 = 0$ 的根称为 n 次单位根.

注 如 4 次单位根有 $\pm 1, \pm i$.

定理 9.1.1 方程 $x^n - 1 = 0$ 在复数域内有 n 个 n 次单位根, 分别是 $e^{\frac{2\pi k i}{n}}$ 或 $\cos\frac{2k\pi}{n} + i\sin\frac{2k\pi}{n}$, 其中 $k = 1, 2, \cdots, n$.

证明 因为 $1 = \cos(2k\pi) + i\sin(2k\pi)$, 其中 $k = 1, 2, \cdots, n$, 故 $\left(\cos\frac{2k\pi}{n} + i\sin\frac{2k\pi}{n}\right)^n = 1$, 所以 $x = \left(\cos\frac{2k\pi}{n} + i\sin\frac{2k\pi}{n}\right)^n$. 根据欧拉公式 $e^{ix} = \cos x + i\sin x$, 可知 $e^{\frac{2\pi k i}{n}}$ 也为其根表达的形式. □

显然, X_n 是由 n 阶单位矩阵 E 经过 $i \leftrightarrow i-1$ 行的互换而得到的, 其中 $i = 2, 3, \cdots, n$, 而 X_n 的特征多项式 $\det(xE - X_n) = x^n - 1$, 因此 X_n 有如下 n 个特征值:

定理 9.1.2 对于 $n \geqslant 2$, X_n 的特征值为 $1, \omega, \omega^2, \cdots, \omega^{n-1}$, 其中 $\omega = e^{\frac{2\pi i}{n}}$ 为 n 次单位根.

证明 X_n 的特征多项式为

$$\det(X_n - xE_n) = \begin{pmatrix} -x & 1 & 0 & 0 & \cdots & 0 & 0 \\ 0 & -x & 1 & 0 & \cdots & 0 & 0 \\ 0 & 0 & -x & 1 & \cdots & 0 & 0 \\ 0 & 0 & 0 & -x & \cdots & 0 & 0 \\ \vdots & \vdots & \vdots & \vdots & \ddots & \vdots & \vdots \\ 0 & 0 & 0 & 0 & \cdots & -x & 1 \\ 1 & 0 & 0 & 0 & \cdots & 0 & -x \end{pmatrix}$$

对第 n 行第 1 列进行展开为 $(-1)^n(x^n - 1)$. 显然, 该特征多项式的根为 n 次单位根. □

定理 9.1.3 对于 $n \geqslant 2$, 圈 C_n 的邻接特征值为 $2\cos\frac{2k\pi}{n}$ $(k = 1, 2, \cdots, n)$, 即圈 C_n 的邻接谱为

$$\mathrm{Spec}(A, C_n) = \begin{pmatrix} 2\cos\left(\frac{2\pi}{n}\right) & \cdots & 2\cos\left(\frac{2k\pi}{n}\right) & \cdots & 2 \\ 1 & \cdots & 1 & \cdots & 1 \end{pmatrix}$$

证明 圈 C_n 的邻接矩阵为 $A(C_n) = X_n + X_n^{n-1}$, 显然可以看作是全圈矩阵 X_n 的一个多项式, 由定理 9.1.2 可知, $A(C_n)$ 的特征值为 $\omega^k + \omega^{n-k}(k = 1, 2, \cdots, n)$. 而 $\omega^k + \omega^{n-k} = \omega^k + \omega^{-k} = \mathrm{e}^{\frac{2k\pi \mathrm{i}}{n}} + \mathrm{e}^{-\frac{2k\pi \mathrm{i}}{n}}$, 根据欧拉公式

$$\mathrm{e}^{\frac{2k\pi \mathrm{i}}{n}} + \mathrm{e}^{-\frac{2k\pi \mathrm{i}}{n}} = 2\cos\frac{2k\pi}{n} \quad (k = 1, 2, \cdots, n) \qquad \square$$

由此可以得到如下圈 C_n 的拉普拉斯矩阵的谱:

定理 9.1.4 对于 $n \geqslant 2$, 圈 C_n 的拉普拉斯特征值为 $2 - 2\cos\frac{2k\pi}{n} = 4\sin^2\frac{k\pi}{n}$ ($k = 1, 2, \cdots, n$), 即圈 C_n 的拉普拉斯谱为

$$\mathrm{Spec}\,(L, C_n) = \begin{pmatrix} 2 - 2\cos\left(\frac{2\pi}{n}\right) & \cdots & 2 - 2\cos\left(\frac{2k\pi}{n}\right) & \cdots & 0 \\ 1 & \cdots & 1 & \cdots & 1 \end{pmatrix}$$

证明 根据定理 9.1.3 可知, $A(C_n)$ 的特征值分别为 $2\cos\frac{2k\pi}{n}$ ($k = 1, 2, \cdots, n$). 特别地, 对于圈来说, $L(C_n) = 2E_n - A(C_n)$, 若要对

$$\det(xE_n - L(C_n)) = \begin{vmatrix} x-2 & 1 & \cdots & 1 \\ 1 & x-2 & \cdots & 0 \\ \vdots & \vdots & \ddots & \vdots \\ 1 & 0 & \cdots & x-2 \end{vmatrix} = 0$$

求其特征值, 可以令 $y = -(x - 2)$, 先求 $\begin{vmatrix} -y & 1 & \cdots & 1 \\ 1 & -y & \cdots & 0 \\ \vdots & \vdots & \ddots & \vdots \\ 1 & 0 & \cdots & -y \end{vmatrix} = 0$ 的特征值, 其特征值

与 $\begin{vmatrix} y & -1 & \cdots & -1 \\ -1 & y & \cdots & 0 \\ \vdots & \vdots & \ddots & \vdots \\ -1 & 0 & \cdots & y \end{vmatrix} = 0$ 即与圈的邻接矩阵的特征值相同, 故由定理 9.1.3 可知 $y = 2\cos\frac{2k\pi}{n}$, 则 $x = 2 - y = 2 - 2\cos\frac{2k\pi}{n}$ ($k = 1, 2, \cdots, n$), 结论成立.

简单地, 也可以利用矩阵多项式进行证明. $\qquad \square$

注 上述方法为间接求解圈的拉普拉斯矩阵的谱的方法, 由于圈的邻接矩阵和拉普拉斯矩阵有较好的矩阵多项式关系, 才可以求解, 而路却没有 $L(P_n) = 2E_n - A(P_n)$ 这样的关系, 所以对于路的拉普拉斯谱不能利用此法得到.

由此可以得到如下圈 C_n 的无符号拉普拉斯矩阵的谱:

定理 9.1.5 对于 $n \geqslant 2$, 圈 C_n 的无符号拉普拉斯矩阵的特征值分别为 $2 + 2\cos\frac{2k\pi}{n} = 4\cos^2\frac{k\pi}{n}$ ($k = 1, 2, \cdots, n$), 即圈 C_n 的无符号拉普拉斯矩阵的谱为

$$\mathrm{Spec}\,(\bar{L}, C_n) = \begin{pmatrix} 2 + 2\cos\left(\frac{2\pi}{n}\right) & \cdots & 2 + 2\cos\left(\frac{2k\pi}{n}\right) & \cdots & 4 \\ 1 & \cdots & 1 & \cdots & 1 \end{pmatrix}$$

证明 由定义易知圈 C_n 的无符号拉普拉斯矩阵 $\bar{L}(C_n) = 2E_n + A(C_n)$. 参照定理 9.1.4的证明易得该结论. □

注 上述方法为间接求解圈的无符号拉普拉斯矩阵的谱的方法, 同样地, 由于圈的邻接矩阵和无符号拉普拉斯矩阵有较好的矩阵多项式关系, 才可以求解, 而路却没有 $\bar{L}(P_n) = 2E + A(P_n)$ 这样的关系, 所以对于路的无符号拉普拉斯矩阵的谱不能利用此法得到.

根据本法证明过程, 只要知道圈的邻接矩阵的谱就能知道圈的无符号拉普拉斯矩阵的谱, 所以求解圈的邻接谱为问题的关键.

由矩阵的特征多项式与特征值之间的关系, 可以得到如下圈的邻接矩阵、拉普拉斯矩阵和无符号拉普拉斯矩阵的特征多项式.

推论 9.1.1 圈 C_n 的邻接矩阵、拉普拉斯矩阵和无符号拉普拉斯矩阵的特征多项式分别为 $A(C_n, x) = \prod_{k=1}^{n}\left(x - 2\cos\left(\frac{2k\pi}{n}\right)\right)$, $L(C_n, x) = \prod_{k=1}^{n}\left(x - 2 + 2\cos\frac{2k\pi}{n}\right)$, $\bar{L}(C_n, x) = \prod_{k=1}^{n}\left(x - 2 - 2\cos\left(\frac{2k\pi}{n}\right)\right)$, 其中 $k = 1, 2, \cdots, n$.

定理 9.1.6 对于 $n \geqslant 2$, 路 P_n 的邻接矩阵的特征值为 $2\cos\frac{k\pi}{n+1}$ $(k = 1, 2, \cdots, n)$, 即 P_n 的邻接谱为

$$\text{Spec}(A, P_n) = \begin{pmatrix} 2\cos\left(\frac{\pi}{n+1}\right) & \cdots & 2\cos\left(\frac{k\pi}{n+1}\right) & \cdots & 2\cos\left(\frac{n\pi}{n+1}\right) \\ 1 & \cdots & 1 & \cdots & 1 \end{pmatrix}.$$

证明 本书补充了该定理的详细过程, 令 λ 为 $A(P_n)$ 的一个特征值, 且其对应的特征向量为 $x_1 = (x_1, x_2, \cdots, x_n)^{\text{T}}$. 通过对称性, 可知 $(-x_n, -x_{n-1}, \cdots, -x_1)^{\text{T}}$ 也是 $A(P_n)$ 中对应于 λ 的一个特征向量. 可以验证 $(x_1, \cdots, x_n, 0, -x_n, \cdots, -x_1, 0)^{\text{T}}$ 和 $(0, x_1, \cdots, x_n, 0, -x_n, \cdots, -x_1)^{\text{T}}$ 为 $A(C_{2n+2})$ 中对应于同一个特征值 λ 的两个线性无关的特征向量. 即

$$\begin{pmatrix} 0 & 1 & 0 & \cdots & 0 \\ 1 & 0 & 1 & \cdots & 0 \\ 0 & 1 & 0 & \cdots & 0 \\ \vdots & \vdots & \vdots & \ddots & \vdots \\ 0 & 0 & 0 & 1 & 0 \end{pmatrix} \begin{pmatrix} x_1 \\ x_2 \\ \vdots \\ x_{n-1} \\ x_n \end{pmatrix} = \lambda \begin{pmatrix} x_1 \\ x_2 \\ \vdots \\ x_{n-1} \\ x_n \end{pmatrix}$$

等价于

$$\begin{pmatrix} x_2 \\ x_1 + x_3 \\ \vdots \\ x_{n-1} + x_n \\ x_{n-1} \end{pmatrix} = \begin{pmatrix} \lambda x_1 \\ \lambda x_2 \\ \vdots \\ \lambda x_{n-1} \\ \lambda x_n \end{pmatrix}$$

可以验证 $(x_1, \cdots, x_n, 0, -x_n, \cdots, -x_1, 0)^{\text{T}}$ 是圈 C_{2n+2} 的属于特征值 λ 的一个特征向量, 即

$$\begin{pmatrix} 0 & 1 & 0 & 0 & 0 & \cdots & 0 & 0 & 0 & 1 \\ 1 & 0 & 1 & 0 & 0 & \cdots & 0 & 0 & 0 & 0 \\ 0 & 1 & 0 & 1 & 0 & \cdots & 0 & 0 & 0 & 0 \\ 0 & 0 & 1 & 0 & 1 & \cdots & 0 & 0 & 0 & 0 \\ \vdots & \vdots & \vdots & \ddots & \ddots & \ddots & \vdots & \vdots & \vdots & \vdots \\ 0 & 0 & 0 & 0 & 1 & \cdots & 1 & 0 & 0 & 0 \\ 0 & 0 & 0 & 0 & 0 & \cdots & 0 & 1 & 0 & 0 \\ 0 & 0 & 0 & 0 & 0 & \cdots & 1 & 0 & 1 & 0 \\ 0 & 0 & 0 & 0 & 0 & \cdots & 0 & 1 & 0 & 1 \\ 1 & 0 & 0 & 0 & 0 & \cdots & 0 & 0 & 1 & 0 \end{pmatrix} \begin{pmatrix} x_1 \\ x_2 \\ \vdots \\ x_n \\ 0 \\ -x_n \\ -x_{n-1} \\ \vdots \\ -x_1 \\ 0 \end{pmatrix} = \begin{pmatrix} x_2 \\ x_1+x_3 \\ \vdots \\ x_{n-1} \\ 0 \\ -(x_{n-1}) \\ -(x_n+x_{n-2}) \\ \vdots \\ -x_1 \\ 0 \end{pmatrix} = \lambda \begin{pmatrix} x_1 \\ x_2 \\ \vdots \\ x_n \\ 0 \\ -x_n \\ -x_{n-1} \\ \vdots \\ -x_1 \\ 0 \end{pmatrix}$$

同理 $(0, x_1, \cdots, x_n, 0, -x_n, \cdots, -x_1)^{\mathrm{T}}$ 也是属于特征值 λ 的特征向量, 故 λ 的重数为 2. 所以由 P_n 的一个特征值, 得到了 $A(C_{2n+2})$ 的重数为 2 的一个特征值.

不断重复这一过程, 可以得知 P_n 的每一个特征值一定是 C_{2n+2} 中一个重数为 2 的特征值. 反之, 由定理 9.1.3可知, 圈 C_{2n+2} 的邻接特征值为 $2\cos\dfrac{2k\pi}{2n+2} = 2\cos\dfrac{k\pi}{n+1}(k=1,2,\cdots,2n+2)$. 由于余弦函数的周期性, 可以知道圈 C_{2n+2} 的特征值 $2\cos\dfrac{k\pi}{n+1}(k=1,2,\cdots,n)$ 出现了两次, 因而它们必然是 P_n 的特征值. □

例 9.1.1 假设 $x_1 = (x_1, x_2, x_3)^{\mathrm{T}}$ 为 $A(P_3)$ 中对应于特征值 λ 的一个特征向量, 即满足 $\begin{pmatrix} 0 & 1 & 0 \\ 1 & 0 & 1 \\ 0 & 1 & 0 \end{pmatrix} \begin{pmatrix} x_1 \\ x_2 \\ x_3 \end{pmatrix} = \lambda \begin{pmatrix} x_1 \\ x_2 \\ x_3 \end{pmatrix}$ 的一个特征向量, 所以由 P_3 的特征值, 我们得到了 $A(C_8)$ 的一个特征值. 具体地, $A(P_3)$ 的特征值分别为 $\lambda_1 = -\sqrt{2}, \lambda_2 = \sqrt{2}, \lambda_3 = 0$, 其对应的特征向量分别为 $\alpha_1 = \begin{pmatrix} 1 \\ -\sqrt{2} \\ 1 \end{pmatrix}, \alpha_2 = \begin{pmatrix} 1 \\ \sqrt{2} \\ 1 \end{pmatrix}, \alpha_3 = \begin{pmatrix} -1 \\ 0 \\ 1 \end{pmatrix}$, 而 $A(C_8)$ 的特征值为 $-2, 2, -\sqrt{2}, -\sqrt{2}, \sqrt{2}, \sqrt{2}, 0, 0$, 其对应的特征向量分别为

$$\begin{pmatrix} -1 \\ 1 \\ -1 \\ 1 \\ -1 \\ 1 \\ -1 \\ 1 \end{pmatrix}, \begin{pmatrix} 1 \\ 1 \\ 1 \\ 1 \\ 1 \\ 1 \\ 1 \\ 1 \end{pmatrix}, \begin{pmatrix} -\sqrt{2} \\ 1 \\ 0 \\ -1 \\ \sqrt{2} \\ -1 \\ 0 \\ 1 \end{pmatrix}, \begin{pmatrix} -1 \\ \sqrt{2} \\ -1 \\ 0 \\ 1 \\ -\sqrt{2} \\ 1 \\ 0 \end{pmatrix}, \begin{pmatrix} \sqrt{2} \\ 1 \\ 0 \\ -1 \\ -\sqrt{2} \\ -1 \\ 0 \\ 1 \end{pmatrix}, \begin{pmatrix} -1 \\ -\sqrt{2} \\ -1 \\ 0 \\ 1 \\ \sqrt{2} \\ 1 \\ 0 \end{pmatrix}, \begin{pmatrix} 0 \\ -1 \\ 0 \\ 1 \\ 0 \\ -1 \\ 0 \\ 1 \end{pmatrix}, \begin{pmatrix} -1 \\ 0 \\ 1 \\ 0 \\ -1 \\ 0 \\ 1 \\ 0 \end{pmatrix}$$

对照此例可理解定理 9.1.6 的证明过程.

定理 9.1.7 对于 $n \geqslant 2$, P_n 的拉普拉斯矩阵对应的特征值为 $2-2\cos\dfrac{k\pi}{n}(k=0,1,\cdots,n-1)$, 即 P_n 的拉普拉斯矩阵的谱为

$$\text{Spec}(L, P_n) = \begin{pmatrix} 0 & \cdots & 2 - 2\cos\dfrac{k\pi}{n} & \cdots & 2 - 2\cos\dfrac{(n-1)\pi}{n} \\ 1 & \cdots & 1 & \cdots & 1 \end{pmatrix}$$

证明 该结论可如同定理 9.1.6, 通过寻找路的拉普拉斯矩阵特征向量与特征向量的规律得到. □

定理 9.1.8 对于 $n \geqslant 2$, P_n 的无符号拉普拉斯矩阵对应的特征值为 $2 - 2\cos\dfrac{k\pi}{n}(k = 0, 1, \cdots, n-1)$, 即 P_n 的无符号拉普拉斯矩阵的谱为

$$\text{Spec}(\bar{L}, P_n) = \begin{pmatrix} 0 & \cdots & 2 - 2\cos\dfrac{k\pi}{n} & \cdots & 2 - 2\cos\dfrac{\pi(n-1)}{n} \\ 1 & \cdots & 1 & \cdots & 1 \end{pmatrix}$$

证明 根据定理 9.1.7和定理 6.3.2, 且路为二部图可以知道该结论成立. □

注 上述方法利用二部图的定理 6.3.2得到了路的拉普拉斯矩阵的谱.

推论 9.1.2 路的邻接矩阵、拉普拉斯矩阵和无符号拉普拉斯矩阵的特征多项式分别为

$$A(P_n, x) = \prod_{k=1}^{n}\left(x - 2\cos\dfrac{k\pi}{n+1}\right)$$

其中 $k = 0, \cdots, n$. $L(P_n, x) = \bar{L}(P_n, x) = \prod_{k=1}^{n}\left(x - 2 + 2\cos\dfrac{k\pi}{n}\right)$, 其中 $k = 0, 1, \cdots, n-1$. □

9.2 路的拉氏矩阵的直接算法

上一节给出的圈和路的 3 种谱的间接计算方法非常巧妙, 如果考虑直接求圈和路的 3 种矩阵来求其对应的特征值是否可行? 本节做了探索与研究.

定理 9.2.1[65] $W_n = \begin{vmatrix} a & b & & & & \\ c & a & b & & & \\ & c & a & \ddots & & \\ & & \ddots & \ddots & \ddots & \\ & & & \ddots & a & b \\ & & & & c & a \end{vmatrix}_n = \begin{cases} \dfrac{p^{n+1} - q^{n+1}}{p - q} & (p \neq q) \\ (n+1)p^n & (p = q) \end{cases} (n \geqslant 4)$, 其

中 p 和 q 是 $y^2 - ay + bc = 0$ 的根, 即满足 $a = p + q, bc = pq$.

定理 9.2.2
$$\begin{vmatrix} x & -1 \\ -1 & x & -1 \\ & -1 & x & \ddots \\ & & \ddots & \ddots & \ddots \\ & & & \ddots & x & -1 \\ & & & & -1 & x \end{vmatrix}_n = \begin{vmatrix} x & 1 \\ 1 & x & 1 \\ & 1 & x & \ddots \\ & & \ddots & \ddots & \ddots \\ & & & \ddots & x & 1 \\ & & & & 1 & x \end{vmatrix}_n.$$

证明 当 $n=1,2$ 时，左$_1$ = 右$_1$ = $|x| = x$，左$_2$ = 右$_2$ = $\begin{vmatrix} x & 1 \\ 1 & x \end{vmatrix} = x^2 - 1$.

按第一行展开得

$$\text{左}_n = \begin{vmatrix} x & -1 \\ -1 & x & -1 \\ & -1 & x & \ddots \\ & & \ddots & \ddots & \ddots \\ & & & \ddots & x & -1 \\ & & & & -1 & x \end{vmatrix}_n$$

$$= x\text{左}_{n-1} + (-1)^{1+2} \times (-1) \begin{vmatrix} -1 & -1 \\ & x & -1 \\ & -1 & x & \ddots \\ & & \ddots & \ddots & \ddots \\ & & & \ddots & x & -1 \\ & & & & -1 & x \end{vmatrix}_{n-1}$$

$$= x\text{左}_{n-1} - \text{左}_{n-2}$$

同理 右$_n$ = x右$_{n-1}$ − 右$_{n-2}$. 再用第二数学归纳法, 假设小于等于 $n-1$ 阶行列式命题成立, 即 左$_{n-1}$ = 右$_{n-1}$ 和 左$_{n-2}$ = 右$_{n-2}$ 成立, 则 左$_n$ = x左$_{n-1}$ − 左$_{n-2}$ = x右$_{n-1}$ − 右$_{n-2}$ = 右$_n$, 故该命题成立.

其实由定理 6.3.2, 可以知道二部图的 $\bar{L}$ 谱和 L 谱是一样的, 而加上路是二部图, 也可以自然得到该定理. □

定理 9.2.3 对于 $n \geqslant 4$, 路 P_n 的特征多项式为

$$A(P_n, x) = \frac{\left(\dfrac{x+\sqrt{x^2-4}}{2}\right)^{n+1} - \left(\dfrac{x-\sqrt{x^2-4}}{2}\right)^{n+1}}{\sqrt{x^2-4}}$$

其中 $x \neq \pm 2$.

9.3 圈的拉氏矩阵的直接算法

首先给出圈 $C_n(n \geqslant 3)$ 的邻接矩阵的特征值的一个简单性质.

定理 9.3.1 圈 $C_n(n \geqslant 3)$ 的邻接矩阵的特征多项式至少有一个特征值为 2.

证明 对于

$$\det(xE - C_n) = \begin{vmatrix} x & -1 & 0 & 0 & 0 & -1 \\ -1 & x & -1 & 0 & 0 & 0 \\ 0 & -1 & x & \ddots & 0 & 0 \\ 0 & 0 & \ddots & \ddots & \ddots & 0 \\ 0 & 0 & 0 & \ddots & x & -1 \\ -1 & 0 & 0 & 0 & -1 & x \end{vmatrix} (n \geqslant 3),$$

所有列都加到第 1 列得

$$\begin{vmatrix} x & -1 & 0 & 0 & 0 & -1 \\ -1 & x & -1 & 0 & 0 & 0 \\ 0 & -1 & x & \ddots & 0 & 0 \\ 0 & 0 & \ddots & \ddots & \ddots & 0 \\ 0 & 0 & 0 & \ddots & x & -1 \\ -1 & 0 & 0 & 0 & -1 & x \end{vmatrix} = \begin{vmatrix} x-2 & -1 & 0 & 0 & 0 & -1 \\ x-2 & x & -1 & 0 & 0 & 0 \\ x-2 & -1 & x & \ddots & 0 & 0 \\ x-2 & 0 & \ddots & \ddots & \ddots & 0 \\ x-2 & 0 & 0 & \ddots & x & -1 \\ x-2 & 0 & 0 & 0 & -1 & x \end{vmatrix}$$

$$= (x-2) \begin{vmatrix} -1 & -1 & 0 & 0 & 0 & 1 \\ -1 & x & -1 & 0 & 0 & 0 \\ -1 & -1 & x & \ddots & 0 & 0 \\ -1 & 0 & \ddots & \ddots & \ddots & 0 \\ -1 & 0 & 0 & \ddots & x & -1 \\ -1 & 0 & 0 & 0 & -1 & x \end{vmatrix}$$

从中可以看出圈 C_n 的邻接矩阵的特征值必有 2. □

例 9.3.1 利用间接法得到的推论 9.1.1 验证该结论.

解 直接法得到的 $A(C_n, x) = \prod_{k=1}^{n}\left(x - 2\cos\left(\dfrac{2k\pi}{n}\right)\right)(k=1,\cdots,n)$，令 $k=n$，总有 $x - 2\cos\left(\dfrac{2n\pi}{n}\right) = x - 2\cos(2\pi) = x - 2$ 这个因子, 故与定理 9.3.1 结论吻合. □

定理 9.3.2 圈 $C_n(n \geqslant 3)$ 的邻接矩阵的特征多项式的递推公式为

$$R_n = -2R_{n-2} + xR_{n-1} + 2(-1)^{n+1}$$

其中 $R_n = \begin{vmatrix} x & -1 & & & & \\ -1 & x & -1 & & & \\ & -1 & x & \ddots & & \\ & & \ddots & \ddots & \ddots & \\ & & & \ddots & x & -1 \\ & & & & -1 & x \end{vmatrix}_n$ 为 P_n 的邻接矩阵的特征多项式.

证明 由上知 R_n 为可解的行列式, 根据 $\det(xE - C_n)$, 直接对矩阵的最后 1 列展开

$$\begin{vmatrix} x & -1 & 0 & 0 & 0 & -1 \\ -1 & x & -1 & 0 & 0 & 0 \\ 0 & -1 & x & \ddots & 0 & 0 \\ 0 & 0 & \ddots & \ddots & \ddots & 0 \\ 0 & 0 & 0 & \ddots & x & -1 \\ -1 & 0 & 0 & 0 & -1 & x \end{vmatrix}_n$$

$$= (-1) \times (-1)^{1+n} \begin{vmatrix} -1 & x & -1 & 0 & 0 & 0 & 0 & 0 \\ 0 & -1 & x & 1 & 0 & 0 & 0 & 0 \\ 0 & 0 & -1 & x & 1 & 0 & 0 & 0 \\ 0 & 0 & 0 & -1 & x & 1 & 0 & 0 \\ 0 & 0 & 0 & 0 & \ddots & \ddots & \ddots & 0 \\ 0 & 0 & 0 & 0 & 0 & -1 & x & -1 \\ 0 & 0 & 0 & 0 & 0 & 0 & -1 & x \\ -1 & 0 & 0 & 0 & 0 & 0 & 0 & -1 \end{vmatrix}_{n-1}$$

$$+ (-1) \times (-1)^{(n-1)+(n)} \begin{vmatrix} x & -1 & 0 & 0 & 0 & 0 & 0 \\ -1 & x & -1 & 0 & 0 & 0 & 0 \\ 0 & -1 & x & \ddots & 0 & 0 & 0 \\ 0 & 0 & \ddots & \ddots & \ddots & 0 & 0 \\ 0 & 0 & 0 & \ddots & x & -1 & 0 \\ 0 & 0 & 0 & 0 & -1 & x & -1 \\ -1 & 0 & 0 & 0 & 0 & 0 & -1 \end{vmatrix}_{n-1}$$

$$+ (-1)^{(n)+(n)} x \begin{vmatrix} x & -1 & 0 & 0 & 0 & 0 \\ -1 & x & -1 & 0 & 0 & 0 \\ 0 & -1 & x & \ddots & 0 & 0 \\ 0 & 0 & \ddots & \ddots & \ddots & 0 \\ 0 & 0 & 0 & \ddots & x & -1 \\ 0 & 0 & 0 & 0 & -1 & x \end{vmatrix}_{n-1}$$

(1) 第一个行列式对最后一行展开,

$$\begin{vmatrix} -1 & x & -1 & 0 & 0 & 0 & 0 & 0 \\ 0 & -1 & x & -1 & 0 & 0 & 0 & 0 \\ 0 & 0 & -1 & x & -1 & 0 & 0 & 0 \\ 0 & 0 & 0 & -1 & x & -1 & 0 & 0 \\ 0 & 0 & 0 & 0 & \ddots & \ddots & \ddots & 0 \\ 0 & 0 & 0 & 0 & 0 & -1 & x & -1 \\ 0 & 0 & 0 & 0 & 0 & 0 & -1 & x \\ -1 & 0 & 0 & 0 & 0 & 0 & 0 & -1 \end{vmatrix}_{n-1}$$

$$= (-1) \times (-1)^{(1)+(n-1)} \begin{vmatrix} x & -1 & 0 & 0 & 0 & 0 \\ -1 & x & -1 & 0 & 0 & 0 \\ 0 & -1 & x & \ddots & 0 & 0 \\ 0 & 0 & \ddots & \ddots & \ddots & 0 \\ 0 & 0 & 0 & \ddots & x & -1 \\ 0 & 0 & 0 & 0 & -1 & x \end{vmatrix}_{n-2}$$

$$+ (-1) \times (-1)^{(n-1)+(n-1)} \begin{vmatrix} -1 & x & -1 & 0 & 0 & 0 \\ 0 & -1 & x & -1 & 0 & 0 \\ 0 & 0 & \ddots & \ddots & \ddots & 0 \\ 0 & 0 & 0 & -1 & x & -1 \\ 0 & 0 & 0 & 0 & -1 & x \\ 0 & 0 & 0 & 0 & 0 & -1 \end{vmatrix}_{n-2}$$

$$= (-1)^{n+1} R_{n-2} + (-1)^{2n-1} = (-1)^{n+1} R_{n-2} - 1$$

其中 $R_n = \begin{vmatrix} x & -1 & & & & \\ -1 & x & -1 & & & \\ & -1 & x & \ddots & & \\ & & \ddots & \ddots & \ddots & \\ & & & \ddots & x & -1 \\ & & & & -1 & x \end{vmatrix}_n$.

(2) 中间的式子按最后一行展开得到

$$\begin{vmatrix} x & -1 & 0 & 0 & 0 & 0 & 0 \\ -1 & x & -1 & 0 & 0 & 0 & 0 \\ 0 & -1 & x & \ddots & 0 & 0 & 0 \\ 0 & 0 & \ddots & \ddots & \ddots & 0 & 0 \\ 0 & 0 & 0 & \ddots & x & -1 & 0 \\ 0 & 0 & 0 & 0 & -1 & x & -1 \\ -1 & 0 & 0 & 0 & 0 & 0 & -1 \end{vmatrix}_{n-1}$$

$$= (-1) \times (-1)^{(1)+(n-1)} \begin{vmatrix} -1 & 0 & 0 & 0 & 0 & 0 \\ x & -1 & 0 & 0 & 0 & 0 \\ -1 & x & -1 & \ddots & 0 & 0 \\ 0 & -1 & \ddots & \ddots & \ddots & 0 \\ 0 & 0 & 0 & \ddots & -1 & 0 \\ 0 & 0 & 0 & -1 & x & -1 \end{vmatrix}_{n-2}$$

$$+ (-1) \times (-1)^{(n-1)+(n-1)} \begin{vmatrix} x & -1 & 0 & 0 & 0 & 0 \\ -1 & x & -1 & 0 & 0 & 0 \\ 0 & -1 & x & \ddots & 0 & 0 \\ 0 & 0 & \ddots & \ddots & \ddots & 0 \\ 0 & 0 & 0 & \ddots & x & -1 \\ 0 & 0 & 0 & 0 & -1 & x \end{vmatrix}_{n-2}$$

$$= (-1)^{n+1} + (-1)^{2n-1} R_{n-2}$$
$$= (-1)^{n+1} - R_{n-2}$$

故

$$\begin{vmatrix} x & -1 & 0 & 0 & 0 & -1 \\ -1 & x & -1 & 0 & 0 & 0 \\ 0 & -1 & x & \ddots & 0 & 0 \\ 0 & 0 & \ddots & \ddots & \ddots & 0 \\ 0 & 0 & 0 & \ddots & x & -1 \\ -1 & 0 & 0 & 0 & -1 & x \end{vmatrix}_n$$

$$= (-1)^{2+n} \left((-1)^{n+1} R_{n-2} - 1 \right) + (-1)^{n+n} \left((-1)^{n+1} - R_{n-2} \right) + (-1)^{n+n} x R_{n-1}$$

$$= \left((-1)^{2n+3} R_{n-2} + (-1)^{3+n} \right) + \left((-1)^{3n+1} + (-1)^{2n+1} R_{n-2} \right) + (-1)^{2n} x R_{n-1}$$

$$= \left(-R_{n-2} + (-1)^{3+n} \right) + \left((-1)^{2n} \times (-1)^{n+1} - R_{n-2} \right) + x R_{n-1}$$

$$= \left(-R_{n-2} + (-1)^{3+n} \right) + \left((-1)^{n+1} - R_{n-2} \right) + x R_{n-1}$$

$$= -2 R_{n-2} + x R_{n-1} + (-1)^n \left((-1)^3 - 1 \right)$$

$$= -2 R_{n-2} + x R_{n-1} + (-1)^n (-2)$$

$$= -2 R_{n-2} + x R_{n-1} + 2(-1)^{n+1} \qquad \square$$

例 9.3.2 利用 C_7, P_6 和 P_5 验证定理 9.3.2.

解 C_7 的邻接矩阵的特征多项式为

$$|xE_7 - A(C_7)| = \begin{vmatrix} x & -1 & 0 & 0 & 0 & 0 & -1 \\ -1 & x & -1 & 0 & 0 & 0 & 0 \\ 0 & -1 & x & -1 & 0 & 0 & 0 \\ 0 & 0 & -1 & x & -1 & 0 & 0 \\ 0 & 0 & 0 & -1 & x & -1 & 0 \\ 0 & 0 & 0 & 0 & -1 & x & -1 \\ -1 & 0 & 0 & 0 & 0 & -1 & x \end{vmatrix} = x^7 - 7x^5 = 4x^3 - 7x + 2$$

P_6 的邻接矩阵的特征多项式为

$$|xE_6 - A(P_6)| = \begin{vmatrix} x & -1 & 0 & 0 & 0 & 0 \\ -1 & x & -1 & 0 & 0 & 0 \\ 0 & -1 & x & -1 & 0 & 0 \\ 0 & 0 & -1 & x & -1 & 0 \\ 0 & 0 & 0 & -1 & x & -1 \\ 0 & 0 & 0 & 0 & -1 & x \end{vmatrix} = x^6 - 5x^4 + 6x^2 - 1$$

P_5 的邻接矩阵的特征多项式为

$$|xE_5 - A(P_5)| = \begin{vmatrix} x & -1 & 0 & 0 & 0 \\ -1 & x & -1 & 0 & 0 \\ 0 & -1 & x & -1 & 0 \\ 0 & 0 & -1 & x & -1 \\ 0 & 0 & 0 & -1 & x \end{vmatrix} = x^5 - 4x^3 + 3x$$

由定理 9.3.2 可得

$$\begin{aligned} A(C_7, x) &= -2R_5 + xR_6 + 2(-1)^{n+1} \\ &= -2\left(x^5 - 4x^3 + 3x\right) + x\left(x^6 - 5x^4 + 6x^2 - 1\right) + 2(-1)^{7+1} \\ &= x^7 - 7x^5 + 14x^3 - 7x + 2 \end{aligned}$$ □

定理 9.3.3 圈 $C_n(n \geqslant 3)$ 的邻接矩阵的特征多项式的表达式为

$$\begin{aligned} A(C_n, x) = &-2\frac{\left(\frac{x+\sqrt{x^2-4}}{2}\right)^{n-1} - \left(\frac{-x-\sqrt{x^2-4}}{2}\right)^{n-1}}{\sqrt{x^2-4}} \\ &+ x\frac{\left(\frac{x+\sqrt{x^2-4}}{2}\right)^n - \left(\frac{x-\sqrt{x^2-4}}{2}\right)^n}{\sqrt{x^2-4}} + 2(-1)^{n+1} \end{aligned}$$

证明 根据定理 9.3.2 和定理 9.2.3 可以得证. □

定理 9.3.4 圈 $C_n(n \geqslant 3)$ 的邻接矩阵的特征多项式的展开式如下:

当 $n = 2j$ 时,

$$\begin{aligned}
A(C_{2j}, x) =& -2\left(x^{2j-2} - C_{2j-3}^1 x^{2j-4} + C_{2j-4}^2 x^{2j-6} + \cdots + (-1)^{j-2} C_{2j-2-(j-2)}^{j-2} x^2 + (-1)^{j-1}\right) \\
& + x\left(x^{2j-1} - C_{2j-2}^1 x^{2j-3} + C_{2j-3}^2 x^{2j-5} + \cdots + (-1)^{j-2} C_{2j-2+(j-3)}^{j-1} x^3 + (-1)^{j-1} jx\right) \\
& + 2(-1)^{2j+1}
\end{aligned}$$

当 $n = 2j + 1$ 时,

$$\begin{aligned}
A(C_{2j+1}, x) =& x^{2j+1} + \left(-2 - C_{2j-1}^1\right) x^{2j-1} + \left(-2C_{2j-2}^1 + C_{2j-2}^2\right) x^{2j-3} + \cdots \\
& + \left((-1)^{j-2} C_{2j-2-(j-3)}^{j-2} + (-1)^{j-1} C_{2j-(j-1)}^{j-1}\right) x^3 \\
& + \left((-1)^{j-1} C_{2j-2-(j-2)}^{j-1} + (-1)^{j} C_{2j-j}^{j}\right) x + 2(-1)^{2j+2}
\end{aligned}$$

证明 当 $n = 2j$ 时, 由定理 9.3.2和定理 9.2.5知

$$\begin{aligned}
A(C_{2j}, x) =& -2\Big(x^{2j-2} - C_{2j-3}^1 x^{2j-4} + C_{2j-4}^2 x^{2j-6} + \cdots \\
& + (-1)^{j-2} C_{2j-2-(j-2)}^{j-2} x^2 + (-1)^{j-1} C_{2j-2-(j-1)}^{j-1} x^0\Big) \\
& + x\Big(x^{2j-1} - C_{2j-2}^1 x^{2j-3} + C_{2j-3}^2 x^{2j-5} + \cdots + (-1)^{j-2} C_{2j-2+(j-3)}^{j-2} x^3 \\
& + (-1)^{j-1} C_{2j-2-(j-2)}^{j-1} x\Big) + 2(-1)^{2j+1} \\
=& -2\Big(x^{2j-2} - C_{2j-3}^1 x^{2j-4} + C_{2j-4}^2 x^{2j-6} + \cdots + (-1)^{j-2} C_{2j-2-(j-2)}^{j-2} x^2 \\
& + (-1)^{j-1} C_{2j-2-(j-1)}^{j-1} x^0\Big) \\
& + \Big(x^{2j} - C_{2j-2}^1 x^{2j-2} + C_{2j-3}^2 x^{2j-4} + \cdots + (-1)^{j-2} C_{2j-2+(j-3)}^{j-2} x^4 \\
& + (-1)^{j-1} C_{2j-2-(j-2)}^{j-1} x^2\Big) + 2(-1)^{2j+1} \\
=& x^{2j} + \left(2 - C_{2j-2}^1\right) x^{2j-2} + \left(-2C_{2j-3}^1 + C_{2j-3}^2\right) x^{2j-4} + \cdots \\
& + \left(2(-1)^{j-1} C_{2j-2-(j-2)}^{j-2} + (-1)^{j-1} C_{2j-2-(j-2)}^{j-1}\right) x^2 \\
& + 2(-1)^{j} C_{2j-2-(j-1)}^{j-1} x^0 + 2(-1)^{2j+1}
\end{aligned}$$

当 $n = 2j + 1$ 时, 由定理 9.3.2和定理 9.2.5知

推论 9.3.1 对于 $n \geqslant 2$, 圈 C_n 的拉普拉斯矩阵和无符号拉普拉斯矩阵的特征值分别为 $2 - \lambda_k$, 其中 $\lambda_k (k = 1, 2, \cdots, n)$ 为定理 9.3.3 或定理 9.3.4 的解, 即

$$\operatorname{Spec}(L, C_n) = \operatorname{Spec}(\bar{L}, C_n) = \begin{pmatrix} 2 - \lambda_1 & \cdots & 2 - \lambda_k & \cdots & 0 \\ 1 & \cdots & 1 & \cdots & 1 \end{pmatrix} \qquad \Box$$

从推论 9.3.1可以看出圈的邻接矩阵、拉普拉斯矩阵和无符号拉普拉斯矩阵的谱仅相差 2, 具有漂亮的性质.

9.4 圈和路的邻接矩阵的特征多项式的其他算法

前面两节给出了计算圈、路的邻接矩阵、拉普拉斯矩阵和无符号拉普拉斯矩阵的谱的间接算法和两种利用矩阵直接计算的方法，事实上，利用圈和路的邻接矩阵的特征多项式的关系，还可以通过求导或积分来计算圈、路的邻接特征多项式.

定理 9.4.1 $A'(C_n,x) = nA(P_{n-1},x)$.

证明 根据定理 7.3.1，由于圈 C_n 删除每一个点都是 P_{n-1}，其一共有 n 个点，故

$$\sum_{v \in V(G)} A(G-v,x) = nA(P_{n-1},x) \qquad \square$$

例 9.4.1 利用 C_4 验证定理 9.4.1.

解 $A(C_4,x) = x^4 - 4x^2, A'(C_4,x) = 4x^3 - 8x$，而 $A(P_3,x) = x^3 - 2x^2$，故 $A'(C_3,x) = 4A(P_3,x)$. $\qquad \square$

如果已知圈的特征多项式，利用定理 9.4.1，则通过求导知道路的特征多项式，但是反过来，已知路的特征多项式求圈的特征多项式需要积分，还需要知道一个零解，确定常数项. 这就需要下面的定理.

定理 9.4.2 $A(C_n,x)$ 的常数项为 $a_n = \begin{cases} 2 + 2(-1)^{\frac{n}{2}} & (n\text{为偶数}) \\ -2 & (n\text{为奇数}) \end{cases}$.

证明 如果 n 为偶数，n 个点的子图形成 C_n, $P_{\frac{n}{2}}$ 和 $P_{\frac{n}{2}}$ 这样三种形式的子图，故根据定理 5.1.1 可以知道，$c_n = (-1)^1 2^1 + (-1)^{\frac{n}{2}} 2^0 + (-1)^{\frac{n}{2}} 2^0 = 2 + 2(-1)^{\frac{n}{2}}$.

如果 n 为奇数，n 个点的子图形成 C_n 这样一种形式的子图，故根据定理 5.1.1 可以知道，$c_n = (-1)^1 2^1 = -2$. $\qquad \square$

在求解定理 9.4.2的过程，我们其实通过定理 5.1.1数基础子图中分支数、圈的个数直接可以确定路和圈的特征多项式，但是该方法停留在理论层次，不过也是一种思路.

定理 9.4.3 $A(P_n,x)$ 的常数项为 0.

证明 其实有三种方式去理解为什么 P_n 的常数项为 0，一种是通过推论 9.1.1、定理 9.2.3，定理 9.2.5 可以知道 $A(P_n,0) = 0$；另一种是可以通过 $A'(C_n,x) = nA(P_{n-1},x)$ 得到，求导后必然没有常数项；最后，通过上面定理也可以知道其 n 个点的子图不能生成只含有基本子图的图. $\qquad \square$

定理 9.4.4 $A'(P_n,x) = A(P_{n-1},x) + A(P_1,x)A(P_{n-2},x) + A(P_2,x)A(P_{n-3},x) + \cdots + A(P_{n-3},x)A(P_2,x) + A(P_{n-2},x)A(P_1,x) + A(P_{n-1},x)$.

证明 根据定理 7.3.1，$A'(G,x) = \sum_{v \in V(G)} A(G-v,x)$ 仅仅对路拆分易知. $\qquad \square$

无论是定理 9.4.1 和定理 9.4.4, 求导和积分都非常难, 但是定理 9.4.1 在计算路和圈特征多项式之间提供了一个很好的纽带, 定理 9.4.4 解释了路的关于自身的递推式.

下面提供第 7 种得出路的特征多项式的思路.

当图为森林的时候, 匹配多项式和特征多项式是一样的, 利用匹配的方法, 再根据定理 5.1.5 可以得到, 当然这里本质是和定理 5.1.1 一样的, 原因是定理 5.1.5 是定理 5.1.1 的推论.

定理 9.4.5[67] $\mu(G)$ 表示匹配多项式

$$\mu(P_n) = \sum_{k=1}^{\lfloor \frac{n}{2} \rfloor} (-1)^k \mathrm{C}_{n-k}^k x^{n-2k}$$

定理 9.4.6 $A(G)$ 表示图 G 邻接矩阵的特征多项式

$$A(P_n, x) = \sum_{k=1}^{\lfloor \frac{n}{2} \rfloor} (-1)^k \mathrm{C}_{n-k}^k x^{n-2k}$$

证明 由定理 5.1.5 和定理 9.4.5 知. □

注 根据匹配多项式的定义, 这个思路恰好和定理 5.1.1 的本质是一样的, 都是直接研究其系数的图形意义, 直接写出多项式, 恰好与匹配的思路吻合.

对于本书其他求路邻接谱的方法, 求出圈 C_n 邻接矩阵的特征根后, 可以利用定理 6.4.4 和定理 6.4.5 得到拉普拉斯矩阵和无符号拉普拉斯矩阵的特征根. 求出路 P_n 邻接矩阵的特征根后, 可以仿照推论 9.3.1 得到拉普拉斯矩阵和无符号拉普拉斯矩阵的特征根.

上述方法具有较高的矩阵计算技巧, 且与综合知识相结合, 可以为读者拓宽一定的解图谱的思维广度.

第 10 章 图谱常见名词含义

10.1 图谱命名的由来

图谱理论有这么多好的性质, 为什么图论中称图的特征值及其重数叫图谱 (spectra of graphs) 呢? 其实用最简单的语言就能解释, 实验者可以利用光谱 (spectrum) 来判断物质的结构, 如观察化合物在红外光区间的吸收谱的折线图形状, 来判断该化合物的种类 (结构). 图谱也是这样的存在, 无论图的标号和形状怎么变, 它的特征值是不变的, 去研究图特征值便能反映图的一些性质. 别小看这点, 这常常比单纯的图矩阵有用多了, 比如我们想要判断两个图是否同构, 无论是直接看图还是直接看其对应的矩阵都不方便, 如果我们第一步利用计算机算得其图谱, 因为两个图同构其图的特征值及其重数必然一样, 先筛查一番再去找双射关系, 就会简化许多. 所以最让人头疼的问题便是 "同谱图", 即图谱一样而图却不一样, 这将在第 12 章介绍. 另外, 图谱命名借鉴于矩阵论中的谱, 两矩阵相似, 则谱相同, 强调了整体变化中 "不变" 的部分.

例 10.1.1 [68] 未知物分子式为 C_8H_{16}, 其红外谱图如图 10.1.1 所示, 试推其结构.

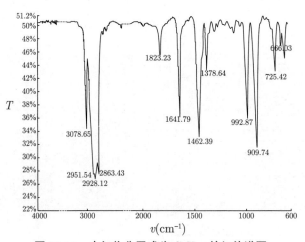

图 10.1.1 未知物分子式为 C_8H_{16} 的红外谱图

解 由其分子式可计算出该化合物不饱和度为 1, 即该化合物具有一个烯基或一个环. 3079 cm^{-1} 处有吸收峰, 说明存在与不饱和碳相连的氢, 因此该化合物肯定为烯, 在 1642 cm^{-1} 处还有 C=C 伸缩振动吸收, 更进一步证实了烯基的存在. 910 cm^{-1} 和 993 cm^{-1}

处的 C—H 弯曲振动吸收说明该化合物有端乙烯基, 1823 cm^{-1} 的吸收是 910 cm^{-1} 吸收峰的倍频. 从 2928 cm^{-1} 和 1462 cm^{-1} 的较强吸收及 2952 cm^{-1} 和 1379 cm^{-1} 的较弱吸收知未知物 CH_2 多, CH_3 少. 综上可知, 未知物为正构端取代乙烯, 即 1-辛烯. □

当然叫 "谱" 的化学物理名词很多, 本书只是拿红外谱图举例, 但在数学上都反映了从 "局部" 到 "整体" 的思想.

10.2 拉普拉斯矩阵命名的依据

算子通俗地讲就是作用于函数的运算, 多元函数 $f(x_1,\ldots,x_n)$ 简记为 f, **拉普拉斯算子 "Δ"** 是所有自变量的非混合二阶偏导数之和, 即

$$\Delta f = \sum_{i=1}^n \frac{\partial^2 f}{\partial x_i^2}$$

例如, 对于三元函数 $f(x,y,z)$, 其拉普拉斯算子为

$$\Delta f = \frac{\partial^2 f}{\partial x^2} + \frac{\partial^2 f}{\partial y^2} + \frac{\partial^2 f}{\partial z^2}$$

回顾一下偏导数的定义, 设函数 $f(x,y)$ 在点 (x_0,y_0) 的某一邻域内有定义, 当 y 固定在 y_0 而 x 在 x_0 处有增量 Δx 时, 相应的函数有增量

$$f(x_0 + \Delta x, y_0) - f(x_0, y_0)$$

如果

$$\lim_{\Delta x \to 0} \frac{f(x_0 + \Delta x, y_0) - f(x_0, y_0)}{\Delta x}$$

存在, 那么称此极限为函数 $z = f(x,y)$ 在点 (x_0, y_0) 处对 x 的**偏导函数**, 记作

$$\left.\frac{\partial f}{\partial x}\right|_{\substack{x=x_0 \\ y=y_0}} \quad \text{或} \quad f'_x(x_0, y_0)$$

可见, 二元函数对某个自变量的偏导数是指当另一个自变量固定时, 因变量相对于该自变量的变化率. 根据二元函数微分学中增量与微分的关系 (可以参考一般高等数学或数学分析教材), 可得

$$f(x + \Delta x, y) - f(x, y) \approx f'_x(x,y)\Delta x \quad (\Delta x \to 0)$$

上面式子的左端分别叫作二元函数对 x 和对 y 的**偏增量**, 而右端叫作二元函数对 x 的**偏微分**. 注意本节, 当记号 Δ 作用于函数时表示拉普拉斯算子, 作用于自变量 x 或 y 时表示的是增量.

于是对 x 的二阶偏导数 $\dfrac{\partial^2 f}{\partial x^2}$ 就可以写成

$$f''_{xx}(x,y) \approx \frac{f'_x(x,y) - f'_x(x - \Delta x, y)}{\Delta x}$$

$$\approx \frac{\frac{f(x+\Delta x,y)-f(x,y)}{\Delta x}-\frac{f(x,y)-f(x-\Delta x,y)}{\Delta x}}{\Delta x}$$

$$=\frac{f(x+\Delta x)+f(x-\Delta x)-2f(x)}{(\Delta x)^2}$$

于是对 f 的二元拉普拉斯算子就可以写成

$$\Delta f(x,y)=\frac{\partial^2 f}{\partial x^2}+\frac{\partial^2 f}{\partial y^2}\approx \frac{f(x+\Delta x,y)+f(x-\Delta x,y)-2f(x,y)}{(\Delta x)^2}$$
$$+\frac{f(x,y+\Delta y)+f(x,y-\Delta y)-2f(x,y)}{(\Delta y)^2}$$

我们都知道拉普拉斯算子是对连续的函数进行运算, 但是拉普拉斯矩阵作用于向量时, 是对离散的点进行运算, 如何将连续转化为离散呢? 我们这样做: 在曲面函数 f 上取一个个的点 (x_i,y_i) $(i\in\mathbb{Z})$, 且曲面 f 上相邻两点的横坐标差 1, 纵坐标不变, 或纵坐标也差 1, 横坐标不变, 即

$$\Delta x=x_{i+1}-x_i=1,\quad \Delta y=y_{i+1}-y_i=1$$

图 10.2.1 和图 10.2.2 为曲面转化为离散点的取点情形.

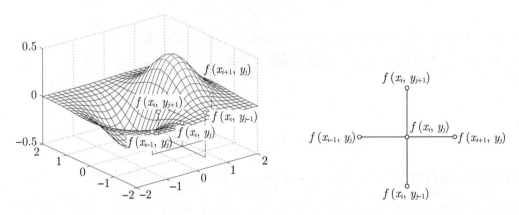

图 10.2.1　在一曲面上取 1 个中心点和距离为 1 的四个邻点　　图 10.2.2　俯视向 xy 平面时函数面的取点情形

点 (x_i,y_j) 处的连续的拉普拉斯算子可以用下面的公式近似计算:

$$\begin{aligned}&\Delta f(x_i,y_j)\\=&\frac{f(x_i+\Delta x,y_j)+f(x_i-\Delta x,y_j)-2f(x_i,y_j)}{(\Delta x)^2}\\&+\frac{f(x_i,y_j+\Delta y)+f(x_i,y_j-\Delta y)-2f(x_i,y_j)}{(\Delta y)^2}\\=&\frac{f(x_{i+1},y_j)+f(x_{i-1},y_j)-2f(x_i,y_j)}{1^2}+\frac{f(x_i,y_{j+1})+f(x_i,y_{j-1})-2f(x_i,y_j)}{1^2}\\=&f(x_{i+1},y_j)+f(x_{i-1},y_j)+f(x_i,y_{j+1})+f(x_i,y_{j-1})-4f(x_i,y_j)\end{aligned}$$

第 10 章　图谱常见名词含义

从上式可以看出,当拉普拉斯算子作用于 $f(x_i,y_j)$ 时,得到的近似结果就是 (x_i,y_j) 的 4 个相邻点处的函数值之和与 (x_i,y_j) 点处的函数值乘以 4 后的差值.

将上述拉普拉斯运算写成向量形式就为

$$\Delta f(x_i,y_j) = \begin{pmatrix} 1 & 1 & 1 & 1 & -4 \end{pmatrix} \begin{pmatrix} f(x_{i+1},y_j) \\ f(x_{i-1},y_j) \\ f(x_i,y_{j+1}) \\ f(x_i,y_{j-1}) \\ f(x_i,y_j) \end{pmatrix}$$

是不是很熟悉? 这不就是拉普拉斯矩阵的某一行的相反数乘以特定的函数值 (权重).

进一步地,如果作用于更多的点不只是 $f(x_i,y_j)$, 而是五个不同的点 $(_1x_i,_1y_j)$, $(_2x_i,_2y_j),\cdots,(_5x_i,_5y_j)$, 则

$\Delta f(x_i,y_j)$
$$= \begin{pmatrix} 1 & 1 & 1 & 1 & -4 \\ 1 & 1 & 1 & 1 & -4 \\ \vdots & \vdots & \vdots & \vdots & \vdots \\ 1 & 1 & 1 & 1 & -4 \end{pmatrix}_{5\times 5} \begin{pmatrix} f(_1x_{i+1},_1y_j) & f(_2x_{i+1},_2y_j) & \cdots & f(_5x_{i+1},_5y_j) \\ f(_1x_{i-1},_1y_j) & f(_2x_{i-1},_2y_j) & \cdots & f(_5x_{i-1},_5y_j) \\ f(_1x_i,_1y_{j+1}) & f(_2x_i,_2y_{j+1}) & \cdots & f(_5x_i,_5y_{j+1}) \\ f(_1x_i,_1y_{j-1}) & f(_2x_i,_2y_{j-1}) & \cdots & f(_5x_i,_5y_{j-1}) \\ f(_1x_i,_1y_j) & f(_2x_i,_2y_j) & \cdots & f(_5x_i,_5y_j) \end{pmatrix}_{5\times 5}$$

适当地改变顺序:

$\Delta f(x_i,y_j)$
$$= \begin{pmatrix} -4 & 1 & 1 & 1 & 1 \\ 1 & -4 & 1 & 1 & 1 \\ \vdots & \vdots & \vdots & \vdots & \vdots \\ 1 & 1 & 1 & 1 & -4 \end{pmatrix}_{5\times 5} \begin{pmatrix} f(_1x_i,_1y_j) & f(_2x_{i+1},_2y_j) & \cdots & f(_5x_{i+1},_5y_j) \\ f(_1x_{i-1},_1y_j) & f(_2x_i,_2y_j) & \cdots & f(_5x_{i-1},_5y_j) \\ f(_1x_i,_1y_{j+1}) & f(_2x_i,_2y_{j+1}) & \cdots & f(_5x_i,_5y_{j+1}) \\ f(_1x_i,_1y_{j-1}) & f(_2x_i,_2y_{j-1}) & \cdots & f(_5x_i,_5y_{j-1}) \\ f(_1x_{i+1},_1y_j) & f(_2x_{i-1},_2y_j) & \cdots & f(_5x_i,_5y_j) \end{pmatrix}_{5\times 5}$$

如此推广,发现拉普拉斯算子和该矩阵有一定的联系,故命名拉普拉斯矩阵.

但是有些人会问,那拉普拉斯矩阵里有 0 如何解释? 不一定是 5×5 的矩阵? 拉普拉斯矩阵是上述矩阵的相反数啊? 对于这些疑问,我只能说这个矩阵与上述矩阵有联系,但是说拉普拉斯算子的离散形式就是图论中的拉普拉斯矩阵那还不至于, 二者还是有一定差别的,只能说拉普拉斯矩阵是拉普拉斯算子的演变,两者还是有所不同的. 在物理学和计算机学中离散拉普拉斯算子也有应用,感兴趣的读者可以进行深入学习.

拉普拉斯算子实际上衡量的正是梯度场的发散程度. 因为它在微积分中的定义是函数梯度的散度,即 $\Delta f = \nabla^2 f = \nabla\cdot\nabla f$. 这部分内容的理解和图论就弱相关了,故本书不介绍,感兴趣的读者可以自行查阅.

拉普拉斯算子首先由皮埃尔-西蒙·德拉普拉斯 (Pierre-Simon de Laplace) 在研究天体力学时提出,这与计算质量有关,拉普拉斯算子又在热传导、流体力学、量子力学等中发挥作用. 拉普拉斯算子为纪念拉普拉斯而命名.

第 11 章　拉普拉斯矩阵与聚类

拉普拉斯矩阵的谱在"机器学习"这门交叉学科有重要应用，机器学习顾名思义，就是让机器具有人一样的学习能力，是人工智能的核心，比如本书所介绍的聚类算法，可以应用于图像 (人脸、字符) 识别、大数据推荐、关系网络分析等.

聚类(clustering) 出自"物以聚类"这个词语，意思是归类和划分. 聚类的方法有很多种，如：k 均值算法、层次聚类、基于密度的聚类方法和基于概率的算法.

本书介绍的谱聚类算法是基于 k 均值算法的优化算法，**谱聚类**(spectral clustering) 是一种利用图论中拉普拉斯矩阵的谱进行的聚类方法，它旨在将带权无向图划分为多个子图，以优化子图内部的相似性和子图之间的距离. 这种方法的核心思想是利用样本数据构建图矩阵，通常按拉普拉斯矩阵的次小特征值对应特征向量来进行图划分，得到全局最优解.

11.1　k 均值算法

先不涉及谱，先来看看 k 均值算法是怎么回事. k **均值**英文名为 k-means，"k"的意思是最终形成"k"个分类，"means"是演变过程取中心点用的是"均值"的方法. 正如书名，将以示例来诠释比较抽象的概念和算法.

例 11.1.1　对某箱 8 个苹果的品质按照大小、成熟度这两种指标打分，满分是 5 分，具体如表 11.1 所示.

表 11.1.1　初始数值

苹果编号	1	2	3	4	5	6	7	8
属性 1: 大小	3	4	1	5	2	2	3	4
属性 2: 成熟	1	5	3	4	3	2	4	2

请利用"k 均值算法"将其分为两类，得到优等品和劣等品.

解　(1) 选点：随机选取第 1 个苹果和第 4 个苹果作为"2"个中心点. 如果建立坐标轴可视化，则如图 11.1.1 所示.

(2) 求距离：利用欧拉距离 (即高中的两点间距离公式) 得到表 11.1.2.

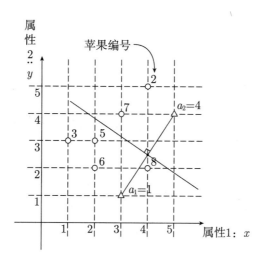

图 11.1.1 第 1 轮迭代

表 11.1.2 第 1 轮中心点到其他点的距离

苹果编号	2(4, 5)	3(1, 3)	5(2, 3)	6(2, 2)	7(3, 4)	8(4, 2)
其他点到初始点 1(苹果 1(3, 1)) 的距离	$\sqrt{17}$	$2\sqrt{2}$	$\sqrt{5}$	$\sqrt{2}$	3	$\sqrt{2}$
其他点到初始点 2(苹果 4(5, 4)) 的距离	$\sqrt{2}$	$\sqrt{17}$	$\sqrt{17}$	$\sqrt{13}$	2	$\sqrt{5}$

(3) 聚类: 比较距离, 离谁近就划到谁的聚类中.

属于初始点 1 的苹果:1(3, 1)、3(1, 3)、5(2, 3)、6(2, 2)、8(4, 2);

属于初始点 2 的苹果:2(4, 5)、4(5, 4)、7(3, 4).

(4) 求均值: 得到新的中心点.

将属于初始点 1 的苹果的属性 1 和属性 2 求平均值, 得到新的中心点 $b_1 = \left(\dfrac{9}{4}, \dfrac{5}{2}\right)$;

将属于初始点 2 的苹果的属性 1 和属性 2 求平均值, 得到新的中心点 $b_2 = \left(\dfrac{7}{2}, \dfrac{9}{2}\right)$.

重复上面所有步骤 (2) ~ (4).

(2)′ 求距离, 如表 11.1.3 所示.

表 11.1.3 第 2 轮中心点到其他点的距离

苹果编号	1(3, 1)	2(4, 5)	3(1, 3)	4(5, 4)	5(2, 3)	6(2, 2)	7(3, 4)	8(4, 2)
其他点到 $b_1 = \left(\dfrac{9}{4}, \dfrac{5}{2}\right)$ 的距离	$\dfrac{3\sqrt{5}}{4}$	$\dfrac{\sqrt{149}}{4}$	$\dfrac{\sqrt{29}}{4}$	$\dfrac{\sqrt{157}}{4}$	$\dfrac{\sqrt{5}}{4}$	$\dfrac{\sqrt{5}}{4}$	$\dfrac{3\sqrt{5}}{4}$	$\dfrac{\sqrt{53}}{4}$
其他点到 $b_2 = \left(\dfrac{7}{2}, \dfrac{9}{2}\right)$ 的距离	$\dfrac{5}{\sqrt{2}}$	$\dfrac{1}{\sqrt{2}}$	$\sqrt{\dfrac{17}{2}}$	$\sqrt{\dfrac{5}{2}}$	$\dfrac{3}{\sqrt{2}}$	$\sqrt{\dfrac{17}{2}}$	$\dfrac{1}{\sqrt{2}}$	$\sqrt{\dfrac{13}{2}}$

(3)′ 聚类: 属于 b_1 的苹果: 1(3, 1)、3(1, 3)、5(2, 3)、6(2, 2)、8(4, 2).

属于 b_2 初始点 2 的苹果: 2(4, 5)、4(5, 4)、7(3, 4).

我们看这些原来在一起的点还在一起,说明聚类划分没有变化,这时我们如果再去循环均值也没有变化,于是这个算法结束. 当然如果有不在原来类别的点, 该程序继续重复步骤 (2) ~ (4).

我们可以看出这个算法自然地就将苹果分为两类. 可以看出聚集在 b_1 附近的苹果的平均分为 $\left(\frac{9}{4}, \frac{5}{2}\right)$, 聚集在 b_2 附近的苹果的平均分为 $\left(\frac{7}{2}, \frac{9}{2}\right)$, 可见 b_1 聚类下的苹果相对劣等, b_2 聚类下的苹果相对优等.

如果用数形结合来理解 k 均值算法, 相当于每次在 a_1 与 a_2, b_1 与 b_2, $\cdots$ 间画垂直平分线, 直到垂直平分线总是把点分成不变的两类, 如图 11.1.1 和图 11.1.2 所示. □

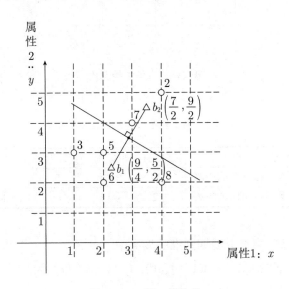

图 11.1.2   第 2 轮迭代

一般地, 点少且比较离散的图, 往往几步就够了, 而当点在垂直平分线上, 一些算法随机将其分配到一个聚类中, 当然也可以设置优化算法.

定理 11.1.1 (k 均值算法)   将元素按欧几里得距离分为 k 个类别, 则步骤如下:

(1) 选点: 将数据坐标轴化: 其 n 个属性作为坐标轴, 数据变为该坐标系中的点. 随机选取 k 个数据作为 k 个中心点;

(2) 求距离: 利用欧拉距离计算其他数据点与这 k 个中心距离;

(3) 聚类: 比较距离, 离谁近就划到谁的聚类;

(4) 求均值: 得到新的中心点;

(5) 重复上面所有步骤 (2) ~ (4), 直到点的分类不在变化. 得到这 k 个类别.

经过多个例子计算, 似乎第一步随机的选点不一定要选样本点, 如上面的例子选择 (1,1) 点和 (5,5) 点经过步骤 (2) 和步骤 (3) 也能完成划分, 获得上述一样的结果 (苹果 8 号到两初始中心点距离一样, 如果随机分配, 幸运地一次性分到较劣质堆, 只需要两次就能结束算法. 那么对于较多的数据能不能一开始就选择比较好的点, 使得步骤减少呢?

"k 均值" 是一种无监督算法, 事先并不会指定一个标准, 如:3.5 分以上是好苹果, 还是自动进行分组类. 也就是说, 当分类的标准难以确定时, 该算法可以实现让样本自动形成"小团体".

11.2 带权图的拉普拉斯矩阵

第 2 章中我们是按照边的数目定义任意无向图的邻接矩阵的, 如果我们将两点间的重边看成一条边, 那么图中边的数目就变成了这条边的权 (故权重暂为非负整数). 这样任意无向图的邻接矩阵的定义就可以与**带权图的邻接矩阵**的定义保持一致. 当然这里的权可以理解成权重或者是距离. **带权图的拉普拉斯矩阵**, 是指 $L = D - A$, 这里邻接矩阵 A 是带权的, D 是对角矩阵, 对角元素为 A 的行 (列) 和.

在线性 (高等) 代数下, 我们学过 "对称矩阵是半正定的充要条件是其二次型大于等于 0, 或特征值大于等于 0, 或主子式大于等于 0". 之前定理 8.1.1中已经用二次型的方法证明了拉普拉斯矩阵是正定的, 其实带权的拉普拉斯矩阵也是正定的, 证明过程不变.

定理 11.2.1 ((带权) 拉普拉斯矩阵的二次型) 设带权图的拉普拉斯矩阵为 L, 邻接矩阵 $A(G) = (a_{ij})_{n\times n}$, 对任意向量 $x \in \mathbb{R}^n$ 有

$$x^{\mathrm{T}} L x = \frac{1}{2} \sum_{i=1}^{n} \sum_{j=1}^{n} a_{ij} (x_i - x_j)^2$$

证明　其实证明定理 11.2.1的过程就是对二次型化为标准型的过程, 利用的是线性代数中学到的配方法, 具体参考定理 8.1.1. □

例 11.2.1 以图 11.2.1为例, 图中边上数字为其权重, 求出其带权的邻接矩阵, 并利用定理 11.2.1中公式左右端分别求出其二次型.

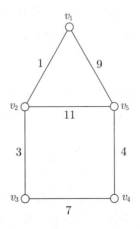

图 11.2.1 $G_{带权房子}$

解 代入定理 11.2.1 中左边为

$$(x_1 \quad x_2 \quad x_3 \quad x_4 \quad x_5) \cdot \begin{pmatrix} 10 & -1 & 0 & 0 & -9 \\ -1 & 15 & -3 & 0 & -11 \\ 0 & -3 & 10 & -7 & 0 \\ 0 & 0 & -7 & 11 & -4 \\ -9 & -11 & 0 & -4 & 24 \end{pmatrix} \cdot \begin{pmatrix} x_1 \\ x_2 \\ x_3 \\ x_4 \\ x_5 \end{pmatrix}$$

$$= 10x_1^2 - 2x_1x_2 + 15x_2^2 - 6x_2x_3 + 10x_3^2 - 14x_3x_4 + 11x_4^2 - 18x_1x_5$$
$$- 22x_2x_5 - 8x_4x_5 + 24x_5^2$$

图 11.2.1 的邻接矩阵为

$$A(G_{带权房子}) = \begin{pmatrix} 0 & 1 & 0 & 0 & 9 \\ 1 & 0 & 3 & 0 & 11 \\ 0 & 3 & 0 & 7 & 0 \\ 0 & 0 & 7 & 0 & 4 \\ 9 & 11 & 0 & 4 & 0 \end{pmatrix}$$

该矩阵的上三角,可以直接写出定理 11.2.1 的右边 $(x_1 - x_2)^2 + 9(x_1 - x_5)^2 + 3(x_2 - x_3)^2 + 11(x_2 - x_5)^2 + 7(x_3 - x_4)^2 + 4(x_4 - x_5)^2$,展开得到 $10x_1^2 - 2x_1x_2 + 15x_2^2 - 6x_2x_3 + 10x_3^2 - 14x_3x_4 + 11x_4^2 - 18x_1x_5 - 22x_2x_5 - 8x_4x_5 + 24x_5^2$. □

由定理 11.2.1 知,带权拉普拉斯矩阵是半正定对称矩阵. 由于带权拉普拉斯的行和为 0,易知拉普拉斯矩阵的最小特征值为 0, 其对应的特征向量为单位向量 e, 再者作为实对称矩阵, 带权拉普拉斯矩阵有 n 个非负实数特征值, 并且满足

$$0 = \mu_1 \leqslant \mu_2 \leqslant \cdots \leqslant \mu_n$$

之前的定理 8.1.9 将在下面给出证明,用带权图的拉普拉斯矩阵一起证了. 先证下面的定理:

定理 11.2.2(拉普拉斯矩阵最小特征值对应的向量构成) 图的连通分支为 $G_1, G_2, \cdots, G_k$, 则特征值 0 的特征向量空间由这些连通分支所对应的 0 特征向量 $e_{G_1}, \cdots, e_{G_k}$ 所张成, 该特征值 0 的特征向量为指标向量, 即每个特征向量对应一个连通分支, 1 元素对应的点在该连通分支内, 0 元素对应的点不在该连通分支内.

证明 (1) 先证明 $k = 1$ 的情况, 即图是连通的. 假设 x 是特征值 0 的一个特征向量, 根据拉普拉斯矩阵的二次型定理 11.2.1, 将 x 代入二次型的自变量, 有

$$0 = x^{\mathrm{T}} L x = \frac{1}{2} \sum_{i=1}^{n} \sum_{j=1}^{n} a_{ij} (x_i - x_j)^2$$

这是因为 $Lx = 0x = \vec{0}$. 因为图是连通的, 因此没有一行 (列) 全为 0, 要让上面的值为 0, 必定 $x_i - x_j = 0$. 这意味着向量 x 的任意元素都相等, 因此所有特征向量都是 e 的倍数, 结论成立.

用特征向量的定义去直接证明也不是不行的, 即证明 $Le = 0e$, 缺乏说明所有特征向量都是 e 的倍数, 但是想到实对称矩阵每个特征值对应一个基础解系就可以弥补, 正是这个弥补方式, 才使得定义法 (直接法) 求特征值更为严谨. 当然又是这种细节容易被忽略.

(2) 接下来考虑有 k 个连通分支的情况. 我们假设顶点按照其所属的连通分支排序, 这种情况下, 拉普拉斯矩阵可以写成分块矩阵的形式

$$L = \begin{pmatrix} L_1 & & & \\ & L_2 & & \\ & & \ddots & \\ & & & L_k \end{pmatrix}$$

可以发现, 每个子矩阵 $L_i (i = 1, \cdots, k)$ 也是一个拉普拉斯矩阵, 对应这个连通分支. 对于这些子矩阵, (1) 的结论也成立, L 的特征值 0 对应的特征向量是 L_i 的特征向量将其余位置填充 0 扩充形成的. 具体来说, 特征向量 $e_{G[V_i]}$ 中第 i 个连通分支的顶点所对的分量为 1, 其余的全为 0, 如下:

$$\begin{pmatrix} 0 & \cdots & 0 & 1 & \cdots & 1 & 0 & \cdots & 0 \end{pmatrix}^{\mathrm{T}}$$

上面的 0 的特征值向量 1 所对应的点, 反映了一个连通分支, 故 0 的特征向量是这些连通分支的指标向量. □

例 11.2.2 (拉普拉斯矩阵的最小特征值 0 与对应向量构成示例) 以图 $C_3 \bigcup P_2$, 即图 5.1.3为例, 利用拉普拉斯矩阵特征值 0 的特征向量确定共有两个连通分支. 如果给图赋权 $\{e_1, e_2, e_3, e_4\} \to \{4, 3, 9, 7\}$, 也确定一下.

解 $L(C_3 \cup P_2) = \begin{pmatrix} 2 & -1 & -1 & 0 & 0 \\ -1 & 2 & -1 & 0 & 0 \\ -1 & -1 & 2 & 0 & 0 \\ 0 & 0 & 0 & 1 & -1 \\ 0 & 0 & 0 & -1 & 1 \end{pmatrix}$, 特征值为 3, 3, 2, 0, 0. 其中 0 的特征向量为 $\begin{pmatrix} 1 \\ 1 \\ 1 \\ 0 \\ 0 \end{pmatrix}, \begin{pmatrix} 0 \\ 0 \\ 0 \\ 1 \\ 1 \end{pmatrix}$. $L(C_3 \cup P_2) = \begin{pmatrix} 13 & -4 & -9 & 0 & 0 \\ -4 & 7 & -3 & 0 & 0 \\ -9 & -3 & 12 & 0 & 0 \\ 0 & 0 & 0 & 2 & -2 \\ 0 & 0 & 0 & -2 & 2 \end{pmatrix}$, 特征值为 $16 + \sqrt{31}$, $16 - \sqrt{31}$, 4, 0, 0. 其中 0 的特征向量为 $\begin{pmatrix} 1 \\ 1 \\ 1 \\ 0 \\ 0 \end{pmatrix}, \begin{pmatrix} 0 \\ 0 \\ 0 \\ 1 \\ 1 \end{pmatrix}$. 如果将向量对应各个顶点 $\begin{pmatrix} v_1 \\ v_2 \\ v_3 \\ v_4 \\ v_5 \end{pmatrix}$, 于是指示了点集 $\{v_1, v_2, v_3\}$ 和 $\{v_4, v_5\}$ 为连通分支. □

类似地, 次小特征值与费德勒向量对于连通图有很好的划分作用, 给出例子如下:

例 11.2.3(拉普拉斯矩阵的次小特征值与费德勒向量示例)　我们观察蝙蝠图 8.1.1, 看看次小特征值的向量和连通性之间的关系.

解　之前在例 8.2.1 中知道次小特征值 $\mu_5 = 4 - \sqrt{3}$, 再计算其对应的特征向量, 即费德勒向量为

$$\begin{pmatrix} 1.37 & 0.37 & -0.37 & -1.37 & -1 & 1 \end{pmatrix}^{\mathrm{T}}$$

我们可以看到正数对应的点是 v_1, v_2 和 v_6, 负数对应的点是 v_3, v_4 和 v_5, 正好得到一个划分如图 11.2.2 所示, 将图切割为两个部分. □

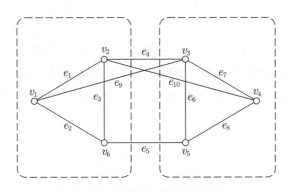

图 11.2.2　$G_{蝙蝠}$ 费德勒划分

定理 11.2.3(连通分支的谱并组成谱)　拉氏矩阵或广义拉普拉斯矩阵的连通分支的谱的并, 为这些分支不交并图的谱.

证明　不连通的拉氏矩阵或广义拉普拉斯矩阵都可以写成分块矩阵的形式, 如定理 11.2.2 中的证明, L_k 的特征值对应的特征向量是分块矩阵 L_{k_i} 的特征向量将其余位置填充 0 扩充形成的, 故可以得证. □

定理 11.2.4(连通度与连通分支数)　带权图的拉普拉斯矩阵的最小特征值 $\mu_n(G) = 0$ 的重数等于图连通分支个数, 即 $\varepsilon(G) = w(G)$.

证明　连通分支个数 $w(G) = k$ 的带全权图的拉普拉斯矩阵有 k 个连通分支, 且根据最小特征值对应的向量构成定理 11.2.2, 知 0 的特征值向量有 k 个, 故矩阵 L 的 0 特征值对应的线性无关的特征向量的个数与连通分支的个数相等. □

11.3　归一化的拉普拉斯矩阵

归一化 (normalization) 和标准化 (standardization) 是数据预处理中常用的两种方法, 目的都是消除指标之间量纲.

归一化是将数据缩放到特定的范围, 通常是 $[0,1]$ 或 $[-1,1]$, 故为归一, 比如**最大最小归一化算法**: $x' = \dfrac{x - \min(x)}{\max(x) - \min(x)}$.

比如小李参加高考, 满分 750 分他考了 451 分, 小王参加研究生考试, 满分 500 考了 450, 请问能不能说小李的成绩好呢? 如果用归一化的思想小李得分率约为 60%, 小王的得分率为 90%, 可见按这个标准小王要优秀些.

再比如小学老师告诉我们长度和重量无法比较大小, 但是归一化后就可以比较了, 如一个苹果 a 的直径为 8 cm, 这箱苹果最大直径为 10 cm, 最小直径为 5 cm, 利用最大最小归一化算法得到 0.5, 一个苹果 b 的重量为 200 g, 这箱苹果最重为 400 g, 最轻为 100 g, 利用最大最小归一化得到 0.3, 我们可以认为 a 苹果更好.

但是归一化也有劣势, 势必对数据模糊化处理了, 比如采取最大最小算法, 最值影响过大, 易导致数据失真, 还有要求评价标准是同向相关的, 比如数科研一的小刚的身高用最大最小算法算得是 0.6, 小李的体重是 0.1, 能说小刚的身体更好吗? 不能, 那是因为对于人来说, 不是说身高和体重数值越大就身体越好.

标准化就不管什么数据范围 1 了, 而是将数据转换为均值为 0, 标准差为 1 的分布. 常见的标准化方法有 **Z 分数标准化** (Z-Score): $x' = \dfrac{x - \mu}{\sigma}$, 其中 μ 为总体样本空间的分值均值, σ 则为总体样本空间的标准差.

至于要用归一化还是标准化, 取决于已知数据, 如 A 国的 a 身高 1.80 m, B 国的 b 身高 1.75 m, 排除国籍导致的差异, 请问 a 和 b 谁更高? 若上述两国的身高均值和标准差在官网公布, 那自然用标准化的 Z 分数算法比较好.

对于一般矩阵常见的归一化有**行 (列) 归一化** (row(column) normalization): 各行元素 (列) 除以该行的行向量的模, 这使得每一行的元素之和为 1. 行归一化可以通过将每个元素除以该行元素之和来实现. 这种方式优势在于理解简单, 比如 MATLAB 和 Python 中给出默认计算出的特征向量的形式就是利用了列归一化, 使得模为 1, 你会发现计算出的结果都是零点几, 很有辨识度. 而 Mathematica 和 Maple 则更加贴近人的计算结果, 使得结果尽量为整数、分数、开方式. 显然行 (列) 归一化算法简单粗暴, 对于多行多列的矩阵, 由于不能同时保证行和列的模为 1, 不能统一化. 但是拉普拉斯矩阵, 由于是对称矩阵且和度有关系, 故有更好的两种归一化算法, 下面分别来解释.

随机游走归一化 (random walk normalization): 将拉普拉斯矩阵的每个元素除以该元素的行和 (对应度和). 这种方式也看起来比较简单.

例 11.3.1 以图 11.2.1为例, 利用随机游走归一化得到 $G_{带权房子}$ 的带权拉普拉斯归一化矩阵. 如果带权房子图 11.2.1去除权重, 得到 $G_{房子}$ 图, 来求出它的拉普拉斯随机游走归一化矩阵.

解 $L(G_{带权房子})$ 可得到

$$L_{\mathrm{rw}}(G_{带权房子}) = \begin{pmatrix} 1 & -\frac{1}{10} & 0 & 0 & -\frac{9}{10} \\ -\frac{1}{15} & 1 & -\frac{1}{5} & 0 & -\frac{11}{15} \\ 0 & -\frac{3}{10} & 1 & -\frac{7}{10} & 0 \\ 0 & 0 & -\frac{7}{11} & 1 & -\frac{4}{11} \\ -\frac{3}{8} & -\frac{11}{24} & 0 & -\frac{1}{6} & 1 \end{pmatrix}$$

$$L(G_{房子}) = \begin{pmatrix} 2 & -1 & 0 & 0 & -1 \\ -1 & 3 & -1 & 0 & -1 \\ 0 & 0 & 2 & -1 & -1 \\ 0 & 0 & -1 & 2 & -1 \\ -1 & -1 & 0 & -1 & 3 \end{pmatrix}$$

可得到

$$L_{\mathrm{rw}}(G_{房子}) = \begin{pmatrix} 1 & -\frac{1}{2} & 0 & 0 & -\frac{1}{2} \\ -\frac{1}{3} & 1 & -\frac{1}{3} & 0 & -\frac{1}{3} \\ 0 & 0 & 1 & -\frac{1}{2} & -\frac{1}{2} \\ 0 & 0 & -\frac{1}{2} & 1 & -\frac{1}{2} \\ -\frac{1}{3} & -\frac{1}{3} & 0 & -\frac{1}{3} & 1 \end{pmatrix}$$

□

如果用矩阵定义随机游走归一化, 则**随机游走 (漫步) 矩阵**为

$$L_{\mathrm{rw}} = D^{-1}L = E - D^{-1}A$$

对于对角矩阵的逆来说, 根据定义, 就是对其主对角线上的元素取倒数, L_{rw} 如果写得再明白点就是

$$L_{\mathrm{rw}} = \begin{pmatrix} \frac{1}{d_{11}} & 0 & \cdots & 0 \\ 0 & \frac{1}{d_{22}} & \cdots & 0 \\ \vdots & \vdots & \ddots & \vdots \\ 0 & 0 & \cdots & \frac{1}{d_{nn}} \end{pmatrix} \begin{pmatrix} l_{11} & l_{12} & \cdots & l_{1n} \\ l_{21} & l_{22} & \cdots & l_{2n} \\ \vdots & \vdots & \ddots & \vdots \\ l_{n1} & l_{n2} & \cdots & l_{nn} \end{pmatrix} = \begin{pmatrix} 1 & \frac{l_{12}}{d_{11}} & \cdots & \frac{l_{1n}}{d_{11}} \\ \frac{l_{21}}{d_{22}} & 1 & \cdots & \frac{l_{2n}}{d_{22}} \\ \vdots & \vdots & \ddots & \vdots \\ \frac{l_{n1}}{d_{nn}} & \frac{l_{n2}}{d_{nn}} & \cdots & 1 \end{pmatrix}$$

矩阵内数值的范围是 $[-1, 1]$, 故所有元素标准差不超过 1, 当然 Z 分数标准化的标准差就是 1, 特别地, 随机游走归一化的行和为 0, 即所有元素的均值为 0.

最后讲一下为什么叫随机游走矩阵, 我们假设所有的点都有转移到其他邻点的可能, 而随机游走矩阵中 $|L_{\mathrm{rw}ij}|$ 就是点 v_i 到步长为 1 的 v_j 概率, 比如 $L_{\mathrm{rw}}(G_{房子})$ 中 $|L_{\mathrm{rw}15}| = \dfrac{1}{2}$, 就是点 v_1 到邻点 (步长为 1) 的 v_5 概率 $\dfrac{1}{2}$, 而 $|L_{\mathrm{rw}51}| = \dfrac{1}{3}$, 就是点 v_5 到步长为 1 的 v_1 概率 $\dfrac{1}{3}$. 我们看没有权的房子图 11.2.1, 确实如此, 而 $|L_{\mathrm{rw}13}| = 0$, 就是点 v_1 到步长为 1 的 v_3 概率 0.

第二种为**对称归一化** (symmetric normalization): 将拉普拉斯矩阵的每个元素 l_{ij} 除以 $\sqrt{d_{ii}d_{jj}}$ 后形成的.

例 11.3.2 以图 11.2.1 为例, 利用对称归一化得到 $G_{带权房子}$ 的带权拉普拉斯归一化矩阵. 如果带权房子图 11.2.1 去除权重, 得到 $G_{房子}$ 图, 也求一求它的拉普拉斯随机游走归一化矩阵.

解 $L_{\mathrm{sym}}(G_{带权房子}) = \begin{pmatrix} 1 & -\dfrac{1}{5\sqrt{6}} & 0 & 0 & -\dfrac{3\sqrt{\dfrac{3}{5}}}{4} \\ -\dfrac{1}{5\sqrt{6}} & 1 & -\dfrac{\sqrt{\dfrac{3}{2}}}{5} & 0 & -\dfrac{11}{6\sqrt{10}} \\ 0 & -\dfrac{\sqrt{\dfrac{3}{2}}}{5} & 1 & -\dfrac{7}{\sqrt{110}} & 0 \\ 0 & 0 & -\dfrac{7}{\sqrt{110}} & 1 & -\sqrt{\dfrac{2}{33}} \\ -\dfrac{3\sqrt{\dfrac{3}{5}}}{4} & -\dfrac{11}{6\sqrt{10}} & 0 & -\sqrt{\dfrac{2}{33}} & 1 \end{pmatrix}$, 同样地可得到

$$L_{\mathrm{sym}}(G_{房子}) = \begin{pmatrix} 1 & -\dfrac{1}{\sqrt{6}} & 0 & 0 & -\dfrac{1}{\sqrt{6}} \\ -\dfrac{1}{\sqrt{6}} & 1 & -\dfrac{1}{\sqrt{6}} & 0 & -\dfrac{1}{3} \\ 0 & 0 & 1 & -\dfrac{1}{2} & -\dfrac{1}{\sqrt{6}} \\ 0 & 0 & -\dfrac{1}{2} & 1 & -\dfrac{1}{\sqrt{6}} \\ -\dfrac{1}{\sqrt{6}} & -\dfrac{1}{3} & 0 & -\dfrac{1}{\sqrt{6}} & 1 \end{pmatrix}$$ □

如果用矩阵定义对称归一化, 则对称归一化矩阵为

$$L_{\mathrm{sym}} = D^{-\frac{1}{2}} L D^{-\frac{1}{2}} = E - D^{-\frac{1}{2}} A D^{-\frac{1}{2}}$$

其中, $D^{-\frac{1}{2}}$ 表示对 D 的所有元素开正平方根再求其逆.

如果写得再明白点就是

$$L_{\text{sym}} = \begin{pmatrix} \frac{1}{\sqrt{d_{11}}} & 0 & \cdots & 0 \\ 0 & \frac{1}{\sqrt{d_{22}}} & \cdots & 0 \\ \vdots & \vdots & \ddots & \vdots \\ 0 & 0 & \cdots & \frac{1}{\sqrt{d_{nn}}} \end{pmatrix} \begin{pmatrix} l_{11} & l_{12} & \cdots & l_{1n} \\ l_{21} & l_{22} & \cdots & l_{2n} \\ \vdots & \vdots & \ddots & \vdots \\ l_{n1} & l_{n2} & \cdots & l_{nn} \end{pmatrix} \begin{pmatrix} \frac{1}{\sqrt{d_{11}}} & 0 & \cdots & 0 \\ 0 & \frac{1}{\sqrt{d_{22}}} & \cdots & 0 \\ \vdots & \vdots & \ddots & \vdots \\ 0 & 0 & \cdots & \frac{1}{\sqrt{d_{nn}}} \end{pmatrix}$$

$$= \begin{pmatrix} 1 & \frac{l_{12}}{\sqrt{d_{11}d_{22}}} & \cdots & \frac{l_{1n}}{\sqrt{d_{11}d_{nn}}} \\ \frac{l_{21}}{\sqrt{d_{22}d_{11}}} & 1 & \cdots & \frac{l_{2n}}{\sqrt{d_{22}d_{nn}}} \\ \vdots & \vdots & \ddots & \vdots \\ \frac{l_{n1}}{\sqrt{d_{nn}d_{11}}} & \frac{l_{n2}}{\sqrt{d_{nn}d_{22}}} & \cdots & 1 \end{pmatrix}$$

矩阵内数值的范围是 $[-1,1]$, 故所有元素标准差不超过 1. 顾名思义, 拉普拉斯矩阵对称归一化的优势是得到的矩阵是实对称的, 而随机游走归一化得到的矩阵不是对称的, 因为只考虑每行元素一起除以了行和, 列的除数就乱七八糟了, 如例 11.3.1. 对称归一化的劣势就是运算量稍微大一点, 且没有随机游走归一化好理解.

由于对称归一化的优势, 所以拉普拉斯矩阵对称归一化后实际上还是一个实对称矩阵, 而随机游走归一化后就不是了. 所以对称归一化的拉普拉斯矩阵, 依然有比较好的二次型公式, 如下:

定理 11.3.1 (对称归一化的拉普拉斯矩阵的二次型) 对任意向量 $x \in \mathbb{R}^n$, 有

$$x^{\mathrm{T}} L_{\text{sym}} x = \frac{1}{2} \sum_{i=1}^{n} \sum_{j=1}^{n} a_{ij} \left(\frac{x_i}{\sqrt{d_{ii}}} - \frac{x_j}{\sqrt{d_{jj}}} \right)^2$$

证明 其实想一想, 对称归一化的拉普拉斯矩阵的元素是邻接矩阵元素的 $\frac{1}{\sqrt{d_{jj}}}$ 倍, 代入定理 11.2.1 就可以. 或者从定义出发

$$x^{\mathrm{T}} L_{\text{sym}} x = x^{\mathrm{T}} D^{\frac{1}{2}} D^{\frac{1}{2}} x = \left(D^{\frac{1}{2}} x \right)^{\mathrm{T}} \left(D^{\frac{1}{2}} x \right)$$

$$= \left(\frac{x_1}{\sqrt{d_{11}}} \cdots \frac{x_n}{\sqrt{d_{nn}}} \right) L \left(\frac{x_1}{\sqrt{d_{11}}} \cdots \frac{x_n}{\sqrt{d_{nn}}} \right)^{\mathrm{T}}$$

$$= \frac{1}{2} \sum_{i=1}^{n} \sum_{j=1}^{n} a_{ij} \left(\frac{x_i}{\sqrt{d_{ii}}} - \frac{x_j}{\sqrt{d_{jj}}} \right)^2 \qquad \square$$

说了这么多, 下面的定理也能成立.

定理 11.3.2 (归一化的拉普拉斯矩阵 0 特征值的重数是连通度) 简单图 G 的归一化拉普拉斯矩阵 L_{rw} 和 L_{sym} 的 0 特征值的重数 k 等于图的连通分支的个数.

证明 证明方法和未归一化拉普拉斯矩阵类似, 即定理 11.2.4, 需要先证定理 11.3.3.

$\square$

定理 11.3.3(归一化拉普拉斯矩阵最小特征值对应的向量构成) 对于矩阵 L_{rw}, 特征值 0 的特征空间由这些连通分支所对应的向量 $e_{G_1}, \cdots, e_{G_k}$ 所张成; 对于矩阵 L_{sym}, 特征值 0 的特征空间由这些连通分支所对应的向量 $D^{\frac{1}{2}} e_{G_1}, \cdots, D^{\frac{1}{2}} e_{G_k}$ 所张成.

证明 证明方法和未归一化拉普拉斯矩阵类似, 即定理 11.2.2, 由分块矩阵和定理 11.3.4可以得到. □

定理 11.3.4(连通图即 $k=1$ 的情况, 归一化拉普拉斯 0 特征向量的构成) 0 是矩阵 L_{rw} 的特征值, 其对应的特征向量为常向量 e, 即所有分量为 1; 矩阵 L_{sym} 的特征值是 0, 其对应的特征向量为 $D^{\frac{1}{2}} e$.

证明 先证明第二个结论: 由于 $|L_{\text{sym}}| = \left|D^{\frac{1}{2}} L D^{\frac{1}{2}}\right| = \left|D^{\frac{1}{2}}\right| |L| \left|D^{\frac{1}{2}}\right| = 0$, 因此 0 是 L_{sym} 的特征值. 假设 x 是特征值 0 的一个特征向量, 根据对称归一化拉普拉斯矩阵的二次型定理 11.3.1, 将 $D^{\frac{1}{2}} e$ 代入二次型的自变量 x, 有

$$0 = x^{\text{T}} L_{\text{sym}} x = \frac{1}{2} \sum_{i=1}^{n} \sum_{j=1}^{n} a_{ij} \left(\frac{x_i}{\sqrt{d_{ii}}} - \frac{x_j}{\sqrt{d_{jj}}} \right)^2$$

用特征向量的定义去直接证明也不是不行的, 即证明 $L_{\text{sym}} D^{\frac{1}{2}} e = 0 D^{\frac{1}{2}} e$, 类似于定理 11.2.2 的证明的解释, 其缺乏说明所有特征向量都是 e 的倍数, 但是用实对称矩阵每个特征值对应一个基础解系就可以弥补了.

再证明第一个结论, 由于 L_{rw} 不是对称矩阵, 二次型没有简单的公式, 只能回到定义. 首先 0 是特征值是因为行和为 0, 行列式就为 0, 或说 $|L_{\text{rw}}| = |D^{-1} L| = |D^{-1}| |L| = 0$ 又因为

$$L_{\text{rw}} e = D^{-1}(Le) = 0.$$

因此 e 是 L_{rw} 的特征值 0 所对应的特征向量. 由于其行和为 0 且连通分支为 1, 导致 0 不会还有非 e 以外的特征向量. 要注意其成立是因为 L_{rw} 不是对称矩阵, 对于特征值为 0 的情况, 特征向量可以不是单位向量, 比如 $\begin{pmatrix} 0 & 1 \\ 0 & 0 \end{pmatrix}$ 的 2 重特征值 0, 对应的特征向量为 $\begin{pmatrix} 1 \\ 0 \end{pmatrix}$ 和 $\begin{pmatrix} 0 \\ 1 \end{pmatrix}$. □

以下的定理对于聚类 Ncut 算法十分重要.

定理 11.3.5(随机游走的特征与归一的特征) λ 是矩阵 L_{rw} 的特征值, u 是特征向量, 当且仅当 λ 是 L_{sym} 的特征值, 并且其特征向量为 $w = D^{\frac{1}{2}} u$.

证明 设 λ 是矩阵 L_{rw} 的特征值, u 是对应的特征向量, 则有 $D^{-1} L u = \lambda u$, 将该式左乘 $D^{\frac{1}{2}}$, 可以得到 $D^{\frac{1}{2}} L u = \lambda D^{\frac{1}{2}} u$, 令 $u = D^{\frac{1}{2}} w$, 有 $D^{\frac{1}{2}} L D^{\frac{1}{2}} w = \lambda w$.

因此 λ 是矩阵 L_{sym} 的特征值, w 是对应的特征向量. 反过来也可以进行类似的证明, 因此定理 11.3.5成立. □

定理 11.3.6(随机游走的特征与广义特征) λ 是矩阵 L_{rw} 的特征值, u 是特征向量, 当且仅当 λ 和 u 是 $Lu = \lambda Du$ 的广义特征值.

证明 假设 λ 是 L_{rw} 的特征值, u 是对应的特征向量, 则有

$$D^{-1}Lu = \lambda u$$

上式两边左乘 D 可以得到

$$Lu = \lambda Du$$

因此 λ 是此问题的广义特征值, u 是广义特征向量. 相反地, 将上式左乘 D^{-1} 则可以证明 λ 是 L_{rw} 的特征值, u 是对应的特征向量. □

定理 11.3.7(随机游走与对称拉普拉斯矩阵的特征值) 矩阵 L_{sym} 和 L_{rw} 都是半正定矩阵, 有 n 个非负实数特征值, 最小特征值为 0.

证明 由定理 11.3.1、定理 11.3.5、定理 11.3.6和定理 11.3.4知. □

11.4 累加最小割

图论中其实有**最小割(划分)算法**, 其目标就是找到最小权重的边, 使得去掉这些边连通分支增加 1. 如果转化成数学语言, 就是让 $\text{cut}(V_i, \bar{V}_i)$ 最小, 这个符号表示点子集 V_i 和其补集 $\bar{V}_i$ 之间的边权重和最小, 其中 V_i 是 $V(G)$ 的子集. 如果现在不使得连通分支加1, 而是增加 $k-1$ 个, 或者说对一个连通图把它切成 k 份, 就是让每份点子集 V_i 和其补集 $\bar{V}_i$ 之间的边权重和最小, 为了合成一个式子, 粗略地讲, 那就是让 $\sum_{i=1}^{k-1} \text{cut}(V_i, \bar{V}_i)$ 最小, 该算法称为**累加最小割** (MinCut), 我们可以记该式子为 $\text{cut}(V_1, V_2, \cdots, V_k)$, 其中 $V_i \neq \bar{V}_j (i, j = 1, \cdots, k)$.

例 11.4.1 以图 11.4.1为例, 求其累加最小割. 如果要求割成 4 个连通分支, 求其累加最小割.

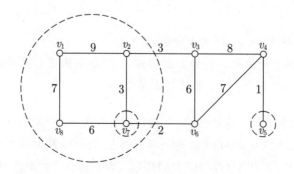

图 11.4.1 Mincut 示例 G

解 如果只求其累加最小割，显然 $\text{cut}(\{v_5\},\{v_1,\ldots,v_4,v_6,\ldots,v_8\})=1$ 最小；如果要求割成 4 个连通分支，可以先把刚才的 v_5 切掉，第二刀得到的权是 $\text{cut}(\{v_1,v_2,v_7,v_8\},\{v_3,v_4,v_5,v_6\})=5$，第三刀得到的权是 $\text{cut}(\{v_7\},\{v_1,\ldots,v_6,v_8\})=11$，自然地 $\text{cut}(V_1=\{v_5\},V_2=\{v_1,v_2,v_7,v_8\},\cdots,V_3=\{v_3,v_4,v_5,v_6\})$ 为最小．即 $\text{cut}\left(\{v_5\},\overline{\{v_5\}}\right)+\text{cut}(\{v_1,v_2,v_7,v_8\},\overline{\{v_1,v_2,v_7,v_8\}})+\text{cut}\left(\{v_7\},\overline{\{v_7\}}\right)=1+5+11=17$ 最小．

如果不限制 $V_i\neq\bar{V_j}(i,j=1,\cdots,k)$，那么 $\sum_{i=1}^{3}\text{cut}(V_i,\bar{V_i})$ 最小，实际上如果取 $\text{cut}(\{v_5\},\{v_1,\ldots,v_4,v_6,\ldots,v_8\})+\text{cut}(\{v_1,\ldots,v_4,v_6,\ldots,v_8\},\{v_5\})+\text{cut}(\{v_1,v_2,v_7,v_8\},\{v_3,v_4,v_5,v_6\})=1+1+11=13$ 最小，便错误了． □

这种算法的缺点是：

(1) 由于累加比例割终究不是最小割，它只是由一个一个最小割累加出来的，但不能说这就是图分成 k 份的最小割；

(2) 每个划分的点或权重尽可能大，导致容易只将悬挂点全切了．所以我们要进行改进．

11.5 比 例 割

为了让切出来的每部分子集不要总是悬挂点，那就要考虑使每个"点集"尽可能地大，那就是让 $\sum_{i=1}^{k}\dfrac{\text{cut}(V_i,\bar{V_i})}{|V_i|}$ 最小．这就是加了一个比例，所以叫**比例割** (RatioCut)，可以记为 $\text{RatioCut}(V_1,V_2,\cdots,V_k)$．

如何让 $\text{RatioCut}(V_1,V_2,\cdots,V_k)$ 最小？这个问题可以转化为求拉普拉斯矩阵的特征向量问题．

假设原始数据有 n 个样本，构图后将原图切分成 k 个子图 $G[V_1],G[V_2],\cdots,G[V_k]$．对子图 H_j 定义一个 n 维的**指标向量** $x_j=(x_{1j},x_{2j},\cdots,x_{nj})$，标识每个点是否属于 H_j 子图．在 RatioCut 中，x_{ij} 被定义为

$$x_{ij}=\begin{cases}\dfrac{1}{\sqrt{|V_j|}} & (v_i\in V_j)\\ 0 & (v_i\notin V_j)\end{cases}\quad(i=1,2,\cdots,n;j=1,2,\cdots,k)$$

例 11.5.1 以图 11.4.1 累加最小割 (mincut) 示例为例，解释上面定义的指标向量与拉普拉斯矩阵的关系就是 $x_j^{\text{T}}Lx_j=\dfrac{\text{cut}(V_j,\bar{V_j})}{|V_j|}$．

解 以图 11.4.1 为例，V_1 对应的指标向量 $x_1=\begin{pmatrix}0 & 0 & 0 & 0 & 1 & 0 & 0 & 0\end{pmatrix}^{\text{T}}$，$V_2$ 对应的指标向量 $x_2=\begin{pmatrix}\dfrac{1}{2} & \dfrac{1}{2} & 0 & 0 & 0 & 0 & \dfrac{1}{2} & \dfrac{1}{2}\end{pmatrix}^{\text{T}}$，$V_3$ 对应的指标向量 $x_3=\begin{pmatrix}0 & 0 & 0 & 0 & 0 & 0 & 1 & 0\end{pmatrix}^{\text{T}}$．

注 注意这里 V_1,V_2,V_3 只是 3 划分的累加最小割，并不是 3 划分的最小比例割，这里的举例主要说明拉普拉斯矩阵与指标向量的关系，即定理 11.5.1，同时先给读者一个直观的感受．

由此可以得到

$$x_1^\mathrm{T} L x_1 = \begin{pmatrix} 0 & 0 & 0 & 0 & 1 & 0 & 0 & 0 \end{pmatrix} \begin{pmatrix} 16 & -9 & 0 & 0 & 0 & 0 & 0 & -7 \\ -9 & 15 & -3 & 0 & 0 & 0 & -3 & 0 \\ 0 & -3 & 17 & -8 & 0 & -6 & 0 & 0 \\ 0 & 0 & -8 & 16 & -1 & -7 & 0 & 0 \\ 0 & 0 & 0 & -1 & 1 & 0 & 0 & 0 \\ 0 & 0 & -6 & -7 & 0 & 15 & -2 & 0 \\ 0 & -3 & 0 & 0 & 0 & -2 & 11 & -6 \\ -7 & 0 & 0 & 0 & 0 & 0 & -6 & 13 \end{pmatrix} \begin{pmatrix} 0 \\ 0 \\ 0 \\ 0 \\ 1 \\ 0 \\ 0 \\ 0 \end{pmatrix} = 1$$

$$x_2^\mathrm{T} L x_2$$

$$= \begin{pmatrix} \tfrac{1}{2} & \tfrac{1}{2} & 0 & 0 & 0 & 0 & \tfrac{1}{2} & \tfrac{1}{2} \end{pmatrix} \begin{pmatrix} 16 & -9 & 0 & 0 & 0 & 0 & 0 & -7 \\ -9 & 15 & -3 & 0 & 0 & 0 & -3 & 0 \\ 0 & -3 & 17 & -8 & 0 & -6 & 0 & 0 \\ 0 & 0 & -8 & 16 & -1 & -7 & 0 & 0 \\ 0 & 0 & 0 & -1 & 1 & 0 & 0 & 0 \\ 0 & 0 & -6 & -7 & 0 & 15 & -2 & 0 \\ 0 & -3 & 0 & 0 & 0 & -2 & 11 & -6 \\ -7 & 0 & 0 & 0 & 0 & 0 & -6 & 13 \end{pmatrix} \begin{pmatrix} \tfrac{1}{2} \\ \tfrac{1}{2} \\ 0 \\ 0 \\ 0 \\ 0 \\ \tfrac{1}{2} \\ \tfrac{1}{2} \end{pmatrix}$$

$$= \frac{5}{4}$$

$$x_3^\mathrm{T} L x_3 = 11$$

其实可以看出, 如果把 x_{ij} 被定义为 $x'_{ij} = \begin{cases} 1 & (v_i \in V_j) \\ 0 & (v_i \notin V_j) \end{cases}$ $(i=1,2,\cdots,n; j=1,2,\cdots,k)$.

其结果就是 $\mathrm{cut}(V_i, \bar{V}_i)$, 比如以图 11.4.1 为例, 有

$$x_2'^\mathrm{T} L x_2' = \begin{pmatrix} 1 & 1 & 0 & 0 & 0 & 0 & 1 & 1 \end{pmatrix} \begin{pmatrix} 16 & -9 & 0 & 0 & 0 & 0 & 0 & -7 \\ -9 & 15 & -3 & 0 & 0 & 0 & -3 & 0 \\ 0 & -3 & 17 & -8 & 0 & -6 & 0 & 0 \\ 0 & 0 & -8 & 16 & -1 & -7 & 0 & 0 \\ 0 & 0 & 0 & -1 & 1 & 0 & 0 & 0 \\ 0 & 0 & -6 & -7 & 0 & 15 & -2 & 0 \\ 0 & -3 & 0 & 0 & 0 & -2 & 11 & -6 \\ -7 & 0 & 0 & 0 & 0 & 0 & -6 & 13 \end{pmatrix} \begin{pmatrix} 1 \\ 1 \\ 0 \\ 0 \\ 0 \\ 0 \\ 1 \\ 1 \end{pmatrix} = 5$$

□

定理 11.5.1(拉普拉斯矩阵与指标向量) x_j 是正文中定义的指标向量, 则 $x_j^\mathrm{T} L x_j = \dfrac{\mathrm{cut}(V_j, \bar{V}_j)}{|V_j|}$, x'_j 是示例 11.5.1 解答中本节定义的指标向量, 则 $x_j'^\mathrm{T} L x_j'^\mathrm{T} = \mathrm{cut}(V_j, \bar{V}_j)$.

证明 利拉普拉斯矩阵的二次型定理 11.2.1, 将向量 x_j 代入其中有

$$\begin{aligned}
x_j^{\mathrm{T}} L x_j &= \frac{1}{2} \sum_{p=1,q=1}^{n} a_{pq} \left(x_{pj} - x_{qj}\right)^2 \\
&= \frac{1}{2} \left(\sum_{p \in V_j, q \notin V_j}^{n} a_{pq} \left(\frac{1}{\sqrt{|V_j|}} - 0\right)^2 + \sum_{p \notin V_j, q \in V_j}^{n} a_{pq} \left(0 - \frac{1}{\sqrt{|V_j|}}\right)^2 + 0 \right) \\
&= \frac{1}{2} \left(\sum_{p \in V_j, q \notin V_j}^{n} a_{pq} \frac{1}{|V_j|} + \sum_{p \notin V_j, q \in V_j}^{n} a_{pq} \frac{1}{|V_j|} \right) \\
&= \frac{1}{2} \left(\operatorname{cut}\left(V_j, \bar{V}_j\right) \frac{1}{|V_j|} + \operatorname{cut}\left(\bar{V}_j, V_j\right) \frac{1}{|V_j|} \right) \\
&= \frac{\operatorname{cut}\left(V_j, \bar{V}_j\right)}{|V_j|}
\end{aligned}$$

将 $\dfrac{1}{\sqrt{|V_j|}}$ 换成 1, 自然可以得到第二个结论. $\square$

如果把指标向量拼成一个矩阵 X, 那么上面的切法得到的权重就可以写在一起, 如图 11.4.1 有

$X^{\mathrm{T}} L X$

$$= \begin{pmatrix} 0 & 0 & 0 & 0 & 1 & 0 & 0 & 0 \\ \frac{1}{2} & \frac{1}{2} & 0 & 0 & 0 & 0 & \frac{1}{2} & \frac{1}{2} \\ 0 & 0 & 0 & 0 & 0 & 0 & 1 & 0 \end{pmatrix} \begin{pmatrix} 16 & -9 & 0 & 0 & 0 & 0 & 0 & -7 \\ -9 & 15 & -3 & 0 & 0 & 0 & -3 & 0 \\ 0 & -3 & 17 & -8 & 0 & -6 & 0 & 0 \\ 0 & 0 & -8 & 16 & -1 & -7 & 0 & 0 \\ 0 & 0 & 0 & -1 & 1 & 0 & 0 & 0 \\ 0 & 0 & -6 & -7 & 0 & 15 & -2 & 0 \\ 0 & -3 & 0 & 0 & 0 & -2 & 11 & -6 \\ -7 & 0 & 0 & 0 & 0 & 0 & -6 & 13 \end{pmatrix} \begin{pmatrix} 0 & \frac{1}{2} & 0 \\ 0 & \frac{1}{2} & 0 \\ 0 & 0 & 0 \\ 0 & 0 & 0 \\ 1 & 0 & 0 \\ 0 & 0 & 0 \\ 0 & \frac{1}{2} & 1 \\ 0 & \frac{1}{2} & 0 \end{pmatrix}$$

$$= \begin{pmatrix} 1 & 0 & 0 \\ 0 & \frac{5}{4} & 1 \\ 0 & 1 & 11 \end{pmatrix}$$

但是可以看出我们只需要主对角线上的元素, 而且 $\operatorname{RatioCut}(V_1, V_2, \cdots, V_k)$ 是 L 主对角上的元素和.

由此可知, $x_j^{\mathrm{T}} L x_j$ 对应于 $\operatorname{RatioCut}(V_1, V_2, \cdots, V_k)$ 的第 j 个分量. 那么显然下式成立:

$$\operatorname{RatioCut}(V_1, V_2, \cdots, V_k) = \sum_{j=1}^{k} x_j^{\mathrm{T}} L x_j = \sum_{j=1}^{k} \left(X^{\mathrm{T}} L X\right)_{jj} = \operatorname{tr}\left(X^{\mathrm{T}} L X\right)$$

因此, 我们就是要求 $\underset{X}{\operatorname{argmin}} \operatorname{tr}\left(X^{\mathrm{T}} L X\right)$.

该式子表示求 $X^{\mathrm{T}}LX$ 取得最小值时的 X 矩阵. 下面我们加一个优化条件 $X^{\mathrm{T}}X = E$, 即改为求

$$\underbrace{\mathrm{argmin}}_{X} \mathrm{tr}\left(X^{\mathrm{T}}LX\right) \quad (X^{\mathrm{T}}X = E)$$

由于切割完得到的连通分支之间不相连, 故可以规定 $X^{\mathrm{T}}X = E$, 即 x_j 和自己的内积为 1, x_j 和其余指标向量的内积都为 0. 这样做的好处是获得的 X 能更好地看出切的方法, 因为对应的指标向量不相交, 同时得到的矩阵 $X^{\mathrm{T}}LX$ 为对角阵, 且一样能完成"最小割"的目的.

例 11.5.2 以图 11.4.1为例, 解释上面这样改的好处.

解 如果不改, 依然用前面的指标向量. 显然 $X^{\mathrm{T}}X \neq E$, 因为指标向量 x_2 和 x_3 相交, 即

$$X^{\mathrm{T}}X = \begin{matrix} x_1 \\ x_2 \\ x_3 \end{matrix}\begin{pmatrix} 0 & 0 & 0 & 0 & 1 & 0 & 0 & 0 \\ \frac{1}{2} & \frac{1}{2} & 0 & 0 & 0 & 0 & \frac{1}{2} & \frac{1}{2} \\ 0 & 0 & 0 & 0 & 0 & 0 & 1 & 0 \end{pmatrix} \begin{pmatrix} 0 & \frac{1}{2} & 0 \\ 0 & \frac{1}{2} & 0 \\ 0 & 0 & 0 \\ 0 & 0 & 0 \\ 1 & 0 & 0 \\ 0 & 0 & 0 \\ 0 & \frac{1}{2} & 1 \\ 0 & \frac{1}{2} & 0 \end{pmatrix} = \begin{pmatrix} 1 & 0 & 0 \\ 0 & 1 & \frac{1}{2} \\ 0 & \frac{1}{2} & 1 \end{pmatrix}$$

上面得到指标向量的思路是: 每次把这个图看成一个新图只切 1 刀, 再把这 3 刀合在一起的, 不是一次性切的. 即按照 $\{v_5\}, \{v_1, v_2, v_7, v_8\}, \{v_7\}$ 去切, 会发现这三个集合有公共元素 v_7, 虽然也可达到目的, 但是不如改后的直接.

改的指标向量就满足 $X^{\mathrm{T}}X = E$, 即

$$\begin{matrix} x_1 \\ x_2 \\ x_3 \end{matrix}\begin{pmatrix} 0 & 0 & 0 & 0 & 1 & 0 & 0 & 0 \\ \frac{1}{\sqrt{3}} & \frac{1}{\sqrt{3}} & 0 & 0 & 0 & 0 & 0 & \frac{1}{\sqrt{3}} \\ 0 & 0 & 0 & 0 & 0 & 0 & 1 & 0 \end{pmatrix} \begin{pmatrix} 0 & \frac{1}{\sqrt{3}} & 0 \\ 0 & \frac{1}{\sqrt{3}} & 0 \\ 0 & 0 & 0 \\ 0 & 0 & 0 \\ 1 & 0 & 0 \\ 0 & 0 & 0 \\ 0 & 0 & 1 \\ 0 & \frac{1}{\sqrt{3}} & 0 \end{pmatrix} = \begin{pmatrix} 1 & 0 & 0 \\ 0 & 1 & 0 \\ 0 & 0 & 1 \end{pmatrix}$$

同样有 $X^{\mathrm{T}}LX = E$, 即

$$\begin{pmatrix} 0 & 0 & 0 & 0 & 1 & 0 & 0 & 0 \\ \frac{1}{\sqrt{3}} & \frac{1}{\sqrt{3}} & 0 & 0 & 0 & 0 & 0 & \frac{1}{\sqrt{3}} \\ 0 & 0 & 0 & 0 & 0 & 0 & 1 & 0 \end{pmatrix} \begin{pmatrix} 16 & -9 & 0 & 0 & 0 & 0 & 0 & -7 \\ -9 & 15 & -3 & 0 & 0 & 0 & -3 & 0 \\ 0 & -3 & 17 & -8 & 0 & -6 & 0 & 0 \\ 0 & 0 & -8 & 16 & -1 & -7 & 0 & 0 \\ 0 & 0 & 0 & -1 & 1 & 0 & 0 & 0 \\ 0 & 0 & -6 & -7 & 0 & 15 & -2 & 0 \\ 0 & -3 & 0 & 0 & 0 & -2 & 11 & -6 \\ -7 & 0 & 0 & 0 & 0 & 0 & -6 & 13 \end{pmatrix} \begin{pmatrix} 0 & \frac{1}{\sqrt{3}} & 0 \\ 0 & \frac{1}{\sqrt{3}} & 0 \\ 0 & 0 & 0 \\ 0 & 0 & 0 \\ 1 & 0 & 0 \\ 0 & 0 & 0 \\ 0 & 0 & 1 \\ 0 & \frac{1}{\sqrt{3}} & 0 \end{pmatrix}$$

$$= \begin{pmatrix} 1 & 0 & 0 \\ 0 & 4 & -3\sqrt{3} \\ 0 & -3\sqrt{3} & 11 \end{pmatrix} \qquad \square$$

改后就能做到一次性切 3 刀, 能够完成 "切" 的目的, 即按照 $\{v_5\}, \{v_1, v_2, v_8\}, \{v_7\}$ 去切, 没有公共元素.

既然指标向量 X 就如 "刀" 一样, 获得图的最小比例割, 下面就要探讨如何寻找这个 X, 如果直接让计算机暴力求解, 基本不可能, 所以我们就要继续优化该问题.

其实我们想一想这个 $X^{\mathrm{T}}LX = E$ 是不是眼熟, 想一想什么样的向量彼此正交, 没错就是正交化后的特征向量, 这是线性代数的二次型化标准型的知识, 所以这个 X 可以由正交化后的特征向量组合而成.

图 11.4.1 的特征值为 28.1985, 24.4945, 21.5459, 15.6072, 10.28, 2.9044, 0.9695, 0, 对应正交化后的特征向量为

$$\begin{pmatrix} x_8 & \cdots & x_1 & x_0 \end{pmatrix}$$
$$= \begin{pmatrix} -0.6197 & -0.2139 & -0.2075 & 0.2136 & -0.447 & 0.3244 & 0.2269 & 0.3536 \\ 0.5447 & 0.0508 & 0.0342 & -0.4889 & -0.5098 & 0.1924 & 0.1967 & 0.3536 \\ -0.2982 & 0.6036 & 0.4774 & -0.0143 & -0.1142 & -0.4237 & 0.0344 & 0.3536 \\ 0.14 & -0.7108 & 0.3044 & 0.1606 & -0.0016 & -0.4805 & -0.0275 & 0.3536 \\ -0.0051 & 0.0303 & -0.0148 & -0.011 & 0.0002 & 0.2523 & -0.9 & 0.3536 \\ 0.0975 & 0.1685 & -0.7846 & 0.0269 & 0.1292 & -0.4508 & 0.0302 & 0.3536 \\ -0.2388 & -0.1226 & 0.0705 & -0.5275 & 0.653 & 0.2264 & 0.205 & 0.3536 \\ 0.3797 & 0.1943 & 0.1204 & 0.6405 & 0.2902 & 0.3595 & 0.2343 & 0.3536 \end{pmatrix}$$

取倒数第二小 (次小) 及以上的特征向量构成

$$X = \begin{pmatrix} -0.447 & -0.5098 & -0.1142 & -0.0016 & 0.0002 & 0.1292 & 0.653 & 0.2902 \\ 0.3244 & 0.1924 & -0.4237 & -0.4805 & 0.2523 & -0.4508 & 0.2264 & 0.3595 \\ 0.2269 & 0.1967 & 0.0344 & -0.0275 & -0.9 & 0.0302 & 0.205 & 0.2343 \end{pmatrix}^{\mathrm{T}}$$

则 $X^{\mathrm{T}}LX = \begin{pmatrix} 10.2807 & 0 & 0 \\ 0 & 2.9045 & 0 \\ 0 & 0 & 0.9694 \end{pmatrix}$. 由于特征向量内的元素变成了任意实数, 而不是原来有意义的数, 即条件放松了 (relax), 故得到结果 $10.28 + 2.9044 + 0.9695 = 14.1539$

带有小数, 但是这个比例割也应该接近累加最小割 V_1, V_2 和 V_3 形成的比例割的权和, 即近似于 $1 + \frac{5}{4} + 11 = 13.25$.

简单地证明一下上面的转化原理: 上述优化问题的每个子目标就是最小化 $x_j^{\mathrm{T}} L x_j$. 令目标值为 λ, 有

$$x_j^{\mathrm{T}} L x_j = \lambda$$

因为 $x_j^{\mathrm{T}} x_j = E$, 所以 $x_j^{\mathrm{T}} = x_j^{-1}$. 因此上式可变换为

$$L x_j = x_j \lambda$$

这说明目标值 λ 为拉普拉斯矩阵 L 的特征值. 因此 $x_j^{\mathrm{T}} L x_j$ 的最小值即 L 最小的特征值, 对应的解 x_j 即最小特征值对应的特征向量. 显然, 对于 $\mathrm{tr}(X^{\mathrm{T}} L X) = \sum_{j=1}^{k} x_j^{\mathrm{T}} L x_j$ 而言, 最小值即为拉普拉斯矩阵 L 的最小的 k 个特征值之和. 对应的解就是, 以拉普拉斯矩阵 L 最小的 k 个特征值对应的特征向量为列向量构成的矩阵 X.

光知道最小比例割的 $\frac{1}{\sqrt{|V_j|}}$ 权重没有什么用, 关键要知道是如何割的. 接下来需要根据指标向量构成的矩阵 X 进行切图, 从而得到每个原始数据点的划分. 然而, 在对原始问题进行松弛后得到的 X 是由实数值构成的. 指标向量 x_j 每一位的取值不再只有 0 或 $\frac{1}{\sqrt{|V_j|}}$ 两种情况, 而可能是任意实数值. 因此为了得到图的划分, 需要将指示向量重新离散化. 然而绝大多数谱聚类算法并不做离散化, 而是把 X 的每一行看作原始样本在 $\mathbb{R}^k$ 上的投影 (即将原始样本降至 k 维), 并在投影后的数据上运行 k 均值进行聚类. 因此, 谱聚类实际上可以看作是对原始数据进行拉普拉斯特征映射降维后执行 k 均值的算法.

例 11.5.3 利用拉普拉斯矩阵求出图 11.4.1 的最小比例割.

解 (1) 割 3 刀, 为得到割 4 个连通分支, 计算拉普拉斯矩阵 L 导数第二小及以上的 3 个特征值对应的特征向量 $x_1, x_2, \cdots, x_3$, 以 $x_1, x_2, \cdots, x_3$ 为列向量构造矩阵 $X = x \in \mathbb{R}^{8 \times 3}$. 这一步前面已经得到了.

(2) 将 X 的每一行当作一个 k 维的样本点, 运行 k 均值算法对其聚类.

① 选点: 根据之前的特征向量 X, 得到样本点

$$v_1(-0.447, 0.3244, 0.2269), \quad v_2(-0.5098, 0.1924, 0.1967)$$
$$v_3(-0.1142, -0.4237, 0.03447), \quad v_4(-0.0016, -0.4805, -0.0275)$$
$$v_5(0.0002, 0.2523, -0.9), \quad v_6(0.1292, -0.4508, 0.0302)$$
$$v_7(0.653, 0.2264, 0.205), \quad v_8(0.2902, 0.3595, 0.2343)$$

随机选点, 如让前四个点作为中心点, 开始 k 均值聚类.

② 求距离, 如表 11.5.1 所示.

表 11.5.1 中心点到其他点的距离

距离	v_5	v_6	v_7	v_8
v_1	1.21453	0.985714	1.10457	0.738072
v_2	1.21097	0.921819	1.16333	0.81813
v_3	1.15901	0.244941	1.01995	0.903811
v_4	1.13941	0.146014	0.991093	0.926977

③ 聚类: 属于初始点 v_1 的点称为划分 1: v_1, v_8; 属于初始点 v_2 的点称为划分 2: v_2; 属于初始点 v_3 的点称为划分 3: v_3; 属于初始点 v_4 的点称为划分 4: v_4, v_5, v_6, v_7.

④ 求均值: 对划分 1 内的点求均值, $(-0.0784, 0.34195, 0.2306)$, 其他划分也分别求均值, 得到新中心点得到 $(-0.5098, 0.1924, 0.1967)$, $(-0.1142, -0.4237, 0.03447)$, $(0.1952, -0.11315, -0.173075)$. 对 8 个点一直重复②~④, 得到如表 11.5.2 所示的划分演变.

表 11.5.2 所有点的划分演变

划分	第一轮	第二轮	第三轮	第四轮
$v_1\ (-0.447, 0.3244, 0.2269)$	1	1	2	2
$v_2\ (-0.5098, 0.1924, 0.1967)$	2	2	2	2
$v_3\ (-0.1142, -0.4237, 0.03447)$	3	3	3	3
$v_4\ (-0.0016, -0.4805, -0.0275)$	4	3	3	3
$v_5\ (0.0002, 0.2523, -0.9)$	4	4	4	4
$v_6\ (0.1292, -0.4508, 0.0302)$	4	3	3	3
$v_7\ (0.653, 0.2264, 0.205)$	4	4	1	1
$v_8\ (0.2902, 0.3595, 0.2343)$	1	1	1	1

(3) 根据聚类结果将原始样本点划分成不同的集合, 即比例割的划分如下:$\{v_7, v_8\}$, $\{v_1, v_2\}$, $\{v_3, v_4, v_6\}$, $\{v_5\}$.

(4) 如图 11.5.1 所示, 虽然我们得到了最小比例割, 但是最后还得人工去寻找割边, 这并不太难, 当然作为推荐算法, 只需要分类的结果那么算到步骤 (3) 就结束了.

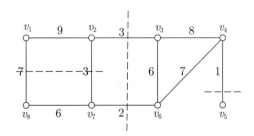

图 11.5.1 用拉普拉斯矩阵的谱得到的图 G 的最小比例割 RatioCut

最后值得说明的是, 该切法最终切的权和是 $7+3+3+2+1=15$, 比累加最小和的权 17 还少, 同时孤立点更少. 累加最小和实际上还是穷举的方法, 和一般图论中最大流最小割体系下的算法异曲同工, 而谱聚类算法并非如此, 其割法如图 11.5.1 所示, 更如 "神来之笔". □

定理 11.5.2 (谱聚类-比例割算法)　(1) 割 k 刀, 为得到割 $k+1$ 个连通分支, 计算拉普拉斯矩阵 L 第二小及以上的 k 个特征值对应的特征向量 $x_1, x_2, \cdots, x_k$, 以 $x_1, x_2, \cdots, x_k$ 为列向量构造矩阵 $X = (x_i)_{n \times k} (i=1, \cdots, k)$;

(2) 将 X 的每一行当作一个 k 维的样本点, 运行 k 均值算法对其聚类;

(3) 根据聚类结果将原始样本点划分成不同的集合.

11.6　归一化割

比例割 (RatioCut) 也不是完美的, 其实本书讨论的算法都是在准确性和复杂度之前做取舍, 最准确的自然是暴力算法, 即穷举所有切的组合, 但是耗时耗成本. 比例割 (RatioCut) 的缺点是划分中的点多不一定权重大, 就如股市中散户虽多但是常常股权却抵不过一个大股东, 所以归一化割 (NCut) 就是对比例割的改进, 我们不再选 $|V_i|$ 作为商, 而是选择一个点集的各个点的**度和**, 即各个点的权和 $\mathrm{vol}(V_i)$ 作为商, 其中 vol 是 volume 的缩写, 意思为 "量". NCut 是 normalized cut 的缩写, 这是因为此法用的是归一化的拉普拉斯矩阵去求特征向量.

NCut 最小化的目标变为下式:

$$\mathrm{NCut}(V_1, V_2, \cdots, V_k) := \sum_{i=1}^{k} \frac{\mathrm{cut}(V_i, \bar{V}_i)}{\mathrm{vol}(V_i)}$$

假设原始数据有 n 个样本, 构图后将原图切分成 k 个子图 $G[V_1], G[V_2], \cdots, G[V_k]$. 对子图 H_j 定义一个 n 维的指标向量 $x_j = (x_{1j}, x_{2j}, \cdots, x_{nj})$, 标识每个样本是否属于 H_j 子图. 在 NCut 中, x_{ij} 被定义为

$$x_{ij} = \begin{cases} \dfrac{1}{\sqrt{\mathrm{vol}(V_j)}} & (v_i \in V_j) \\ 0 & (v_i \notin V_j) \end{cases} \quad (i = 1, 2, \cdots, n; j = 1, 2, \cdots, k)$$

类似地, 我们可以得到:

定理 11.6.1 (归一化拉普拉斯矩阵与指标向量)　x_j 是本节中定义的指标向量, 则

$$x_j^{\mathrm{T}} L x_j = \frac{\mathrm{cut}(V_j, \bar{V}_j)}{|V_j|}$$

证明　该推导过程就是将定理 11.5.1 证明过程中的 $|V_i|$ 换成 $\mathrm{vol}(V_i)$. □

$$x_j^\mathrm{T} L x_j = \frac{\mathrm{cut}\,(V_j, \bar{V}_j)}{\mathrm{vol}\,(V_j)}$$

因此有

$$\mathrm{NCut}\,(V_1, V_2, \cdots, V_k) = \sum_{j=1}^k x_j^\mathrm{T} L x_j = \sum_{j=1}^k \left(X^\mathrm{T} L X\right)_{jj} = \mathrm{tr}\,\left(X^\mathrm{T} L X\right)$$

但是此时 $X^\mathrm{T} X \neq E$, 约束变成了 $X^\mathrm{T} D X = 1$.

例 11.6.1 以例 11.5.1 中累加最小割的划分为例, 探讨为什么当 $X^\mathrm{T} X \neq E$, 约束变成了 $X^\mathrm{T} D X = 1$.

解 易得 V_1 的 $X^\mathrm{T} D X = 1$. 对于其他的本节定义的指示向量, 有

$$x_2^\mathrm{T} L x_2 = \begin{pmatrix} \frac{1}{\sqrt{55}} & \frac{1}{\sqrt{55}} & 0 & 0 & 0 & 0 & \frac{1}{\sqrt{55}} & \frac{1}{\sqrt{55}} \end{pmatrix}$$

$$\cdot \begin{pmatrix} 16 & -9 & 0 & 0 & 0 & 0 & 0 & -7 \\ -9 & 15 & -3 & 0 & 0 & 0 & -3 & 0 \\ 0 & -3 & 17 & -8 & 0 & -6 & 0 & 0 \\ 0 & 0 & -8 & 16 & -1 & -7 & 0 & 0 \\ 0 & 0 & 0 & -1 & 1 & 0 & 0 & 0 \\ 0 & 0 & -6 & -7 & 0 & 15 & -2 & 0 \\ 0 & -3 & 0 & 0 & 0 & -2 & 11 & -6 \\ -7 & 0 & 0 & 0 & 0 & 0 & -6 & 13 \end{pmatrix} \begin{pmatrix} \frac{1}{\sqrt{55}} \\ \frac{1}{\sqrt{55}} \\ 0 \\ 0 \\ 0 \\ 0 \\ \frac{1}{\sqrt{55}} \\ \frac{1}{\sqrt{55}} \end{pmatrix} = 1$$

$$x_3^\mathrm{T} L x_3 = \begin{pmatrix} 0 & 0 & 0 & 0 & 0 & 0 & \frac{1}{\sqrt{11}} & 0 \end{pmatrix}$$

$$\cdot \begin{pmatrix} 16 & -9 & 0 & 0 & 0 & 0 & 0 & -7 \\ -9 & 15 & -3 & 0 & 0 & 0 & -3 & 0 \\ 0 & -3 & 17 & -8 & 0 & -6 & 0 & 0 \\ 0 & 0 & -8 & 16 & -1 & -7 & 0 & 0 \\ 0 & 0 & 0 & -1 & 1 & 0 & 0 & 0 \\ 0 & 0 & -6 & -7 & 0 & 15 & -2 & 0 \\ 0 & -3 & 0 & 0 & 0 & -2 & 11 & -6 \\ -7 & 0 & 0 & 0 & 0 & 0 & -6 & 13 \end{pmatrix} \begin{pmatrix} 0 \\ 0 \\ 0 \\ 0 \\ 0 \\ 0 \\ \frac{1}{\sqrt{11}} \\ 0 \end{pmatrix} = 1$$

显然 $X^\mathrm{T} X \neq E$. □

$X^\mathrm{T} D X = 1$ 是因为

$$x_j^\mathrm{T} D x_j = \sum_{i=1}^n x_{ij}^2 d_i = \frac{1}{\mathrm{vol}\,(V_j)} \sum_{i \in V_j} d_{i,j} = \frac{1}{\mathrm{vol}\,(V_j)} \mathrm{vol}\,(V_j) = 1$$

因此优化目标变为

$$\underset{X}{\mathrm{argmin}}\, \mathrm{tr}\,\left(X^\mathrm{T} L X\right) \quad (X^\mathrm{T} D X = E)$$

由于 $X^{\mathrm{T}}X \neq E$ 并不能像前面一样用正交化的特征向量直接得到. 但是如果进行一定改进, 令 $Y = D^{\frac{1}{2}}X$, 这样就可以得到 $Y^{\mathrm{T}}Y \neq E$ 一样的形式, 这样就变成

$$\operatorname*{argmin}_{D^{-\frac{1}{2}}Y \in \mathbb{R}^{n \times k}} \operatorname{tr}\left(Y^{\mathrm{T}}D^{-\frac{1}{2}}LD^{-\frac{1}{2}}Y\right) \quad (Y^{\mathrm{T}}Y = E)$$

根据矩阵的结合律, 再根据 11.3 节的对称归一化的拉普拉斯矩阵 $L_{\mathrm{sym}} = D^{-\frac{1}{2}}LD^{-\frac{1}{2}}$ 定义, 原始优化目标可简化为

$$\operatorname*{argmin}_{Y \in \mathbb{R}^{n \times k}} \operatorname{tr}\left(Y^{\mathrm{T}}L_{\mathrm{sym}}Y\right) \quad (Y^{\mathrm{T}}Y = E)$$

上式的解为以 L_{sym} 的最小的 k 个特征值对应的特征向量为列向量构成的矩阵 Y. 再根据 $X = D^{-\frac{1}{2}}Y$, 便可得到指标向量构成的矩阵 X. 再如比例割一样进行执行 k 均值的算法.

例 11.6.2 利用拉普拉斯矩阵求出图 11.4.1的归一化割.

解 (1) 割 3 刀, 为得到割 4 个连通分支, 计算对称归一化拉普拉斯矩阵 L 导数第二小及以上的 3 个特征值对应的特征向量 $y_1, y_2, \cdots, y_3$, 以 $y_1, y_2, \cdots, y_3$ 为列向量构造矩阵 $Y = \{y | y \in \mathbb{R}^{8 \times 3}\}$.

$$L_{\mathrm{sym}} = D^{-\frac{1}{2}}LD^{-\frac{1}{2}}$$

$$= \begin{pmatrix} \frac{1}{4} & 0 & 0 & 0 & 0 & 0 & 0 & 0 \\ 0 & \frac{1}{\sqrt{15}} & 0 & 0 & 0 & 0 & 0 & 0 \\ 0 & 0 & \frac{1}{\sqrt{17}} & 0 & 0 & 0 & 0 & 0 \\ 0 & 0 & 0 & \frac{1}{4} & 0 & 0 & 0 & 0 \\ 0 & 0 & 0 & 0 & 1 & 0 & 0 & 0 \\ 0 & 0 & 0 & 0 & 0 & \frac{1}{\sqrt{15}} & 0 & 0 \\ 0 & 0 & 0 & 0 & 0 & 0 & \frac{1}{\sqrt{11}} & 0 \\ 0 & 0 & 0 & 0 & 0 & 0 & 0 & \frac{1}{\sqrt{13}} \end{pmatrix}$$

$$\cdot \begin{pmatrix} 16 & -9 & 0 & 0 & 0 & 0 & 0 & -7 \\ -9 & 15 & -3 & 0 & 0 & 0 & -3 & 0 \\ 0 & -3 & 17 & -8 & 0 & -6 & 0 & 0 \\ 0 & 0 & -8 & 16 & -1 & -7 & 0 & 0 \\ 0 & 0 & 0 & -1 & 1 & 0 & 0 & 0 \\ 0 & 0 & -6 & -7 & 0 & 15 & -2 & 0 \\ 0 & -3 & 0 & 0 & 0 & -2 & 11 & -6 \\ -7 & 0 & 0 & 0 & 0 & 0 & -6 & 13 \end{pmatrix} D^{-\frac{1}{2}}$$

$$= \begin{pmatrix} 1 & -\frac{1}{4}\left(3\sqrt{\frac{3}{5}}\right) & 0 & 0 & 0 & 0 & 0 & -\frac{7}{4\sqrt{13}} \\ -\frac{1}{4}\left(3\sqrt{\frac{3}{5}}\right) & 1 & -\sqrt{\frac{3}{85}} & 0 & 0 & 0 & -\sqrt{\frac{3}{55}} & 0 \\ 0 & -\sqrt{\frac{3}{85}} & 1 & -\frac{2}{\sqrt{17}} & 0 & -2\sqrt{\frac{3}{85}} & 0 & 0 \\ 0 & 0 & -\frac{2}{\sqrt{17}} & 1 & -\frac{1}{4} & -\frac{7}{4\sqrt{15}} & 0 & 0 \\ 0 & 0 & 0 & -\frac{1}{4} & 1 & 0 & 0 & 0 \\ 0 & 0 & -2\sqrt{\frac{3}{85}} & -\frac{7}{4\sqrt{15}} & 0 & 1 & -\frac{2}{\sqrt{165}} & 0 \\ 0 & -\sqrt{\frac{3}{55}} & 0 & 0 & 0 & -\frac{2}{\sqrt{165}} & 1 & -\frac{6}{\sqrt{143}} \\ -\frac{7}{4\sqrt{13}} & 0 & 0 & 0 & 0 & 0 & -\frac{6}{\sqrt{143}} & 1 \end{pmatrix}$$

得到的特征值为 $1.9391, 1.58919, 1.38387, 1.19828, 0.947793, 0.775618, 0.166155, 0$ 及对应正交化的特征值向量为

$$\begin{pmatrix} y_8 & \cdots & y_1 & y_0 \end{pmatrix}$$
$$= \begin{pmatrix} -0.5569 & 0.0148 & -0.2059 & 0.3937 & 0.1012 & -0.3835 & 0.4255 & 0.3922 \\ 0.4773 & -0.1007 & -0.0289 & -0.5085 & -0.074 & -0.5239 & 0.2801 & 0.3798 \\ -0.1559 & 0.4373 & 0.6358 & 0.0127 & -0.2247 & -0.1509 & -0.3785 & 0.4043 \\ 0.0257 & -0.7482 & 0.0592 & 0.1685 & 0.1895 & 0.0083 & -0.4668 & 0.3922 \\ -0.0068 & 0.3175 & -0.0385 & -0.2125 & 0.9073 & 0.0093 & -0.1399 & 0.0981 \\ 0.1178 & 0.3305 & -0.7115 & 0.03 & -0.2388 & 0.161 & -0.3776 & 0.3798 \\ -0.4087 & -0.1347 & 0.0481 & -0.5578 & -0.0876 & 0.5721 & 0.2461 & 0.3252 \\ 0.5062 & 0.1025 & 0.1974 & 0.4478 & 0.0994 & 0.4497 & 0.3958 & 0.3536 \end{pmatrix}$$

取倒数第二小 (次小) 及以上的特征向量构成

$$Y = \begin{pmatrix} 0.1012 & -0.074 & -0.2247 & 0.1895 & 0.9073 & -0.2388 & -0.0876 & 0.0994 \\ -0.3835 & -0.5239 & -0.1509 & 0.0083 & 0.0093 & 0.161 & 0.5721 & 0.4497 \\ 0.4255 & 0.2801 & -0.3785 & -0.4668 & -0.1399 & -0.3776 & 0.2461 & 0.3958 \end{pmatrix}^{\mathrm{T}}$$

(2) 将 Y 的每一行当作一个 k 维的样本点, 运行 k 均值算法对其聚类.

① 选点: 根据之前的特征向量 Y, 得到样本点

$v_1(0.1012, -0.3835, 0.4255)$, $v_2(-0.074, -0.5239, 0.2801)$, $v_3(-0.2247, -0.1509, -0.3785)$
$v_4(0.1895, 0.0083, -0.4668)$, $v_5(0.9073, 0.0093, -0.1399)$, $v_6(-0.2388, 0.161, -0.3776)$
$v_7(-0.0876, 0.5721, 0.2461)$, $v_8(0.0994, 0.4497, 0.3958)$

随机选点, 如让前四个点作为中心点, 开始 k 均值聚类.

② 求距离如表 11.6.1 所示.

表 11.6.1 中心点到其他点的距离

距离	v_5	v_6	v_7	v_8
v_1	1.06008	1.02813	0.990455	0.833731
v_2	1.19317	0.963751	1.09661	0.995666
v_3	1.1231	0.726086	1.01995	0.969026
v_4	0.788734	0.463373	0.950201	0.973155

③ 聚类: 属于初始点 v_1 的点称为划分 1: v_1, v_8; 属于初始点 v_2 的点称为划分 2: v_2; 属于初始点 v_3 的点称为划分 3: v_3; 属于初始点 v_4 的点称为划分 4: v_4, v_5, v_6, v_7.

④ 求均值: 对划分 1 内的点求均值得 $(0.1003, 0.0331, 0.4107)$, 其他划分也分别求均值, 得到新中心点得到 $(-0.074, -0.5239, 0.2801)$, $(-0.2247, -0.1509, -0.3785)$, $(0.1926, 0.1877, -0.1845)$. 对 8 个点一直重复②~④, 得到如表 11.6.2 的划分演变.

表 11.6.2 所有点的划分演变

划分	第 1 轮	第 2 轮	第 3 轮	第 4 轮
$v_1 (0.1012, -0.3835, 0.4255)$	1	2	2	2
$v_2 (-0.074, -0.5239, 0.2801)$	2	2	2	2
$v_3 (-0.2247, -0.1509, -0.3785)$	3	3	3	3
$v_4 (0.1895, 0.0083, -0.4668)$	4	4	3	3
$v_5 (0.9073, 0.0093, -0.1399)$	4	4	4	4
$v_6 (-0.2388, 0.161, -0.3776)$	4	3	3	3
$v_7 (-0.0876, 0.5721, 0.2461)$	4	1	1	1
$v_8 (0.0994, 0.4497, 0.3958)$	1	1	1	1

(3) 根据聚类结果将原始样本点划分成不同的集合, 即归一化割的划分如下: $\{v_7, v_8\}$, $\{v_1, v_2\}$, $\{v_3, v_4, v_6\}$, $\{v_5\}$.

(4) 所以图 11.5.1 也是归一化割, 最后人工去观察一下去寻找割边, 当然作为推荐算法, 只需要分类的结果那么算到步骤 (3) 就结束了. □

定理 11.6.2 (谱聚类-归一化割算法) (1) 割 k 刀, 为得到割 $k+1$ 个连通分支, 计算对称归一化拉普拉斯矩阵 L 第二小及以上的 k 个特征值对应的特征向量 $y_1, y_2, \cdots, y_k$, 以 $y_1, y_2, \cdots, y_k$ 为列向量构造矩阵 $Y = \{y | y \in \mathbb{R}^{n \times k}\}$;

(2) 将 y 的每一行当作一个 k 维的样本点, 运行 k 均值算法对其聚类;

(3) 根据聚类结果将原始样本点划分成不同的集合.

下面定理 11.6.3 可以将求对称归一化拉普拉斯矩阵的特征向量转化为广义矩阵的特征向量.

定理 11.6.3 (归一化的特征与广义的特征) L_{sym} 的特征值与 $Lx_j = \lambda D x_j$ 的广义特征值 λ 相同; L_{sym} 的特征向量为 $y_j = D^{\frac{1}{2}} x_j$.

证明 设 L_{sym} 的特征值及特征向量为 λ 和 y_j, 则

$$L_{\text{sym}} y_j = \lambda y_j$$

令 $Y = D^{\frac{1}{2}} X$, 所以 $y_j = D^{\frac{1}{2}} x_j$, 上式变为

$$L_{\text{sym}} D^{\frac{1}{2}} x_j = \lambda D^{\frac{1}{2}} x_j$$

由定理 11.3.5 知 x_j 是 L_{rw} 的特征值, 即

$$L_{\text{rw}} x_j = \lambda x_j$$

该式子作为中间桥梁. 根据定理 11.3.6可知, 上式中的 λ 和 x_j 满足

$$L x_j = \lambda D x_j$$

所以得证. □

例 11.6.3 以图 11.4.1为例, 求出其对称归一化拉普拉斯矩阵的特征值和特征向量, 随机游走拉普拉斯矩阵的特征值和特征向量, 广义矩阵的特征值和特征向量. 验证随机游走的特征与广义特征定理 11.3.6和归一化的特征与广义的特征定理 11.6.3.

解 由 Mathematica 算得三者的特征值都为 1.9391, 1.58919, 1.38387, 1.19828, 0.947793, 0.775618, 0.166155, 0. 故可验证定理 11.3.6.

对称归一化拉普拉斯矩阵的特征向量 (未正交化) 为

$$\begin{pmatrix} y_8 & \cdots & y_1 & y_0 \end{pmatrix}$$
$$= \begin{pmatrix} -0.5569 & -0.0148 & 0.2059 & -0.3937 & -0.1012 & -0.3835 & 0.4255 & -0.3922 \\ 0.4773 & 0.1007 & 0.0289 & 0.5085 & 0.074 & -0.5239 & 0.2801 & -0.3798 \\ -0.1559 & -0.4373 & -0.6358 & -0.0127 & 0.2247 & -0.1509 & -0.3785 & -0.4043 \\ 0.0257 & 0.7482 & -0.0592 & -0.1685 & -0.1895 & 0.0083 & -0.4668 & -0.3922 \\ -0.0068 & -0.3175 & 0.0385 & 0.2125 & -0.9073 & 0.0093 & -0.1399 & -0.0981 \\ 0.1178 & -0.3305 & 0.7115 & -0.03 & 0.2388 & 0.161 & -0.3776 & -0.3798 \\ -0.4087 & 0.1347 & -0.0481 & 0.5578 & 0.0876 & 0.5721 & 0.2461 & -0.3252 \\ 0.5062 & -0.1025 & -0.1974 & -0.4478 & -0.0994 & 0.4497 & 0.3958 & -0.3536 \end{pmatrix}$$

随机游走拉普拉斯矩阵和广义矩阵特征向量电脑计算都为

$$\begin{pmatrix} x_8 & \cdots & x_1 & x_0 \end{pmatrix}$$
$$= \begin{pmatrix} -0.9917 & 0.8779 & -0.2693 & 0.0457 & -0.0487 & 0.2166 & -0.8777 & 1 \\ 0.1306 & -0.9145 & 3.7314 & -6.5806 & 11.1688 & 3.0022 & -1.4289 & 1 \\ -0.9402 & -0.1362 & 2.8167 & 0.2701 & -0.7037 & -3.3556 & 0.2652 & 1 \\ 0.7925 & -1.0571 & 0.0247 & 0.3392 & -1.7107 & 0.0624 & -1.3542 & 1 \\ 0.9177 & -0.6926 & -1.9764 & 1.7175 & 32.8982 & -2.236 & -0.9576 & 1 \\ -0.7687 & -1.0844 & -0.2935 & 0.0167 & 0.0745 & 0.3333 & 1.383 & 1 \\ 0.9691 & 0.6589 & -0.8364 & -1.0631 & -1.2749 & -0.8881 & 0.676 & 1 \\ 1 & 1 & 1 & 1 & 1 & 1 & 1 & 1 \end{pmatrix}$$

计算出的 $y_i = D^{\frac{1}{2}} = y_i'$ 与 y_i 成比例, 即具有相同的特征向量空间, 视作一样. 故可验证定理 11.6.3.

□

第 12 章 谱确定的图

图的谱既然这么好用, 那么能不能像身份证号码一样标定每一个图呢? 在 1957 年发现一对同谱树之前[69] 都是这么认为的, 1973 年, A.J. Schwenk 证明几乎所有的树都不能由它们的谱来确定.[70] 所以自然地就会提出下面的问题: 哪类图是谱确定的, 如何构造同谱图, 同谱图之间的性质又有什么异同, 不同矩阵的同谱图又有什么特点和联系等, 这些问题直到今天还有待开发.

12.1 同 谱 图

在化学图论中, 找寻同谱图也是一个比较重要的问题, 这对分子结构与其性质的关系的研究起到重要的作用. X 同谱图 (cospectral graphs or isospectral graphs) 是指 X 矩阵的谱完全相同的但不同构的两个图, 即 X 矩阵的特征值及其重数都相同的两个图. 自然地等价于 X 矩阵的特征多项式相同, 等价于两个图谱图 G_1 和 G_2 的矩阵幂的迹相等[71], 即 $\operatorname{tr}(A(G_1^i)) = \operatorname{tr}(A^i(G_2))\,(i=1,\cdots,n)$.

例如, 四边形并上一个点 $C_4 \cup O_1$ 与星 S_5 是顶点数最少的 A 同谱图, $A(C_4 \cup O_1, x) = A(S_5, x) = x^3(x-2)(x+2)$, 同时其直径相同均为 2.

下面 6 个点的同谱图 12.1.1 表明两件事:

(1) 谱同但是直径可以不同, 即性质可以不相同;

(2) 图 12.1.1 是顶点数最少的同谱对.[72]

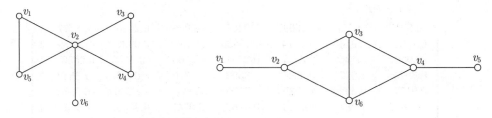

图 12.1.1 直径为 2 和直径为 4 的 A 同谱图 (特征值均为 $-1.9032, (-1)^2, 1, 0.1939$)

如图 12.1.2 所示为一苯基化学分子式, 分别删除 v_2 和 v_6 得到图 12.1.3 和图 12.1.4, 其邻接矩阵的特征多项式一样, 即 $A(U_{6,3} - v_2, x) = A(U_{6,3} - v_6, x) = (x-2)(x-1)^2 x(x+$

$1)^2(x+2)$, 于是我们将 v_2 和 v_6 称作图 $U_{6,3}$ 的同谱点.

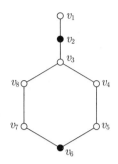

图 12.1.2 $U_{6,3}$ (特征值为 $\pm\sqrt{2}, \pm 1, \pm\sqrt{\frac{1}{2}\left(5\pm\sqrt{17}\right)}$)

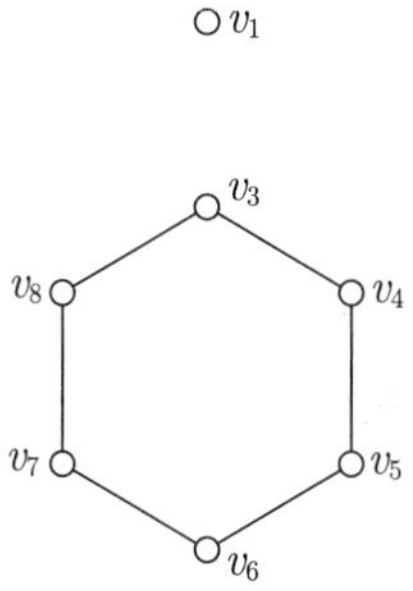

图 12.1.3 $U_{6,3}-v_2$ (特征值为 $-2, (-1)^2, 1^2, 0, 2$ 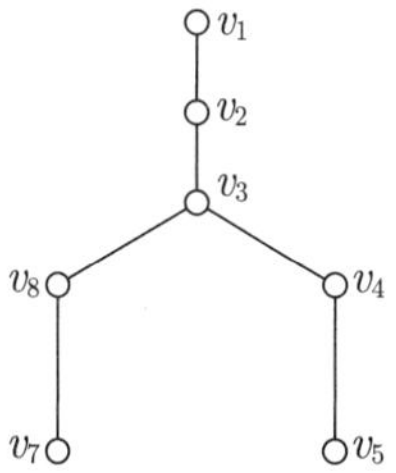) **图 12.1.4** $U_{6,3}-v_6$ (特征值为 $-2, (-1)^2, 1^2, 0, 2$)

现在我们在同谱点上黏接任意图, 则所得的图也为 A 同谱图, 如黏接一个三角形, 如图 12.1.5 所示.

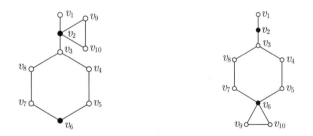

图 12.1.5 $U_{6,3}\bigcup\Delta_1$ 与 $U_{6,3}\bigcup\Delta_2$ 同谱(特征值为 $2.4733, -2.2251, 1.8845, -1.6288, (\pm 1)^2, -0.80002, 0.296$)

如上我们就得到一种构造 A 同谱图的方法:

定理 12.1.1[70](同谱点构造 A 同谱图) 设 v_1, v_2 是图 G 的两个顶点, 使得 $G-v_1$ 和 $G-v_2$ 同谱, 将任意一图 H 上的点 v 与 G 的点 v_1 黏接得到图 G_1, H 上的点 v 与 G 的点 v_2 黏接得到图 G_2, 则 G_1 和 G_2 是同谱. 其中 v_1 和 v_2 称为**同谱点**.

更多关于化学图论中的同谱理论可以参考书《休克尔矩阵图形方法》.[73] 下面还有利用 A 同谱图生成新的 A 同谱图的方法.

定理 12.1.2 (图运算构造 A 同谱图) 设 G_1 和 H_1、G_2 和 H_2 是 A 同谱图, 张量积为 $\otimes$, 笛卡儿积为 $\square$, 则

(1) $G_1 \otimes G_2$ 和 $H_1 \otimes H_2$ 是 A 同谱图;

(2) $G_1 \square G_2$ 和 $H_1 \square H_2$ 是 A 同谱图.

证明 由定理 7.4.2 和定理 7.4.1 易知结论成立. □

下面给出一种较为简单的图操作——**赛德尔切换** (Seidel switching): 对于一个图 G, 取 G 顶点集合的子集 $V_1 \subset V(G)$. 通过保留 G 中在 $V(G) - V_1 = V_2$ 和 V_1 之间的所有边, 但切换 V_2 和 V_1 之间的邻接和非邻接关系, 然后得到一个新图, 我们将其记为 $\tilde{G}$, 如图 12.1.6 所示.

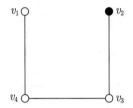
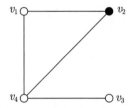

图 12.1.6 P_4 当 $V_1 = \{v_2\}$ 赛德尔切换后得到 $\tilde{P}_4$

定理 12.1.3[71] (赛德尔切换构造 A 同谱图) 设 G 为一个图, 从 G 通过赛德尔切换得到图 $\tilde{G}$. 如果 G 和 $\tilde{G}$ 是连通图, 并且都是相同度数的正则图, 则它们是 A 同谱的.

如图 12.1.7 和图 12.1.8 所示是赛德尔切换构造 A 同谱图的示例.

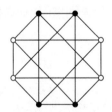
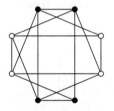

图 12.1.7 赛德尔切换示例也是 GM 切换示例

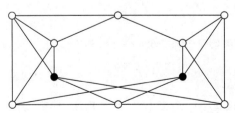
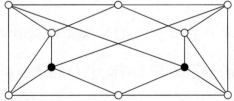

图 12.1.8 赛德尔切换、GM 切换示例与广义邻接矩阵同谱图示例

同谱图的构造往往是跟根据矩阵的局部切换来构造的, 对于 A 同谱, 利用此原理还有 **GM 切换** (Godsil-McKay switching): 设 $(V_{切换}, V_1, V_2, \cdots, V_k,)$ 是 $V(G)$ 的一个划分.

(1) 对于 $V_1, V_2, \cdots, V_k$ 内部，V_i 中每个点与 $V_j(i, j \in \{1, 2, \cdots, k\})$ 中的点的连边的数目相同.

(2) 对于 $V_1, V_2, \cdots, V_k$ 与 $V_{切换}$ 之间，连边只允许有三种情况：

① $V_{切换}$ 中每个点和 V_i 的全部点相连；

② $V_{切换}$ 中每个点不和 V_i 的点相连；

③ $V_{切换}$ 中每个点和 V_i 的一半点相连.

现在只对③这种情况做切换，具体操作为将 $V_{切换}$ 与 V_i 的邻接与非邻接关系互换，得到的新图记为 $\widehat{G}$.

自然地，新连接的边数也为 $\dfrac{|V_2|}{2}$.

$\widehat{G}$ 的边数与原来图的边数相等.

注 下面说法与 GM 切换定义等价：对于一个图 G，取 G 顶点集合的子集 $V_1 \subset V(G)$，V_1 中每个点的与 $V(G) - V_1 = V_2$ 中点关联的边数为 0 或 $\dfrac{|V_2|}{2}$ 或 $|V_2|$. 在 V_1 中挑出与 V_2 中点关联边数为 $\dfrac{|V_2|}{2}$ 的点，删除这些边并与 V_2 另外的边相连，得到的新图记为 $\widehat{G}$.

定理 12.1.4[71](GM 切换构造 A 同谱图) 设 G 为一个图，通过 GM 切换从 G 得到图 $\widehat{G}$，则 G 和 $\widehat{G}$ 是同谱的，这两图的补图也是同谱的.

图 12.1.8 也是 GM 切换的示例，黑点组成 V_1，白点组成 V_2，每个黑点与白点 V_2 的连边的边数为 4，恰为 $\dfrac{|V_2|}{2}$. 显然，赛德尔切换可以视作 GM 切换的特殊情况，即赛德尔切换是图 G 正则时的 GM 切换. 特别地，图 12.1.9 给出非正则图的 GM 切换示例，或说既是赛德尔切换示例，也是 GM 切换示例，但只满足 "GM 切换构造 A 同谱图定理" 12.1.4 不满足 "赛德尔切换构造 A 同谱图" 定理 12.1.3.

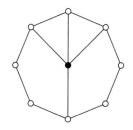 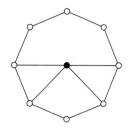

图 12.1.9 非正则图 GM 切换示例

根据超立方体二进制定义 7.1.1，可以得到图 12.1.10，下面给出仅满足 GM 切换不满足赛德尔切换的示例.

当 $n \geqslant 4$ 时，根据类似于图 12.1.11 的 GM 切换和 "GM 切换构造 A 同谱图" 定理 12.1.4 知，超立方体 Q_n 是由谱确定的当且仅当 $n < 4$.

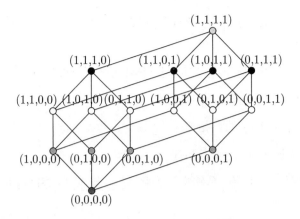

图 12.1.10 超立方体 Q_4 的一种画法

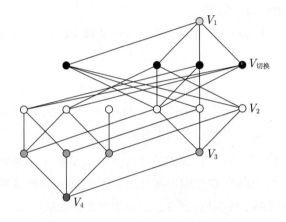

图 12.1.11 仅 GM 切换导致的同谱

12.2 赛德尔矩阵

上一节我们引入了赛德尔切换,下面引入一个新的矩阵:赛德尔矩阵,该矩阵通过赛德尔切换能得到大量的 SM 同谱图.

简单图 $G = (V(G), E(G))$ 的顶点集为

$$V(G) = \{v_1, v_2, \cdots, v_n\}, s_{ij} = \begin{cases} 1 & (v_i \text{不邻接} v_j) \\ -1 & (v_i \text{邻接} v_j) \\ 0 & (v_i = v_j) \end{cases}$$

则 n 阶方阵 $\mathrm{SM}(G) = (s_{ij})_{n \times n}$ 称为 G 的**赛德尔矩阵**(Seidel matrix).

定理 12.2.1(赛德尔矩阵与邻接矩阵的关系) $\mathrm{SM}(G) = J - E - 2A(G)$.

定理 12.2.2(赛德尔矩阵谱不变) 经过赛德尔切换的赛德尔矩阵特征值及重数不变.

第 12 章 谱确定的图 169

由图 12.1.5 知, $\mathrm{SM}(P_4)=\begin{pmatrix} 0 & -1 & 1 & 1 \\ -1 & 0 & -1 & 1 \\ 1 & -1 & 0 & -1 \\ 1 & 1 & -1 & 0 \end{pmatrix}$, 而 $\mathrm{SM}(\tilde{P}_4)=\begin{pmatrix} 0 & -1 & -1 & 1 \\ -1 & 0 & -1 & -1 \\ -1 & -1 & 0 & 1 \\ 1 & -1 & 1 & 0 \end{pmatrix}$,

SM 矩阵表达形式不同但是特征值都为 $-\sqrt{5}, \sqrt{5}, -1, 1$.

同样地, 可以得到图 12.2.1 中更多的 SM 同谱图.

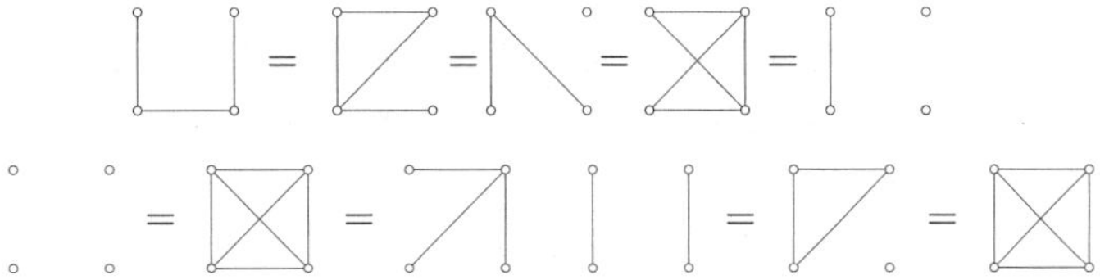

图 12.2.1 4 个点的 SM 同谱图

既然有 SM 同谱图, 就会有 L 同谱图和 $\bar{L}$ 同谱图, 在 *Spectra of Graphs*[5] 第 1.9 节中给出了所有 $1\sim 4$ 个顶点的简单图的各种谱, 为了读者方便观察 4 种谱的规律, 将此表复刻如表 12.2.1 所示.

表 12.2.1 小图的各种谱

顶点数.序号	图	A	L	$\bar{L}$	SM
0.1					
1.1	•	0	0	0	0
2.1	•—•	1, −1	0, 2	2, 0	−1, 1
2.2	• •	0, 0	0, 0	0, 0	−1, 1
3.1		2, −1, −1	0, 3, 3	4, 1, 1	−2, 1, 1
3.2		$\sqrt{2}, 0, -\sqrt{2}$	0, 1, 3	3, 1, 0	−1, −1, 2
3.3		1, 0, −1	0, 0, 2	2, 0, 0	−2, 1, 1
3.4		0, 0, 0	0, 0, 0	0, 0, 0	−1, −1, 2
4.1		3, −1, −1, −1	0, 4, 4, 4	6, 2, 2, 2	−3, 1, 1, 1
4.2		$\rho, 0, -1, 1-\rho$	0, 2, 4, 4	$2+2\tau, 2, 2, 4-2\tau$	$-\sqrt{5}, -1, 1, \sqrt{5}$
4.3		2, 0, 0, −2	0, 2, 2, 4	4, 2, 2, 0	−1, −1, −1, 3
4.4		$\theta_1, \theta_2, -1, \theta_3$	0, 1, 3, 4	$2+\rho, 2, 1, 3-\rho$	$-\sqrt{5}, -1, 1, \sqrt{5}$
4.5		$\sqrt{3}, 0, 0, -\sqrt{3}$	0, 1, 1, 4	4, 1, 1, 0	−1, −1, −1, 3
4.6		$\tau, \tau-1, 1-\tau, -\tau$	$0, 4-\alpha, -2, \alpha$	$\alpha, 2, 4-\alpha, 0$	$-\sqrt{5}, -1, 1, \sqrt{5}$
4.7		2, 0, −1, −1	0, 0, 3, 3	4, 1, 1, 0	−3, 1, 1, 1
4.8		$\sqrt{2}, 0, 0, -\sqrt{2}$	0, 0, 1, 3	3, 1, 0, 0	$-\sqrt{5}, -1, 1, \sqrt{5}$
4.9		1, 1, −1, −1	0, 0, 2, 2	2, 2, 0, 0	−3, 1, 1, 1
4.10		1, 0, 0, −1	0, 0, 0, 2	2, 0, 0, 0	$-\sqrt{5}, -1, 1, \sqrt{5}$
4.11		0, 0, 0, 0	0, 0, 0, 0	0, 0, 0, 0	−1, −1, −1, 3

注: 其中 $\alpha = 2 + \sqrt{2}$ 和 $\tau = (1+\sqrt{5})/2$ 和 $\rho = (1+\sqrt{17})/2$ 和 $\theta_1 \approx 2.17009, \theta_2 \approx 0.31111, \theta_3 \approx -1.48119$ 是 $\theta^3 - \theta^2 - 3\theta + 1 = 0$ 的三个根.

定理 12.2.3(正则图邻接矩阵与赛德尔矩阵的谱) 设 G 是一个 k 正则图,如果其特征向量的特征值为 $k = \lambda_1 \geqslant \lambda_2 \geqslant \cdots \geqslant \lambda_n$,则赛德尔矩阵的特征值为 $n-1-2k$ 和 $-1-2\lambda_i$,其中 $i = 2\cdots, n$.

证明 证明参照定理 6.4.5. □

例如表 12.2.1 中 K_4 的特征值为 $4-1-2\times 3 = -3$ 和三重根 $-1-2\times(-1) = -3$.

推论 12.2.1 如果两个正则图具有相同的度且 SM 同谱,那么它们也是 A 同谱的.

定理 12.2.4(补图的赛德尔矩阵的谱) 一个图与其补图有相反的赛德尔矩阵的特征值.

证明 补图 Γ 的赛德尔矩阵是 $-$SM,易证. □

受启发于定理 6.5.3,反过来如果定义 $A^2(G) = kE + aA + b(J - E - A)$(即 $A^2 \in \langle A, E, J \rangle$,其中 $\langle \cdot \rangle$ 表示 $\mathbb{R}$-span)的图 G 为**更强图**,定义 $\text{SM}^2(G) = kE + aA + b(J - E - \text{SM})$(即 $\text{SM}^2 \in \langle A, E, J \rangle$)的图 G 为**强图** (strong graph). 若一个图为更强图则其一定为强图,反之不然. 如路 P_3,有 $\text{SM}^2(P_3) = \text{SM}(P_3) + 2E$,但 P_3 只满足 $A^3(P_3) = 2A(P_3)$.

由定理 6.5.3 知,强正则图一定是更强图,故是强图;反之强图不一定是强正则图. 如 $C_5 \cup O_1$,其赛德尔矩阵满足 $\text{SM}^2 = 5E$,是强图但是不正则.

定理 12.2.5[5](强图的赛德尔矩阵谱与强正则图的关系) 对于具有 n 个顶点强图 G,由定理 6.5.5 知其有三个不同的邻接矩阵特征值 $\lambda_1 \geqslant \lambda_2 \geqslant \lambda_3$,则其赛德尔矩阵 $\text{SM}(G)$ 有特征值 $\rho_0 = n-1-2\lambda_1, \rho_1 = -2\lambda_2 - 1$ 和 $\rho_2 = -2\lambda_3 - 1$.

当一个特征值的特征向量不是全 1 向量 e 的倍数时,称该特征值为**受限特征值** (restricted eigenvalues),正则图特征值 k 的其他特征值为受限特征值,以下结论成立:

(1) G 的赛德尔矩阵 $\text{SM}(G)$: 至多有两个受限特征值 ρ_1 和 ρ_2,且有 $(\text{SM} - \rho_1 E)(\text{SM} - \rho_2 E) = (n - 1 + \rho_1 \rho_2) J$;

(2) $\text{SM}(G)$ 只有一个受限特征值 $\Leftrightarrow$ 赛德尔矩阵 $\text{SM}(G) = \pm(J - E)$,$G$ 是完全图或空图;

(3) 如果 G 只有两个受限特征值 ρ_1 和 ρ_2,则 $\rho_0 = \rho_1$ 或 $\rho_0 = \rho_2$,若 $n - 1 + \rho_1 \rho_2 \neq 0 \Rightarrow G$ 是正则的;

(4) G 还是 k 正则的 $\Leftrightarrow$ 图 G 是强正则图 (除了完全图或空图),根据定理 6.4.1,既然是正则图,则必然有 e 作为特征向量,赛德尔矩阵 $\text{SM}(G)$ 对于特征值 $\rho_0 = n-1-2k$ 满足 $(\rho_0 - \rho_1)(\rho_0 - \rho_2) = n(n - 1 + \rho_1 \rho_2)$.

定理 12.2.6[5](强图的赛德尔矩阵的谱补充定理) (1) $n - 1 + \rho_1 \rho_2 = 0$ 当且仅当赛德尔矩阵 SM 仅有两个不同的特征值;

(2) 强图 G 中进行赛德尔切换会生成另一个强图,如果生成的强图的赛德尔矩阵行和为 $n-1-2k$,则其是恰好是 k 正则图,那么它的度要么是 $(n-1-\rho_1)/2$,要么是 $(n-1-\rho_2)/2$.

例如: (1) 如果 G 是 P_3, 则赛德尔矩阵的特征值是 -1 和 2, 因此与之等价的正则图的度要么是 $\frac{3}{2}$, 要么是 0. 前者不是整数故不行, 但后者确实存在, 为 $3K_1$;

(2) 如果 G 是 $C_5 \cup O_1$, 则赛德尔矩阵的特征值是 $\pm\sqrt{5}$, 不是整数, 因此不可能等于行和. 所以这个图不能通过赛德尔切换变成一个正则图;

(3) 如果 G 是 4×4 的格子图 (图在第 6.5 节中举例提到), 如图 12.2.2 所示, $n = 16$ 且

$$\text{Spec}(A, L_2(4)) = \begin{pmatrix} 6 & 2 & -2 \\ 1 & 6 & 9 \end{pmatrix}, \qquad \text{Spec}(GM, L_2(4)) = \begin{pmatrix} 3 & -5 \\ 10 & 6 \end{pmatrix}$$

已知 $L_2(m)$ 为强图, 可以验证定理 12.2.5 中邻接谱与赛德尔矩阵谱的关系, 但由于 $n - 1 + \rho_1 \rho_2 = 0$, 所以不能用定理 12.2.5 中的 (3) 断定其为强正则图. 只能根据强正则图定义判断其是强正则图. 根据"强图的赛德尔矩阵的谱补充定理"12.2.6 中的 (2), 对大小为 4 的**独立集**(两两互不相邻的顶点构成的集合)在 G 中进行赛德尔切换, 可以得到度为 $(n - 1 - \rho_1)/2 = 6$ 的**什里坎德** (Shrikhande) 图, 如图 12.2.3 所示, 对两条平行线的并集进行赛德尔切换, 可以得到度为 $(n - 1 - \rho_1)/2 = 6$ **克莱布什** (Clebsch) 图, 如图 12.2.4 所示. 格子图 $L_2(m)$、什里坎德图和克莱布什图都是 GM 同谱图.

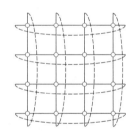 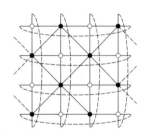 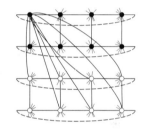

图 12.2.2　格子图 $L_2(4)$　　　图 12.2.3　什里坎德图　　　图 12.2.4　克莱布什图

12.3　广义邻接矩阵

令 A, D 是图 G 的邻接矩阵, 当 $a \neq b$ 时, 称 $GA(G) = kE + aA + b(J - E - A)$ 为 G 的**广义邻接矩阵** (generalized adjacency matrices). 如果让 $a = b$, 则 A 消去, 该矩阵和图无法建立良好的映射关系, 无意义. 建立有序数对, 用 (k, a, b) – GA 方便描述广义邻接矩阵.

定理 12.3.1(广义邻接矩阵与其他矩阵)

(1) $(0, 1, 0)$ – GA 为邻接矩阵 A;

(2) $(0, 0, 1)$ – GA 为 G 的补图的邻接矩阵;

(3) $(0, -1, 1)$ – GA 为赛德尔矩阵 SM.

定理 12.3.2[5](强图的赛德尔矩阵谱与强正则图的关系)　一个图 G 是强图当且仅当存在一个广义邻接矩阵 (k, a, b) – GA(G) 仅两个特征值.

其实这个广义邻接矩阵 (k, a, b) – GA(G) 常用的是 $(0, -1, 1)$ – GA, 即赛德尔矩阵 SM.

12.4 y 同 谱

(k,a,b) – GA 通过缩放和平移得到矩阵 $A - yJ$, 这两个矩阵的谱具有关联性.[5] 具体参看定理 12.4.1.

当两个图 G_1 和 G_2 的 $A(G_1) - yJ$ 和 $A(G_2) - yJ$ 具有相同的谱时, 称这两个图是 **y 同谱的**.

定理 12.4.1[5]$(A(G_2) - yJ$ 矩阵与其他矩阵$)$ (1) 0 同谱则 A 同谱;

(2) $\dfrac{1}{2}$ 同谱则 SM 同谱;

(3) 1 同谱则补图 A 同谱.

如图 12.1.6 所示, 我们已经知道 P_4 与 $\tilde{P}_4$ 有 SM 同谱, 特征值都为 $-\sqrt{5}, \sqrt{5}, -1, 1$. 而

$$A(P_4) - \frac{1}{2}J = \begin{pmatrix} -\frac{1}{2} & \frac{1}{2} & -\frac{1}{2} & -\frac{1}{2} \\ \frac{1}{2} & -\frac{1}{2} & \frac{1}{2} & -\frac{1}{2} \\ -\frac{1}{2} & \frac{1}{2} & -\frac{1}{2} & \frac{1}{2} \\ -\frac{1}{2} & -\frac{1}{2} & \frac{1}{2} & -\frac{1}{2} \end{pmatrix}, \quad A(\tilde{P}_4) - \frac{1}{2}J = \begin{pmatrix} -\frac{1}{2} & \frac{1}{2} & \frac{1}{2} & -\frac{1}{2} \\ \frac{1}{2} & -\frac{1}{2} & -\frac{1}{2} & \frac{1}{2} \\ \frac{1}{2} & -\frac{1}{2} & -\frac{1}{2} & -\frac{1}{2} \\ -\frac{1}{2} & \frac{1}{2} & -\frac{1}{2} & -\frac{1}{2} \end{pmatrix}$$

表达形式不同但是特征值都为 $\dfrac{1}{2}(-\sqrt{5}-1), -1, \dfrac{1}{2}(\sqrt{5}-1), 0$. 所以验证了定理 12.4.1 中的 (2).

四边形并上一个点 $C_4 \cup O_1$ 与星 S_5 仅是 0 同谱图, $2K_3$ 和 $2O_1 \cup K_4$ 仅是 $\dfrac{1}{3}$ 同谱图, $C_6 \cup O_1$ 和 "S_3 每个非中心点黏接路 P_2 形成的图" 对于所有 y 都是 y 同谱的.

定理 12.4.2(y 同谱定理)

(1) 如果两个图对于两个不同的 y 值是 y 同谱的, 那么它们对于所有 y 都是 y 同谱的;[74]

(2) 如果两个图对于某个无理数 y 是 y 同谱的, 那么它们对于任意 y 都是 y 同谱的.[7]

图 12.1.3 中 $U_{6,3} - v_2$ 与图 12.1.4 中 $U_{6,3} - v_6$ 就是任意 y 同谱的.

12.5 一般邻接矩阵

令 A 和 D 是图 G 的邻接矩阵和对角矩阵, 当 $\alpha \neq 0$ 时, 称 $U(G) = \alpha A(G) + \beta E + \gamma J + \delta D(G)$ 为 G 的**一般邻接矩阵** (universal adjacency matrix). 如果让 $\alpha = 0$, 则 A 消去, 该矩阵和图无法建立良好的映射关系, 无意义. 建立有序数对, 用 $(\alpha, \beta, \gamma, \delta) - U$ 方便描述广义邻接矩阵.

定理 12.5.1(一般邻接矩阵与其他矩阵)   (1) $(a-b, k-b, b, 0) - U$ 为广义邻接矩阵 (k,a,b) – GA;

(2) $(-1,0,0,\delta) - U$ 为广义拉普拉斯矩阵 L_δ;

(3) $(-(1-\alpha),0,0,\delta) - U(0 \leqslant \alpha \leqslant 1)$ 为阿尔法邻接矩阵 A_α;

(4) $(1,0,0,0) - U$ 为邻接矩阵 A;

(5) $(-1,-1,1,0) - U$ 为 G 的补图的邻接矩阵;

(6) $(-1,0,0,1) - U$ 为拉普拉斯矩阵 L;

(7) $(1,0,0,1) - U$ 为无符号拉普拉斯矩阵 $\bar{L}$;

(8) $(-2,-1,1,0) - U$ 为赛德尔矩阵 SM.

赛德尔切换构造同谱图定理 12.1.3, 对于其他矩阵呢?

由表 12.2.1中可知, 单独赛德尔切换并不能使得拉氏矩阵同谱, 特别地, 如果 *Spectra of Graphs*[5] 的 14.2.3 小节中 B 确定矩阵本身形成一个正则图, 再排除同构图, 则有一般邻接矩阵 $(\alpha,\beta,\gamma,0) - U$ 同谱, 如果不正则有可能其 L 同谱.

例 12.5.1 以图 12.5.1为例, 举例说明其是 $(\alpha,\beta,\gamma,0) - U$ 同谱的.

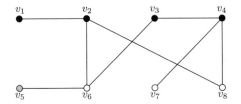 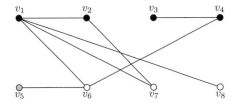

图 12.5.1 仅 GM 切换导致 $(\alpha,\beta,\gamma,0) - U$ 同谱示例

解 $(2,3,5,0) - U(G_{左}) = \begin{pmatrix} 8 & 5 & 3 & 3 & 3 & 3 & 3 & 3 \\ 5 & 8 & 3 & 3 & 3 & 5 & 3 & 5 \\ 3 & 3 & 8 & 5 & 3 & 5 & 5 & 3 \\ 3 & 3 & 5 & 8 & 3 & 3 & 5 & 5 \\ 3 & 3 & 3 & 3 & 8 & 5 & 3 & 3 \\ 3 & 5 & 5 & 3 & 5 & 8 & 3 & 3 \\ 3 & 3 & 5 & 5 & 3 & 3 & 8 & 3 \\ 3 & 5 & 3 & 5 & 3 & 3 & 3 & 8 \end{pmatrix}$,

$(2,3,5,0) - U(G_{右}) = \begin{pmatrix} 8 & 5 & 3 & 3 & 3 & 5 & 5 & 5 \\ 5 & 8 & 3 & 3 & 3 & 3 & 5 & 3 \\ 3 & 3 & 8 & 5 & 3 & 3 & 3 & 5 \\ 3 & 3 & 5 & 8 & 3 & 5 & 3 & 3 \\ 3 & 3 & 3 & 3 & 8 & 5 & 3 & 3 \\ 5 & 3 & 3 & 5 & 5 & 8 & 3 & 3 \\ 5 & 5 & 3 & 3 & 3 & 3 & 8 & 3 \\ 5 & 3 & 5 & 3 & 3 & 3 & 3 & 8 \end{pmatrix}$.

其特征值都为 33.5942, 8.1445, 7, 5.3303, 4.3699, 3, 1.6731, 0.8881. □

例 12.5.2 以图 12.5.2为例, 举例说明其是 $(-1,0,0,1) - U$ 同谱, 即为拉普拉斯矩阵 L 同谱的.

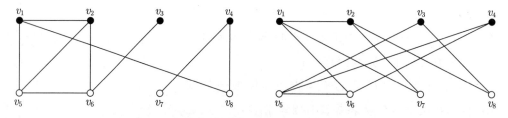

图 12.5.2　既是赛德尔切换也是 GM 切换导致 L 同谱示例

解　$L(G'_{左}) = \begin{pmatrix} 3 & -1 & 0 & 0 & -1 & 0 & 0 & -1 \\ -1 & 3 & 0 & 0 & -1 & -1 & 0 & 0 \\ 0 & 0 & 2 & 0 & 0 & -1 & -1 & 0 \\ 0 & 0 & 0 & 2 & 0 & 0 & -1 & -1 \\ -1 & -1 & 0 & 0 & 3 & -1 & 0 & 0 \\ 0 & -1 & -1 & 0 & -1 & 3 & 0 & 0 \\ 0 & 0 & -1 & -1 & 0 & 0 & 2 & 0 \\ -1 & 0 & 0 & -1 & 0 & 0 & 0 & 2 \end{pmatrix}$,

$L(G'_{右}) = \begin{pmatrix} 3 & -1 & 0 & 0 & 0 & -1 & -1 & 0 \\ -1 & 3 & 0 & 0 & 0 & 0 & -1 & -1 \\ 0 & 0 & 2 & 0 & -1 & 0 & 0 & -1 \\ 0 & 0 & 0 & 2 & -1 & -1 & 0 & 0 \\ 0 & 0 & -1 & -1 & 3 & -1 & 0 & 0 \\ -1 & 0 & 0 & -1 & -1 & 3 & 0 & 0 \\ -1 & -1 & 0 & 0 & 0 & 0 & 2 & 0 \\ 0 & -1 & -1 & 0 & 0 & 0 & 0 & 2 \end{pmatrix}$.

其特征值都为 4.8136, 4, 4, 3, 2.5293, 1, 0.6571, 0. 经验证其仅 L, SM 同谱，而 $A, \bar{L}$ 都不同谱. □

定理 12.5.2[70]（正则图 U 同谱定理）　如果一个正则图与一个非正则图是 $(1, \beta, \gamma, \delta)$-$U$ 同谱的，则 $\gamma = 0$ 且 $-1 < \beta < 0$.

12.6　谱确定的图

推论 12.6.1[70]（正则图谱确定的一致性）　对于正则图来说，对邻接矩阵、补图的邻接矩阵、拉普拉斯矩阵和无符号拉普拉斯矩阵是否为谱确定的是等价的.

推论 12.6.2（几个常见图是谱确定的）　$K_n, K_{m,m}, C_n$ 及其补图对于任何矩阵 $(1, \beta, \gamma, \delta)$-$U$ 是谱确定的.

推论 12.6.3[69]　(1) k 个完全图的不相交并 $K_{m_1} \cup \cdots \cup K_{m_k}$ 是 A, L 和 $\bar{L}$ 谱确定的；

(2) k 个路图的不相交并 $P_{m_1} \cup \cdots \cup P_{m_k}$ 是 A, L 和 $\bar{L}$ 谱确定的；

(3) k 个圈图的不相交并 $C_{m_1} \cup \cdots \cup C_{m_k}$ 是 A, L 和 $\bar{L}$ 谱确定的.

定理 12.6.1　(1) 图 C_n 黏接路 P_m 的端点形成的 $CP_{n,m-1}$ **圈棒棒糖图** (cycle lollipop graphs)是 A、L 和 $\bar{L}$ 谱确定的;[75, 76, 77]

(2) 仅有一个顶点的度大于 2 的树为**似星树** (starlike tree), 似星树是 L 谱确定的;[78] 最大度为 4 的似星树是 $\bar{L}$ 谱确定的;[79] 图 Z_n 是特殊的似星树, 即路的一个端点黏接一个 P_2(见文献 [9], p77), 有 $n+2$ 个点, 其谱为 $2\cos\dfrac{2i+1}{2n+2}\pi$ $(i=0,1,\cdots,n)$, 和 0, 是 A 谱确定的, 其不交并也是 A 谱确定的.[80] **T 形树** (T shape tree)是最大度为 3 的似星树, 记为 $T(n_1,n_2,n_3), n_1 \leqslant n_2 \leqslant n_3, T(n_1,n_2,n_3)-v = P_{n_1} \cup P_{n_2} \cup P_{n_3}$, 这里 P_{n_i} 是有 $n_i(i=1,2,3)$ 个顶点的路图, 点 v 为 3 度点. T 形树是 L 谱确定的;[81] 当 $(n_1,n_2,n_3) \neq (n_1,n_1,2n_1-2)$ 且 $l \geqslant 2$, 是 A 谱确定的.[81]

(3) 所有最大特征值不大于 $\sqrt{2+\sqrt{5}}$ 的连通图由它们的邻接谱确定.[82]

定理 12.6.2[16](线图同谱)　如果两个图是 $\bar{L}$ 同谱的, 则它们的线图的邻接矩阵是 $\bar{A}$ 同谱的.

本书对谱确定理论仅做初步介绍, 如有兴趣可以自行查阅相关文献去研究. 特别地, 研究所有谱值的理论还有整谱图理论, 即所得的特征值都是整数的图, 还有"不考虑重数有较少特征值的图"的研究, 如强正则图, 如果这些理论交织又可以产生怎样的火花？

总体而言, 同谱图问题的研究在图论这门较新学科来说相对较早, 但是如果结合广义邻接矩阵或其他矩阵去研究, 还有很多地方需要去研究.

另外对图谱理论的研究发展比较晚的一大原因是计算机在数学的古代尚未诞生, 对于矩阵的运算力有限, 矩阵的结果往往十分复杂, 看起来也不美观. 随着算力的增长, 我们将会见到越来越多极其复杂的公式.

第 13 章 其他谱理论的应用

13.1 直 径

定理 13.1.1[5] 令 G 为一个无向图. 当且仅当 G 没有边 (直径为 0) 时, 其所有拉氏矩阵的特征值均为零.

定理 13.1.2[1] 设连通图 G 的直径为 d, 且有 $|\text{Spec}(X)|$ 个不同的 X 矩阵的特征值, 则
$$d \leqslant |\text{Spec}(X)| - 1$$
其中 X 可以为 A, L 和 $\bar{L}$.

推论 13.1.1[1] 连通图 G 仅有 2 个相异特征值当且仅当 G 是完全图.

推论 13.1.2[1] 如果连通图 G 仅有 3 个相异特征值, 则 G 的直径为 2.

定理 13.1.3[1] 设 G 是有 n 个顶点和 m 条边的非正则连通图, Δ 和 d 是 G 的最大度和直径, 则
$$\Delta - \lambda_1(G) > \frac{n\Delta - 2m}{n(d(n\Delta - 2m) + 1)}$$

13.2 团数与独立数

图 G 点导出子图是完全图称为**团**, 团中顶点的最大数目称为 G 的**团数**, 记为 $\omega(G)$. 容易知道: 零图 $\Leftrightarrow \omega(N_n) = 1$, 完全图 $\Leftrightarrow \omega(K_n) = n$, 完全二分图 $\Leftrightarrow \omega(K_{m,n}) = 2$.

图 G 点导出子图是零图称为**独立集**, 独立集中顶点的最大数目称为的**独立数**, 记为 $\alpha(G)$. 容易知道: 零图 $\Leftrightarrow \alpha(N_n) = n$, 完全图 $\Leftrightarrow \alpha(K_n) = 1$, 完全二分图 $\Leftrightarrow \alpha(K_{m,n}) = \min\{m, n\}$.

如果一个图 $G(V, E)$ 的点导出子图无完全图 K_{p+1}, 显然 $\omega(G) \leqslant p$, 根据文献 [83], 记 $|E(G)| = m$, 我们得到
$$\lambda_1 \leqslant \sqrt{\frac{2m(\omega(G) - 1)}{\omega(G)}}$$

进一步可以得到:

定理 13.2.1 对于给定的图 G, 记 $\lambda(G)$ 为图 G 的邻接矩阵的最大特征值. 我们要证明, 如果 G 是无 K_{p+1} 的话, 则有

$$\lambda_1(G) \leqslant \sqrt{\frac{2m(p-1)}{p}}$$

这里, m 表示图 G 的边数, K_{p+1} 表示 $p+1$ 个顶点的完全图.

进一步地, $\omega(G) < n$, 可以得到:

推论 13.2.1 如果 G 是无 K_{p+1} 的, 则

$$\lambda_1 \leqslant \sqrt{\frac{2m(n-1)}{n}}$$

定理 13.2.2[11](Turán 定理) 如果 G 是无 K_{p+1}, 则

$$m \leqslant \frac{(p-1)n^2}{2p}$$

我们可以得到:

定理 13.2.3[84] 如果 G 是无 K_{p+1} 的, 则

$$\frac{n}{n-\lambda_1} \leqslant \omega(G)$$

定理 13.2.4[85] 设 G 是 n 个顶点的 k 正则图, 且最小一个特征值为 λ_n, 则 G 的独立数

$$\alpha(G) \leqslant \frac{n}{1-\dfrac{k}{\lambda_n}}$$

13.3 色　　数

图的**色数** $\chi(G)$ 是将图的顶点着色所需的最少颜色数, 使得相邻的顶点没有相同的颜色. 显然零图 $\Leftrightarrow \chi(N_n)=1$, 完全图 $\Leftrightarrow \chi(K_n)=n$, 完全二分图 $\Leftrightarrow \chi(K_{m,n})=2$.

如果 $\omega(G)$ 是图的最大团的大小, 那么我们至少需要足够的颜色, 使团中的每个顶点都有唯一的颜色. 因此

$$\omega(G) \leqslant \chi(G)$$

则

$$\lambda_1 \leqslant \frac{\chi(G)-1}{\chi(G)}n$$

定理 13.3.1 [86]　如果 λ_n 是 G 的最小特征值，λ_1 是 G 的最大特征值，则

$$\chi(G) \geqslant 1 + \frac{\lambda_1}{|\lambda_n|}$$

结合上面两式可以得到:

推论 13.3.1
$$|\lambda_n|(\chi(G) - 1) \leqslant \lambda_1 \leqslant \frac{\chi(G) - 1}{\chi(G)} n$$

定理 13.3.2 [87]　$2m/(2m - \lambda_1^2) \leqslant \chi(G)$.

13.4　零度和星集

图 G 的**零度**指的是图 G 的邻接特征多项式 $A(G, x)$ 中 0 特征根的重数，记作 $\eta(G)$. 显然下面定理成立:

定理 13.4.1　若 $\mathrm{rank}(A(G))$ 为 $A(G)$ 的秩，则

$$\eta(G) + \mathrm{rank}(A(G)) = n$$

显然，当 $\eta(G) > 0$，则矩阵 $A(G)$ 是奇异的，于是称图 G 为**奇异的图**，否则，称图 G 为**非奇异的图**.

图 G 的**匹配数**是指图 G 中最大匹配所包含的边数，记作 $m(G)$.

定理 13.4.2 [88, 89]　T 是点数为 $V(T)$ 的树，它的匹配数为 $m(T)$，独立数为 $\alpha(T)$，则
(1) $\eta(T) = |V(T)| - 2m(T)$；
(2) 由 $\alpha(T) + m(T) = |V(T)|$，知 $\eta(T) = 2\alpha(T) - |V(T)|$.

定理 13.4.3　根据定理 9.1.6 和定理 9.1.3 知

$$\eta(P_n) = \begin{cases} 1 & (n\text{为奇数}) \\ 0 & (n\text{为偶数}) \end{cases}, \quad \eta(C_n) = \begin{cases} 2 & (n\text{是4的倍数}) \\ 0 & (\text{其他情形}) \end{cases}$$

定理 13.4.4　(1) 给出了树的线图的零度只能为 0 或 1；[90]
(2) 设 G 是点数为 n 的连通图，则 $\eta(G) = n - 2$ 当且仅当图 G 是完全二部图；$\eta(G) = n - 3$ 当且仅当图 G 是完全三部图；[91]
(3) 设 v_i 是图 G 的一个悬挂点，v_j 是其唯一邻点. 则有 $\eta(G) = \eta(G - v_i - v_j)$，其等价于 $\mathrm{rank}(G) = \mathrm{rank}(G - v_i - v_j) + 2$.[90]

定理 13.4.5 [92]　设 G 是点数为 n，围长为 g 的连通图，则有

$$\eta(G) \leqslant n - g + 2$$

等式成立当且仅当图 G 是完全二部图 ($g = 4$)，或是图 C_g，且有 $4 \mid g$.

图的零度研究了特征值的重数, 由于其对应着矩阵的核空间, 有一定研究的思路, 而对于一般图特征值的重数研究更为困难, 星集和星补是解决特征值重数的一种方法.

设 V' 是图 $V(G)$ 的顶点子集, λ_i 是 G 的重数为 $o(A, \lambda_i, G)$ 的邻接矩阵特征值, 简记为 $o(\lambda_i)$. 令 $G - V'$ 表示将 G 中属于 V' 的顶点以及所有与 V' 中顶点关联的边删去得到的子图. 如果 $|V'| = o(\lambda_i)$ 并且 λ_i 不是 $G - V'$ 的特征值, 则 V' 称为 G 的关于特征值 λ_i 的**星集**(star set), $G - V'$ 称为 G 的关于特征值 λ_i 的**星补** (star complement).

由"邻接矩阵删点子集的交错定理 6.2.1"可知, 每删去 V' 中的一个顶点, $o(\lambda_i)$ 就减少 1. 所以有下面有意思的定理:

定理 13.4.6[6](重数定理)　假设图 G 中有重数为 $o(\lambda_i)$ 的特征值 λ_i. 如果 V' 是图 G 的 λ_i 星集, 且 V'' 是 V' 的真子集, 则 $G - V''$ 有重数为 $o(\lambda_i) - |V''|$ 的特征值 λ_i.

例 13.4.1　以八面体 (Octahedron) 图为例, 解释星集与重数的联系.

解　图 13.4.1为八面体图, 删除 $V' = \{v_1, v_2\}$ 后得到钻石图 13.4.3, 发现原本特征值 $(-2)^2$ 没了, 故 $V' = \{v_1, v_2\}$ 为特征值 -2 星集, 我们发现每删除 $V' = \{v_1, v_2\}$ 一个点, -2 的重数就会少 1, 如删除 $V'' = \{v_1\}$ 得到图 13.4.2, 其中特征值 -2 的重数为 1, 图 13.4.2为轮图 W_5(一个孤立点与 $n-1$ 阶圈上的所有顶点相连, 所得的 n 阶图称作 n 阶**轮图**, 记作 W_n). □

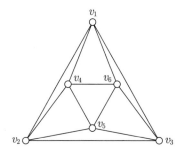
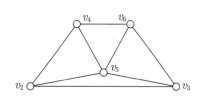

图 13.4.1　八面体图(特征值为 $4, (-2)^2, 0^3$)　　图 13.4.2　八面体图 Octahedron $- v_1$ (特征值为 $1 \pm \sqrt{5}, -2, 0^2$)

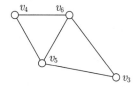

图 13.4.3　八面体图 Octahedron $- v_1 - v_2$ (特征值为 $\frac{1}{2}\left(1 \pm \sqrt{17}\right), (-1), 0$)

例 13.4.2　探究友谊图的特征值 1 和 -1 的重数变化, 利用星集理论来解释这一变化.

解　如图 13.4.4所示, 友谊图 F_1 到 F_0 的特征值 -1 消失了, 且删除的点数为 2 刚好等于其重数, 可以用星集来解释. 但是从 F_4 到 F_2, -1 与 1 成对消失, 不能直接用星集的理论来解释, 但有类似规律, 交给读者研究, 类似地, 可以研究**荷兰风车图**(dutch windmill graph): 是通过黏接 p 个圈 C_q 的一个顶点而得到图, 记为 $D_p^q(p \geqslant 2)$. □

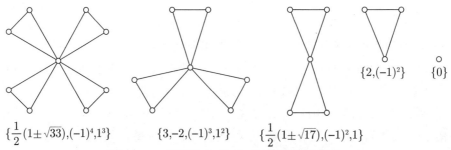

$\{\frac{1}{2}(1\pm\sqrt{33}),(-1)^4,1^3\}$ $\{3,-2,(-1)^3,1^2\}$ $\{\frac{1}{2}(1\pm\sqrt{17}),(-1)^2,1\}$ $\{2,(-1)^2\}$ $\{0\}$

图 13.4.4 友谊图 F_4 到 F_0 的特征值重数变化

13.5 特征向量

我们知道每个图的邻接矩阵的行和列都对应着各自的顶点 (参考第 11 章), 对于特征向量也可以这么做, 相应的行对应着相应的顶点, 如此, 我们可以在把每个顶点的特征向量对应的值在图中标出来.

定理 13.5.1[11](用特征向量元素标号获得特征值) 把每个顶点的特征向量对应的值在图中标出来, 则任何顶点的邻点上的值之和等于特征值乘以该顶点上的值.

例 13.5.1 以 C_4 为例, 求出其特征向量, 并在图 13.5.1 中标出, 根据图得到特征值.

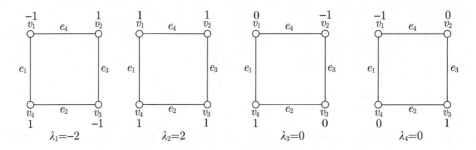

图 13.5.1 用特征向量元素标号

解 根据图 7.2.1, 得到其邻接矩阵, 再计算出图 C_4 的特征向量 $\alpha_1=(-1\ \ 1\ \ -1\ \ 1)^T$, 其各个元素分别对应 $v_1,\cdots,v_4$, 同理 $\alpha_2=(1\ \ 1\ \ 1\ \ 1)^T, \alpha_3=(0\ \ -1\ \ 0\ \ 1)^T, \alpha_4=(-1\ \ 0\ \ 1\ \ 0)^T$ 照做, 会发现任意一个点的邻点标记的数字之和为特征值. 其实比较好理解. 我们看 α_1 的第二列对应着 v_2, 而 v_2 的邻点是 v_3 与 v_4, 从中看出 $-1+(-1)$ 恰为矩阵的第二行乘以 α_1, 恰为特征值, 这是因为 $A(C_4)\alpha_1=-2\alpha_1$, 根据邻接矩阵的定义, 与 v_2 不相邻的元素对应的矩阵元素为 0, 相邻的为 1, 故知该结论成立. □

定理 13.5.2[11](邻点标号和找特征向量) 找一组数列标在图中的顶点上, 若满足"任意顶点的邻点上的值之和等于某数乘以该顶点上的值",则该顶点标号构成该图邻接矩阵的一个特征向量,该数为特征值.

这很有意思,依据定理 13.5.2我们可以得到第 9 章圈的谱,即定理 9.1.3另一种求解的方法.

证明 如图 13.5.2所示,对于 C_n 的顶点 v_1 到 v_n 标记的是 $x^n = 1$ 的 n 个根 $\omega^0 = 1, \omega^1, \omega^2, \cdots, \omega^{n-1}$,我们发现总有数 $\omega^{-1} + \omega$,使得任何顶点的邻点上的值之和 $\omega^{k-1} + \omega^{k+1}$ 等于该数 $\omega^{-1} + \omega$ 乘以该顶点上的值 ω^k,即 $(\omega^{-1} + \omega)\omega^k = \omega^{k-1} + \omega^{k+1}$ ($k = 0, 1, \cdots, n-1$),特别地,当 $k = n-1$,$(\omega^{-1} + \omega)\omega^{n-1} = \omega^{n-2} + \omega^n = \omega^{n-2} + 1 = \omega^{n-2} + \omega^0$ 也满足,故根据定理 13.5.2,可以知道 $\omega^{-1} + \omega$ 是 $A(C_n)$ 的特征值,对应的特征向量为 $\begin{pmatrix} \omega^0 & \omega^1 & \cdots & \omega^{n-1} \end{pmatrix}^{\mathrm{T}}$. 而根据定理 9.1.1,知

$$\omega^{-1} + \omega = \mathrm{e}^{-\frac{2\pi \mathrm{i}}{n}} + \mathrm{e}^{\frac{2\pi \mathrm{i}}{n}} = \left(\cos\frac{2k\pi}{n} - \mathrm{i}\cos\frac{2k\pi}{n}\right) + \left(\cos\frac{2k\pi}{n} + \mathrm{i}\cos\frac{2k\pi}{n}\right)$$
$$= 2\cos\frac{2k\pi}{n} \quad (k = 0, 1, \cdots, n-1)$$

故得证. □

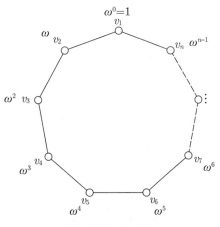

图 13.5.2 圈 C_n

从上面例子看看每次取 $x^n = 1$ 的一个根 ω,就会出现对应的特征值 $\omega^{-1} + \omega$ 和对应的特征向量 $\begin{pmatrix} \omega^0 & \omega^1 & \cdots & \omega^{n-1} \end{pmatrix}^{\mathrm{T}}$,特别地,取 $\omega = 1$,就会知道 $\omega^{-1} + \omega = 2$ 是 C_n 的特征值.

通过定理 13.5.2,一般地去找特征值是挺麻烦的,但是笔者觉得通过定理 11.5.1可以快速解决一个游戏 (前提是该图有特征值 1),就是去给图标号,目标是满足"任意顶点的邻点上的值之和等于该顶点上的值".

例 13.5.2 以图 13.5.3彼得森图为例,找到一组数列标记在图中各个顶点上,使得"任意顶点的邻点上的值之和等于该顶点上的值".

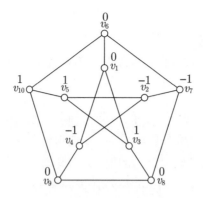

图 13.5.3 彼得森图特征向量标号

解 $\mathrm{Spec}(A,\mathrm{Petersen}) = \begin{pmatrix} 3 & 1 & -2 \\ 1 & 5 & 4 \end{pmatrix}$，对于 1 的特征向量为

$$\begin{pmatrix} 1 \\ -1 \\ -1 \\ 0 \\ 1 \\ -1 \\ 1 \\ 0 \\ 0 \\ 0 \end{pmatrix}, \begin{pmatrix} -1 \\ 0 \\ 0 \\ -1 \\ 1 \\ 0 \\ 0 \\ 0 \\ 0 \\ 1 \end{pmatrix}, \begin{pmatrix} 0 \\ 0 \\ -1 \\ 1 \\ -1 \\ 0 \\ 0 \\ 0 \\ 1 \\ 0 \end{pmatrix}, \begin{pmatrix} 0 \\ -1 \\ 1 \\ -1 \\ 0 \\ 0 \\ 0 \\ 1 \\ 0 \\ 0 \end{pmatrix}, \begin{pmatrix} -1 \\ 1 \\ -1 \\ 0 \\ 0 \\ 0 \\ 1 \\ 0 \\ 0 \\ 0 \end{pmatrix}$$

如图 13.5.3所标为一个特征值满足 "任意顶点的邻点上的值之和等于该顶点上的值"．笔者认为上述游戏的全部解是这些特征向量的组成的线性空间，若一个图不能得到为 1 的特征值，则无解，从邻接矩阵和特征向量的定义可以看出该结论应该成立. □

我们知道矩阵可以理解成线性变换，特征值的几何意义就是特征向量在变换中拉伸或者压缩的比例，定理 11.5.1和定理 13.5.2在图论中给出了特征值和特征向量新的意义，在这种意义下再去研究矩阵论，比如结合相似对角化、结合矩阵的各种运算等，笔者认为有很多的空间去发掘，或说图与矩阵、图与谱还有很大的研究空间.

13.6 哈密顿图

周游世界问题，就是能否找到一个路线把世界上每一个国家的首都全部游览且只经过一次. 如果将每个城市抽象为图中的顶点，首都之间的行线为边，则就变成了哈密顿问题，如果能回到出发的首都，则说该图有一个**哈密顿圈**，该图叫**哈密顿图**，如果回不到出发城市，仅有一条路满足以上问题的条件，则该路为**哈密顿路**.

定理 13.6.1[93]　在一个简单有向图 ($a_{ij}=1$ 表示存在 $a_i \to a_j$) 的邻接矩阵中, 若能找到一组 n 个 1, 使得其中任意两个 1 不在同一行也不在同一列, 且不关于主对角线对称, 则该图为哈密尔顿图.

图 G_1 与图 G_2 的**联图**是指图 G_1 的每个顶点和图 G_2 的每个顶点相连的图, 记作 $G_1 \vee G_2$. **锥图**(cone graph) 指的是圈 C_m 与空图 O_n 的联图 $C_m \vee O_n$, 记作 $P_{m,n}$. 为了简便, 本书对于锥图 $P_{m,n}$ 内的圈 C_m 先按顺时针标号, 接着空图 O_n 内点任意标号.

推论 13.6.1　锥图 $P_{m,n}\,(m \geqslant n)$ 是哈密顿图.

例 13.6.1　以锥图 $P_{4,3}$ 即图 13.6.1为例, 验证推论 13.6.1.

解　锥图 $P_{4,3}$ 即图 13.6.1的邻接矩阵 $A(P_{4,3})$ 为图 13.6.2所示, 由于 $m \geqslant n$, 故可以找到图中加粗的 n 个 1, 使得其中任意两个 1 不在同一行也不在同一列, 且不关于主对角线对称, 故根据定理 13.6.1, 知锥图 $P_{4,3}$ 为哈密顿图. 对于其他锥图可以依照

$$v_1 v_{m+1} v_2 v_{m+2} \cdots v_n v_{m+n} v_{n+1} v_{n+2} \cdots v_m$$

得到一个哈密顿圈. 与该哈密顿圈等价对应的矩阵元素, 是从 $a_{n,1}$ 斜线到 $a_{m+n,m+1}$, 再从 $a_{1,n+1}$ 斜线到 $a_{m,n+m}$, 最后剩余部分为中间部分, 其与刚标记 1 的元素不同行也不同列, 除了图 13.6.2 中的 $A(P_{4,3})$, 再如

$$A(P_{8,3}) = \begin{pmatrix} 0 & 1 & 0 & 0 & 0 & 0 & 0 & 1 & \mathbf{1} & 1 & 1 \\ 1 & 0 & 1 & 0 & 0 & 0 & 0 & 0 & 1 & \mathbf{1} & 1 \\ 0 & 1 & 0 & 1 & 0 & 0 & 0 & 0 & 1 & 1 & \mathbf{1} \\ 0 & 0 & 1 & 0 & \mathbf{1} & 0 & 0 & 0 & 1 & 1 & 1 \\ 0 & 0 & 0 & 1 & 0 & \mathbf{1} & 0 & 0 & 1 & 1 & 1 \\ 0 & 0 & 0 & 0 & 1 & 0 & \mathbf{1} & 0 & 1 & 1 & 1 \\ 0 & 0 & 0 & 0 & 0 & 1 & 0 & \mathbf{1} & 1 & 1 & 1 \\ \mathbf{1} & 0 & 0 & 0 & 0 & 0 & 1 & 0 & 1 & 1 & 1 \\ 1 & \mathbf{1} & 1 & 1 & 1 & 1 & 1 & 1 & 0 & 0 & 0 \\ 1 & 1 & \mathbf{1} & 1 & 1 & 1 & 1 & 1 & 0 & 0 & 0 \\ 1 & 1 & 1 & \mathbf{1} & 1 & 1 & 1 & 1 & 0 & 0 & 0 \end{pmatrix}$$

□

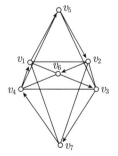

$$A(P_{4,3}) = \begin{pmatrix} & v_1 & v_2 & v_3 & v_4 & v_5 & v_6 & v_7 \\ v_1 & 0 & 1 & 0 & 1 & 1 & 1 & 1 \\ v_2 & 1 & 0 & 1 & 0 & 1 & 1 & 1 \\ v_3 & 0 & 1 & 0 & 1 & 1 & 1 & \mathbf{1} \\ v_4 & \mathbf{1} & 0 & 1 & 0 & 1 & 1 & 1 \\ v_5 & 1 & \mathbf{1} & 1 & 1 & 0 & 0 & 0 \\ v_6 & 1 & 1 & \mathbf{1} & 1 & 0 & 0 & 0 \\ v_7 & 1 & 1 & 1 & \mathbf{1} & 0 & 0 & 0 \end{pmatrix}$$

图 13.6.1　锥图 $P_{4,3}$ 及其一个哈密顿圈　　　　图 13.6.2　$A(P_{4,3})$

定理 13.6.1的确是一个哈密顿图的充要条件, 但是缺点是其判断难度还是很大, 优点是

思路比较简单,用于编程比较容易. 哈密顿圈问题是图论中著名的难题之一,目前还没有找到特别好的充要条件使得该问题得到完美的解决. 下面定理是判断哈密顿图一个非常著名的必要条件.

定理 13.6.2[15](坚韧图) 若图 G 是哈密尔顿图,则对于顶点集 $V(G)$ 的每一个非空子集 V',导出子图 $G-V'$ 的分支数目 $k(G-V')$ 均满足

$$k(G-V') \leqslant |V'|$$

满足上述定理结论的图我们叫作**坚韧图**(tough graphs). 上述定理为哈密顿图的必要条件,即若一个图是哈密顿图,则该图为坚韧图,而坚韧图并不一定是哈密顿图,也就是说哈密顿图更"坚韧". 而彼得森图就是一个满足定理 13.6.2,却不是哈密顿图的反例.

如图 13.6.3 所示,去掉 5 个黑色的点及相关连的边,分支数变为 1,满足坚韧图的定义,即 $1 = k(G-V') \leqslant |V'| = 5$,但是找不到哈密顿圈,故不是哈密顿图. 另外彼得森图虽然找不到哈密顿圈,但是图 13.6.3 中虚线表明其存在哈密顿路.

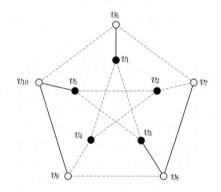

图 13.6.3 彼得森图是坚韧图,但不是哈密顿图

那么如何严格证明彼得森图不是哈密顿图呢, 图谱理论给出了一种方法.

定理 13.6.3[11] *图 $G(V,E)$ 中存在哈密顿圈当且仅当其线图 $\mathrm{line}(G)$ 中存在点导出的子圈 $C_{|V(G)|}$.*

定理 13.6.4[11] *彼得森图不是哈密顿图.*

证明 根据定理 13.6.3 彼得森图中存在哈密顿圈当且仅当其线图 $\mathrm{line}(\mathrm{Petersen})$ 中存在点导出的子圈 C_{10},$\mathrm{Spec}\,(A, \mathrm{line}(\mathrm{Petersen})) = \begin{pmatrix} 4 & 2 & -1 & -2 \\ 1 & 5 & 4 & 5 \end{pmatrix}$,而

$$\mathrm{Spec}\,(A, C_{10}) = \begin{pmatrix} 2 & \dfrac{1+\sqrt{5}}{2} & \dfrac{-1-\sqrt{5}}{2} & \dfrac{-1+\sqrt{5}}{2} & \dfrac{1-\sqrt{5}}{2} & -2 \\ 1 & 2 & 2 & 2 & 2 & 1 \end{pmatrix}$$

如果 C_{10} 是 $\mathrm{line}(\mathrm{Petersen})$ 的子图,必然满足点交错定理 6.2.1,显然其并不满足,故得证. □

定理 13.6.5[94] 设 G 顶点数为 $|V(G)|=n, \lambda_1(G)$ 是其邻接矩阵的最大特征值，$\bar{G}$ 是 G 的补图。$n-1$ 阶完全图不交并一个点 $K_{n-1}\cup O_1$，简记为 $K_{n-1}+v$，记 $n-1$ 阶完全图黏接 P_2，简记为 $K_{n-1}\sim e$。$\bar{G}$ 是 G 的补图。

(1) 如果 $\lambda_1(G) \geqslant n-2$ 且 $G \neq K_{n-1}\sim v$，那么 G 包含一条哈密顿路径；

(2) 如果 $\lambda_1(G) \geqslant n-2$ 且 $G \neq K_{n-1}\sim e$，那么 G 包含一个哈密顿回路；

(3) 如果 $\lambda_1(\bar{G}) \leqslant \sqrt{n-1}$ 且 $G \neq K_{n-1}\sim v$，那么 G 包含一条哈密顿路径；

(4) 如果 $\lambda_1(\bar{G}) \leqslant \sqrt{n-2}$ 且 $G \neq K_{n-1}\sim e$，那么 G 包含一个哈密顿回路。

定理 13.6.6[95] 下面特例图在文献 [95] 中给出，有

(1) 设 G 是阶数大于 4 的图，且 $\delta(G) \geqslant 2$，如果 $\rho(G) \geqslant \sqrt{n^2-4n}$，则 G 是哈密尔顿图，除非 $G \in \{G_3^6, G_3^9, G_3^{22}, G_3^{24}, G_3^{26}\}$；

(2) 设 G 是阶数大于 4 的图，且 $\delta(G) \geqslant 2$，如果 $q(G) \geqslant 2n-4-\dfrac{3}{n-1}$，则 G 是哈密尔顿图，除非 $G \in \{G_3^6, G_3^8, G_3^9, G_3^{23}, G_3^{26}\}$。

13.7 图的分解

图的分解就是将图拆成几个边导出子图。如果换成游戏来叙述，就是拿 n 种颜色对图的边进行染色，每种颜色的边必须是一个连通分支（一笔画着色）。

定理 13.7.1 将 K_{10} 不能分解成 3 个彼得森图。

证明 K_{10} 具有 45 条边，每个顶点有 9 条边，而彼得森图具有 15 条边，每个顶点有 3 条边，乍看之下，将 K_{10} 分解成 3 个彼得森图似乎是可能的。

如果经过图分解得到 3 条边导出子图 $G_1(V(K_{10}), E_1)$、$G_2(V(K_{10}), E_2)$ 和 $G_3(V(K_{10}), E_3)$ 的邻接矩阵分别为 A_1, A_2 和 A_3。假设 A_1 和 A_2 都是彼得森图的邻接矩阵，它们都有特征值 1 及对应的 5 个特征向量的基础解系 $\alpha_1 = \begin{pmatrix} 1 & -1 & -1 & 0 & 1 & -1 & 1 & 0 & 0 & 0 \end{pmatrix}^{\mathrm{T}}$ 等，其他 4 个见例 13.5.2 中的解答，由于 G_1、G_2 和 G_3 是 K_{10} 的一个图分解，则

$$A_1 + A_2 + A_3 = A(K_{10})$$
$$\Rightarrow A_1\alpha_1 + A_2\alpha_1 + A_3\alpha_1 = A(K_{10})\alpha_1$$
$$\Rightarrow 1\alpha_1 + 1\alpha_1 + 1\alpha_1 = A(K_{10})\alpha_1$$
$$\Rightarrow 3\alpha_1 = A(K_{10})\alpha_1$$

说明 $A(K_{10})$ 应该有一个特征值 3，但是 $\mathrm{Spec}(A, K_{10}) = \begin{pmatrix} -1 & 9 \\ 9 & 1 \end{pmatrix}$ 中并没有，故命题成立。 □

定理 13.7.2[1] 假设图 G 具 r 个完全二分图的边分解，n^+ 表示邻接矩阵 $A(G)$ 的正特征值的数量，n^- 表示邻接矩阵 $A(G)$ 的负特征值的数量。则

$$r \geqslant \max\{n^+, n^-\}$$

推论 13.7.1 完全图 K_{10} 最少可以分解成 9 个完全二部图.

证明 由 K_{10} 的谱和定理 13.7.2 知. □

由图 13.7.1 知确实是有 9 个完全二部图, 但是谱图理论告诉我们这是最少的, 这是比较难证明的, 可见谱图理论是十分有用的.

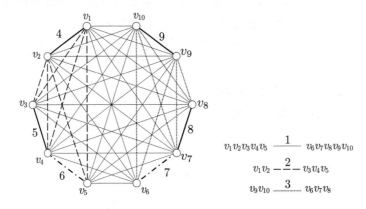

图 13.7.1 K_{10} 的 9 个完全二部图

推论 13.7.2 完全图 K_n 有 $n-1$ 个负特征值和 1 个正特征值, 故 K_n 能分解为 $n-1$ 个边不交的星的并.

13.8 有向图的邻接矩阵与凯莱图

回顾 2.1 节有向的邻接矩阵的定义, 有向的邻接矩阵可以是不对称的. 比如下面著名的凯莱图, 能直观地描述群的运算, 所以图谱理论和数学中的抽象代数也可以进行联系. 不过内容较难, 本书给个示例, 用于引起读者兴趣.

设 Γ 是一个群, S 是群 Γ 集合的子集, 且 S 不含群 Γ 中的单位元. 将群 Γ 中所有元素作为顶点集, 满足:

(1) 如果 $xy \in \Gamma$, 有 $yx^{-1} \in S$, 则 xy 两点之间用一条弧连接, 其中弧头为 y, 弧尾为 x 的一条弧连接即 $\overrightarrow{xy}$;

(2) 如果 $xy \in \Gamma$, 有 $yx^{-1} \in S$ 且 $xy^{-1} \in S$(即 S 中的元素是逆闭的), 则 xy 两点之间通过一条边连接 (或用两条弧为 $\overrightarrow{xy}$ 和 $\overrightarrow{yx}$ 连接). 形成的图称为**凯莱图**, 记为 $CG(\Gamma, S)$.

换句话说就是 Γ 中的元素 f_1 复合 S 中的元素 f_2, 得到 Γ 中的元素 f_3, 于是就有一条有向连线 $f_1 \to f_3$. 如图 13.8.1 所示, 取 $S = \{(12), (234)\}$, 如果元素 $f_1 = (1423) \in S_{4\,元对称群}, f_2 = (234) \in S$, $f_1 \circ f_2 = f_1(f_2) = (1423) \circ (234) = (2143) = (1432) = f_3 \in S_{4\,元对称群}$, 故在 $(1423) \to (1432)$.

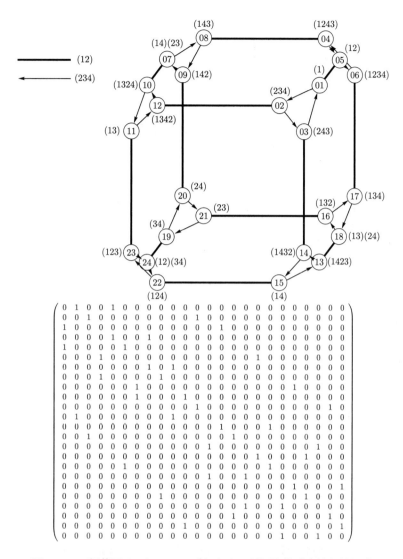

图 13.8.1 凯莱图 $\mathrm{CG}(S_{4元对称群}, \{(12), (234)\})$ 及其对应的邻接矩阵

其谱为

$$\mathrm{Spec}\,(A, \mathrm{CG}\,(S_4, \{(12),(234)\}))
= \begin{pmatrix} 2 & 1.659 & 1 & 0 & -1.33+0.802\mathrm{i} & -1.33-0.802\mathrm{i} & -1 \\ 1 & 3 & 3 & 9 & 3 & 3 & 2 \end{pmatrix}$$

参 考 文 献

[1] 卜长江, 周江, 孙丽珠. 图矩阵:理论和应用[M]. 北京:科学出版社, 2021.

[2] Bapat R B. 图与矩阵[M]. 吴少川译. 哈尔滨:哈尔滨工业大学出版社, 2014.

[3] 柳柏濂. 组合矩阵论[M]. 北京:科学出版社, 1996.

[4] 徐俊明. 组合网络理论[M]. 北京:科学出版社, 2007.

[5] Brouwer A E, Haemers W H. Spectra of graphs[M]. New York: Springer, 2011.

[6] Cvetkovic D M, Rowlinson P, Simic S. An introduction to the theory of graph spectra: volume 75[M]. Cambridge: Cambridge University Press, 2010.

[7] Cvetkovic D, Rowlinson P, Simic S. Spectral Generalizations of Line Graphs: On Graphs with Least Eigenvalue−2[M]. Cambridge: Cambridge University Press, 2004.

[8] Cvetkovic D M, Doob M, Gutman I et al. Recent results in the theory of graph spectra[M]. Amsterdam: Elsevier, 1988.

[9] Cvetkovic D M, Doob M, Sachs H. Spectra of graphs: theory and applications[M]. New York: Academic Press, 1980.

[10] Chung F R K. Spectral graph theory[M]. Washington: American Mathematical Society, 1997.

[11] Godsil C, Royle G. Algebraic graph theory[M]. New York: Springer, 2001.

[12] Spielman D A. Spectral and algebraic graph theory[J/OL]. http://cs-www.cs.yale-ed/home/spielman/sagt.

[13] Bondy J A, Murty U S R. 图论和其应用[M]. 吴望名, 李念祖, 吴兰芳, 等译. 北京:科学出版社, 1984.

[14] 徐俊明. 图论和其应用[M]. 合肥:中国科学技术大学出版社, 2019.

[15] Bondy J A, Murty U S R. Graph theory[M]. New York: Springer, 2008.

[16] Cvetkovic D, Rowlinson P, Simic S K. Signless laplacians of finite graphs[J]. Linear Algebra and its Applications, 2007, 423(1):155-171.

[17] 梁静, 赵海兴. 张科, 等. 几类图的推广的拉普拉斯矩阵的特征多项式 [J]. 应用数学进展, 2017, 6:763-767.

[18] Nikiforov V, Pastén G, Rojo O, et al. On the a_α-spectra of trees[J]. Linear Algebra and its Applications, 2017, 520:286-305.

[19] Guo H, Zhou B. On the a_α-spectral radius of graphs[J]. Applicable Analysis and Discrete Mathematics, 2020, 14(2):431-458.

[20] Kelmans A K. On properties of the characteristic polynomial of a graph[J]. Kibernetiku na službu kommunizmu (Russian), 1967, 4:27-41.

[21] Kelmans A K, Chelnokov V M. A certain polynomial of a graph and graphs with an extremal number of trees[J]. Journal of Combinatorial Theory, Series B, 1974, 16(3):197-214.

[22] Zhou B, Gutman I. A connection between ordinary and laplacian spectra of bipartite graphs[J]. Linear and Multilinear Algebra, 2008, 56(3):305-310.

[23] Bai H. The grone-merris conjecture[J]. Transactions of the American Mathematical Society, 2011, 363(8):4463-4474.

[24] Brouwer A E, Haemers W H. A lower bound for the laplacian eigenvalues of a graph: proof of a conjecture by guo[J]. Linear Algebra and its Applications, 2008, 429(8-9):2131-2135.

[25] 祝丽洁. 图的第三大拉普拉斯特征值[D]. 徐州: 中国石油大学 (华东), 2015.

[26] Collatz L. Spektren periodischer graphen[J]. Results in Mathematics, 1978, 1:42-53.

[27] Hofmeister M. Spectral radius and degree sequence[J]. Mathematische Nachrichten, 1988, 139(1):37-44.

[28] Cvetkovic D, Rowlinson P, Simic S K. Eigenvalue bounds for the signless laplacian. Publications de l'Institut Mathématique, 2007, 81(95):11-27.

[29] 张福基, 林国宁. 超立方体图的线图[J]. 新疆大学学报 (自然科学版), 1993, 10(4):1-4.

[30] Mohar B, Alavi Y, Chartrand G, et al. The laplacian spectrum of graphs[J]. Graph Theory, Combinatorics and Applications, 1991, 2(12):871-898.

[31] 王冬冬. 图的无符号拉普拉斯谱和距离谱的研究[D]. 上海: 华东理工大学, 2015.

[32] Das K C. On conjectures involving second largest signless laplacian eigenvalue of graphs[J]. Linear Algebra and its Applications, 2010, 432(11):3018-3029.

[33] Guo S G, Chen Y G, Yu G. A lower bound on the least signless laplacian eigenvalue of a graph[J]. Linear Algebra and its Applications, 2014, 448:217-221.

[34] Yan C. Properties of spectra of graphs and line graphs[J]. Applied Mathematics-A Journal of Chinese Universities, 2002, 17:371-376.

[35] De Lima L S, Oliveira C S, De Abreu N M M, et al. The smallest eigenvalue of the signless laplacian[J]. Linear Algebra and its Applications, 2011, 435(10):2570-2584.

[36] Fiedler M. Algebraic connectivity of graphs[J]. Czechoslovak Mathematical Journal, 1973, 23(2):298-305.

[37] Mohar B. Eigenvalues, diameter, and mean distance in graphs[J]. Graphs and Combinatorics, 1991, 7(1):53-64.

[38] Kirchhoff G. Ueber die auflösung der gleichungen, auf welche man bei der untersuchung der linearen vertheilung galvanischer ströme geführt wird[J]. Annalen der Physik, 1847, 148(12): 497-508.

[39] Cvetkovic D M, Gutman I. Note on branching[J]. Croatica Chemica Acta, 1977, 49(1):115-121.

[40] Godsil C D. Spectra of trees[C]// In North-Holland Mathematics Studies, volume 87. Amsterdam: Elsevier, 1984: 151-159.

[41] Berman A, Zhang X D. On the spectral radius of graphs with cut vertices[J]. Journal of Combinatorial Theory, Series B, 2001, 83(2):233-240.

[42] Yuan H. A bound on the spectral radius of graphs[J]. Linear Algebra and its Applications, 1988, 108:135-139.

[43] Das K C, Kumar P. Some new bounds on the spectral radius of graphs[J]. Discrete Mathematics, 2004, 281(1):149-161.

[44] Anderson W N, Jr and Morley T D. Eigenvalues of the laplacian of a graph[J]. Linear and Multilinear Algebra, 1985, 18(2):141-145.

[45] Li J S, Zhang X D. A new upper bound for eigenvalues of the laplacian matrix of a graph[J]. Linear Algebra and its Applications, 1997, 265(1-3):93-100.

[46] Pan Y L. Sharp upper bounds for the laplacian graph eigenvalues[J]. Linear Algebra and its Applications, 2002, 355(1-3):287-295.

[47] Hong Y, Zhang X D. Sharp upper and lower bounds for largest eigenvalue of the laplacian matrices of trees[J]. Discrete Mathematics, 2005, 296(2-3):187-197.

[48] Merris R. A note on laplacian graph eigenvalues[J]. Linear Algebra and its Applications, 1998, 285(1-3):33-35.

[49] Zhou B. On laplacian eigenvalues of a graph[J]. Zeitschrift für Naturforschung A, 2004, 59(3):181-184.

[50] Li J S, Pan Y L. de Caen's inequality and bounds on the largest laplacian eigenvalue of a graph[J]. Linear Algebra and its Applications, 2001, 328(1-3):153-160.

[51] Zhang X D. Two sharp upper bounds for the laplacian eigenvalues[J]. Linear Algebra and its Applications, 2004, 376:207-213.

[52] Stevanovic D. Bounding the largest eigenvalue of trees in terms of the largest vertex degree[J]. Linear Algebra and its Applications, 2003, 360:35-42.

[53] Zhang X D. The Laplacian eigenvalues of graphs: a survey[J]. arXiv: 1111. 2897, 2011.

[54] Liu H, Lu M, Tian F. On the laplacian spectral radius of a graph[J]. Linear Algebra and its Applications, 2004, 376:135-141.

[55] Feng L, Yu G. On three conjectures involving the signless laplacian spectral radius of graphs[J]. Publications de l'Institut Mathematique, 2009, 85(105):35-38.

[56] Wang J, Huang Q, Belardo F, et al. On graphs whose signless laplacian index does not exceed 4.5[J]. Linear Algebra and its Applications, 2009, 431(1-2):162-178.

[57] Cvetkovic D, Rowlinson P, Simic S K. Eigenvalue bounds for the signless laplacian[J]. Publications de l'Institut Mathématique, 2007, 81(95):11-27.

[58] Oliveira C S, De Lima L S, De Abreu N M M, et al. Bounds on the index of the signless laplacian of a graph[J]. Discrete Applied Mathematics, 2010, 158(4):355-360.

[59] Cvetkovic D, Simic S K. Towards a spectral theory of graphs based on the signless laplacian, i[J]. Publications de l'Institut Mathematique, 2009, 85(105):19-33.

[60] 程宵. 关于图的拟拉普拉斯矩阵特征值的研究[D]. 成都: 电子科技大学, 2012.

[61] Wang J F, Belardo F, Huang Q, et al. On the two largest q-eigenvalues of graphs[J]. Discrete Mathematics, 2010, 310(21):2858-2866.

[62] Zhang X D, Luo R. The spectral radius of triangle-free graphs[J]. Australasian Journal of Combinatorics, 2002, 26:33-40.

[63] 冯瑶. 关于无符号拉普拉斯谱的研究[D]. 长沙: 湖南师范大学, 2014.

[64] Biggs N. Algebraic graph theory[M]. New York: Springer, 2004.

[65] 徐诚浩. 线性代数大题典[M]. 哈尔滨:哈尔滨工业大学出版社, 2014.

[66] 张谋成. 行列式的计算法[M]. 广州:广东人民出版社, 1982.

[67] 马海成. 图的匹配多项式和其应用[M]. 北京:科学出版社, 2019.

[68] 宁永成. 有机化合物结构鉴定与有机波谱学[M]. 北京:科学出版社, 2018.

[69] Van Dam E R, Haemers W H. Which graphs are determined by their spectrum?[J] Linear Algebra and its Applications, 2003, 373:241-272.

[70] Schwenk A J. Almost all trees are cospectral[J]. New Directions in the Theory of Graphs, 1973: 275-307.

[71] Sundström E. Cospectral graphs: What properties are determined by the spectrum of a graph?[J/OL]. http://www/diva-portal.org/smash/get/diva2:1765624/ FULLTEXT01.pdf.

[72] 陈尔霆, 宫宝安, 栾景国. 图论中的同谱问题[J]. 哈尔滨师范大学自然科学学报, 1989, 5(4):50-57.

[73] 张乾二, 林连堂. 休克尔矩阵图形方法[M]. 北京:科学出版社, 1981.

[74] Johnson C R, Newman M. A note on cospectral graphs[J]. Journal of Combinatorial Theory, Series B, 1980, 28(1):96-103.

[75] Haemers W H, Liu X, Zhang Y. Spectral characterizations of lollipop graphs[J]. Linear Algebra and its Applications, 2008, 428(11):2415-2423.

[76] Boulet R, Jouve B. The lollipop graph is determined by its spectrum[J]. arXiv preprint arXiv:0802.1035, 2008.

[77] Zhang Y, Liu X, Zhang B, et al. The lollipop graph is determined by its q-spectrum[J]. Discrete Mathematics, 2009, 309(10):3364-3369.

[78] Omidi G R, Tajbakhsh K. Starlike trees are determined by their laplacian spectrum[J]. Linear Algebra and its Applications, 2007, 422(2):654-658.

[79] Bu C, Zhou J. Starlike trees whose maximum degree exceed 4 are determined by their q-spectra[J]. Linear Algebra and its Applications, 2012, 436(1):143-151.

[80] Shen X, Hou Y, Zhang Y. Graph zn and some graphs related to zn are determined by their spectrum[J]. Linear Algebra and its Applications, 2005, 404:58-68.

[81] Wang W, Xu C X. On the spectral characterization of t-shape trees[J]. Linear Algebra and its Applications, 2006, 414(2):492-501.

[82] Ghareghani N, Omidi G R, Tayfeh-Rezaie B. Spectral characterization of graphs with index at most $\sqrt{2+\sqrt{5}}$[J]. Linear Algebra and its Applications, 2007, 420(2):483-489.

[83] Nikiforov V. Some inequalities for the largest eigenvalue of a graph[J]. Combinatorics, Probability and Computing, 2002, 11(2):179-189.

[84] Jones O. Spectra of simple graphs[J]. Whitman College, 2013, 13:1-20.

[85] Haemers, Willem H. Hoffman's ratio bound[J], Linear Algebra and its Applications, 2021, 617: 215-219.

[86] Aspvall B, Gilbert J R. Graph coloring using eigenvalue decomposition[J]. SIAM Journal on Algebraic Discrete Methods, 1984, 5(4):526-538.

[87] Edwards C S, Elphick C H. Lower bounds for the clique and the chromatic numbers of a graph[J]. Discrete Applied Mathematics, 1983, 5(1):51-64.

[88] Cvetković D M, Gutman I M. The algebraic multiplicity of the number zero in the spectrum of a bipartite graph[J]. Matematički Vesnik, 1972, 24(9):141-150.

[89] 李鑫. 图的零度与独立数、悬挂点数关系的研究 [D]. 徐州: 中国矿业大学, 2016.

[90] Gutman I, Sciriha I. On the nullity of line graphs of trees[J]. Discrete Mathematics, 2001, 232(1-3):35-45.

[91] Cheng B, Liu B. On the nullity of graphs[J]. The Electronic Journal of Linear Algebra, 2007, 16:60-67.

[92] 周奇. 图的特征值重数与若干结构参数的关系[D]. 徐州: 中国矿业大学, 2023.

[93] 于言坤. 哈密尔顿图的矩阵判定法[J]. 吉林省教育学院学报 (下旬), 2012, 28(9):149-150.

[94] Fiedler M, Nikiforov V. Spectral radius and hamiltonicity of graphs[J]. Linear Algebra and its Applications, 2010, 432(9):2170-2173.

[95] 许秋晨, 叶淼林. 哈密尔顿图的谱充分条件 [J]. 安庆师范大学学报 (自然科学版), 2022, 28:42-46.

索 引

T 形树, 175
TU 子图, 62
k 匹配, 57
k 正则的, 2
k 部图, 2
y 同谱的, 172

k 均值, 138

三角图, 75
三角形, 3
下取整, 4
不交并图, 2
不相交, 2
不连通图, 3
主子阵, 67
二部图, 2
什里坎德图, 171
任意图, 1
似星树, 175
佩龙特征值, 104
佩龙特征向量, 104

偏增量, 135
偏导函数, 135
偏微分, 135
偶图, 2
偶圈, 3
偶点, 2

克莱布什图, 171
全 1 向量, 4
全 1 矩阵, 4
全圈置换矩阵, 115
关联, 1
    任意无向图的关联矩阵, 20
    任意无环有向图的关联矩阵, 21
    关联函数函数, 1
    无向无环图的关联矩阵, 20
内部顶点, 2
凯莱图, 186
剖分
    全图, 96
    剖分图, 50
    剖分溯源边邻接图, 95
    剖分点, 92
    外剖分图, 94
匹配, 57
匹配多项式, 57
匹配数, 178
半正则 (二部) 图, 2
单位矩阵, 4
单圈图, 3
厄米特矩阵, 67
友谊图, 76
受限特征值, 170
可达

任意无向图的可达矩阵, 13
任意无向图的拟可达矩阵, 10
任意有向图的可达矩阵, 13
任意有向图的拟可达矩阵, 10
界 r 步长拟可达矩阵, 10
可达的, 2, 3
可达矩阵算法
    Warshall 算法, 18
    幂乘法, 18
    连乘法, 17
同构的, 1
同谱
    GM 切换, 166
    同谱图, 164
    赛德尔切换, 166
同谱点, 165
周长, 3
哈密顿
    哈密顿图, 182
    哈密顿圈, 182
    哈密顿路, 182
四边形, 3
团, 176
团数, 176
围长, 3
图, 1
图的分解, 185
圈, 3
    圈向量空间, 34
    圈向量空间的对称差, 34
    圈空间, 34
    基本圈, 28
    基本圈的对称差, 34
    有向圈, 26
    有向基本圈矩阵, 28
圈棒棒糖图, 175

坚韧图, 184
基尔霍夫电压定律, 23
基尔霍夫电流定律, 22
基尔霍夫电路定律, 21
基础图, 3
基础简单图, 1
多项式 $f(G,x)$ 的谱, 4
奇围长, 56
奇圈, 3
奇异的图, 178
奇点, 2
子图, 1
    点导出子图, 1
    生成子图, 1
    边导出子图, 1
完全 a 多部图, 74
完全 k 部图, 2
完全二部图, 2
完全图, 2
定向图, 3
布尔代数运算法则, 15
平凡图, 1
并图, 2
广义节点, 22
度, 2
    代数连通度, 102
    入度, 2
    出度, 2
    度和, 158
    最大度, 2
    最小度, 2
    边连通度, 102
    顶点连通度, 102
弧, 1
    基本弧的对称差, 35
    基本弧矩阵, 36

索引

    弧向量空间, 35
    弧头, 1
    弧尾, 1
    弧空间, 35
弱正则图, 76
强图, 170
强正则图, 74
强积图, 91
归一化
    Z 分数标准化, 145
    对称归一化, 147
    最大最小归一化算法, 145
    随机游走归一化, 145

拉丁方阵, 75
拉丁方阵图, 75
拉式
    基尔霍夫矩阵, 48
    带权图的拉普拉斯矩阵, 141
    广义拉普拉斯矩阵, 51
    广义拉普拉斯矩阵的特征多项, 51
    度矩阵, 45
    拉式矩阵, 45
    拉普拉斯多项式, 45
    拉普拉斯能量, 71
    无符号拉普拉斯多项式, 45
    无符号拉普拉斯矩阵, 45
    无符号拉普拉斯能量, 72
拉普拉斯算子, 135
拉氏
    广义拉普拉斯谱, 51
拟可达的, 2
支路, 22
收缩, 21
整图, 114
星图, 3
星补, 179

星集, 179
更强图, 170
有向
    单向连通图, 3
    强连通图, 3
    拟可达的, 3
    有向图, 1
    有向圈, 3
    有向路, 3
    有向连通图, 3
    有向迹, 3
    有向途径, 3
本原的, 74
树, 26
    余树, 26
    树枝, 26
    生成树, 26
    连枝, 26
格子图, 74
森林, 57
母图, 1

点割集, 102
物理语言定义的支路电压, 23
物理语言定义的支路电流, 22
独立数, 176
独立集, 171, 176
环, 1
生成树的个数, 47
生成森林, 59
生成母图, 1
电压
    两点之间的电压, 28
    全节点电压, 33
    势差函数, 38
    势差图, 38
    实际电势值, 28

弧上 a_j 相对于 a_y 的电压, 29
支路电压, 29
支路电压向量, 29
数学语言定义的势函数, 42
数学语言定义的势差函数, 42
相对电势, 28
节点电压, 30

电流
实际测得的电流数值, 27
支路电流, 27
支路电流向量, 27
数学语言定义的环流函数, 42
环流函数, 38
环流图, 38

界 r 步长可达矩阵, 14
直径, 3
相邻, 1
相邻顶点度数的平均值, 109
真子图, 105
矩阵 X 的谱, 3
矩阵的转置, 4
空图, 2
端点, 1
笛卡儿积图, 90
简单图, 1
线图, 81
终点, 2

联图, 183
聚类, 138
聚类算法
归一化割, 158
指标向量, 151
最小割 (划分) 算法, 150
比例割, 151
累加最小割, 150
色数, 177

节, 2
节点, 22
荷兰风车图, 179
菲德勒向量 (Fiedler eigenvector), 104
行 (列) 归一化, 145
补图, 4
谱半径, 104
谱矩, 4
谱聚类, 138
赛德尔矩阵, 168
起点, 2
超立方体的二进制定义, 82
超立方体的笛卡儿积递归定义, 91
距离, 3
距离正则图, 75
路, 2
车图, 74
轮图, 3, 179
边不重, 2
边割集, 102
边数, 1
边集, 1
连接, 1
连杆, 1
连通分支, 3
连通图, 2
连通的, 2, 3
迹, 2

途径, 2
半边路, 50
闭半边路, 50
闭途径, 2
邻接, 1
一般邻接矩阵, 172
任意无向图的改邻接矩阵, 5
任意无向图的邻接矩阵, 5

图的多项式, 54
图的特征值, 54
带权图的邻接矩阵, 141
广义邻接矩阵, 171
有向图 D 的邻接矩阵, 9
阿尔法邻接矩阵, 51
邻接矩阵的谱矩, 77
重边, 1
锥图, 183
键, 31
伴随于 $[X, \bar{X}]$ 边割 (键) 向量, 37
基本键向量的对称差, 34
基本键的对称差, 35
有向基本键矩阵, 31
边割集, 31
键向量空间, 34
键空间, 35
长, 2
阶, 1
随机游走 (漫步) 矩阵, 146
零度, 178
零矩阵, 4
非奇异的图, 178
非平凡图, 1
顶点数, 1
顶点集, 1
黏接, 2

后　　记

　　本书对图论中的图谱做了初步的介绍，主要目的是用简明的语言、易懂的示例和直观的图像帮助图论方向的学生快速了解此领域的基本概念和重要定理，同时给读者构建该理论的框架. 虽然前言部分给出了更为系统的国外著作参考, 但是很多语言背景和符号习惯有所不同, 理解并不容易, 故中文学术读物是健全的学术体系中必不可少的. 笔者希望通过本书为我国图论方面的理论研究作出一点微薄贡献, 将图谱理论重要的研究成果进行一定的推广.

　　本书编写历时 4 年, 尤其在中后期耗费大量心血, 在此期间笔者也学习到了很多图谱、Latex 语言和制图的相关知识. 由于现阶段能力精力有限, 一定还有很多不足和错误的地方, 欢迎读者指正. 另外, 要感谢中国科学技术大学出版社对本书的出版给予的大力支持.

　　之所以撰写后记, 还因为在成书后, 笔者认为有一些可以补充的内容. 在此, 笔者将不分重要性地罗列, 以期为后续有意研究的学者提供一些参考方向:

　　(1) 本书对有向图和群相关问题几乎没有涉及, 群的研究较为艰深, 图与群的结合是十分重要的, 图本身可以用来直观地理解群, 其次图谱的研究能帮助解构群的性质, 本书没有涉及在很多著作中提及的佩莱图 (Paley graph) 等著名的图;

　　(2) 本书提到的领域还有一些更为深刻且难懂的谱定理没有通俗语言和易懂示例诠释;

　　(3) 较前沿的赋权图的拉氏矩阵主要应用于机器学习中, 该理论由于涉及计算机编程, 需要跨专业知识, 国内有一些基于图论的机器学习书籍也是最近出版的, 但是也比较抽象晦涩, 如何通俗形象地诠释该理论有待补充;

　　(4) 图论结合拓扑学有很多优美的性质, 在 *Spectra of Graphs* 中有一章提到, 但是由于跨方向过大, 难以看懂;

　　(5) 本书提到的各种邻接矩阵有很多未研究透彻, 它们的矩阵意义、特征多项式系数和谱等都是问题, 它们之间的关系也是难的课题;

　　(6) 本书未涉及电阻矩阵 (resistance matrix)、距离矩阵 (distance matrix)、道矩阵 (walk matrix)、迂回矩阵 (detour matrix) 等矩阵, 未涉及秩多项式 (rank polynomial)、匹配多项式 (matching polynomial)、匹配生成多项式 (matching generating polynomial)、色多项式 (chromatic polynomial)、圈多项式 (cycle polynomial)、路多项式 (path polynomial)、迂回多项式 (detour polynomial)、控制多项式 (domination polynomial)、完全控制多项式 (total domination polynomial)、最大独立多项式 (maximal independence polynomial)、独立

多项式 (independence polynomial)、不可约多项式 (irredundance polynomial)、西格玛多项式 (sigma polynomial)、可靠性多项式 (reliability polynomial)、流多项式 (flow polynomial)、塔特多项式 (tutte polynomial)、特殊多项式 (idiosyncratic polynomial)、归一化拉普拉斯多项式 (normalized Laplacian polynomial)、积和式子 (permanental polynomial)、最小多项式 (minimal polynomial) 等, 这些矩阵和特征多项式的谱都可以研究, 但是目前有些概念都难以普及;

(7) 图论的各种图类介绍的书籍还未曾有, 命名方式应依照常见方式和国际惯例进行统一, 一些图由于涉及各个方向和领域, 难度较大, 一些常见图如 "双图"(two graph)、"距离正则图"(distance-regular graph)、"符号图"(signed graphs) 等相关图的性质都有待整理推广;

(8) 中文的化学图论著作需要更新, 本书曾引用过《休克尔矩阵图形方法》, 书中较好地谈及多键分子式如何转化为图论中的特征多项式, 还简单介绍了 "π" 电子理论, 为一些列图能量的研究提供了一定的化学意义, 现阶段化学图论的相关著作普遍也存在一定问题, 如年代久远不再版, 语言图形需要更新, 最重要的是对于非化学专业的图论研究者还存在跨专业研究的问题, 如: 如何通俗易懂地解释 "π" 电子等理论? 缺乏实验依据, 定义的各种图能量 (涉及图的特征值) 和现实化学中分子所释放的能量究竟有什么相关性? 都有什么优劣?

(9) 在较前沿的方面, 缺乏开源程序及实用算法: 如何对图进行搜索 (满足特定条件的图, 如同谱图和整谱图等), 如何计算庞大数量的图并进行数量统计, 这些图的算法往往处于未开源状态, 相关纸质、音像和软件形式的著作待开发.

以上就是笔者认为还可以出版图书或发表论文的一些地方, 图论的研究领域有很多值得探讨的方向, 但随着研究的深入, 研究难度逐渐加大, 学习与研究的成本与周期也显著增加. 最后, 衷心希望本书获得读者支持, 并期待未来能有更多优秀的著作问世.